リチウム二次電池の技術展開
Lithium Secondary Battery Technology

編集：金村聖志

シーエムシー出版

はじめに

リチウム電池は，開発以来20年近い年月が経過している。この間，一次電池としていろいろな小型携帯機器に搭載され，我々の生活に役立ってきた。そして，10年ほど前にリチウム一次電池が二次電池化され，それまで他の二次電池が使用されてきたいろいろな機器に搭載されるようになり始めた。ちょうどその当時，コンピューターを代表例とするいろいろな情報産業が立ち上がり，特にインターネットを使用した情報通信システムの発達が目立つようになってきた。そして，次第に携帯電話やノート型パーソナルコンピューターなどの個人情報携帯機器に対する要求が高まり，またそれらの機器の開発が活性化した。この情報携帯機器の発達は，もちろん半導体技術の発達によるところが大きいのではあるが，それ以上に重要なのが二次電池の発達である。

特に携帯電話用およびノート型パソコン用電池は，最も典型的な例である。これまでに用いられてきた一次電池や二次電池では，これらの機器を作動させるのには，かなり大きな容量と重量が必要であった。従来のものは，車に搭載し持ち運ぶのなら問題はないが，スーツのポケットやビジネス鞄に入れて運ぶには少し大きすぎた。これが，この10年間にあっという間に非常に小さなものになったのである。その最大の原因が，リチウムイオン電池（リチウム二次電池）の登場である。もちろん，電子回路の省電化も貢献している。このように，リチウムイオン電池なしに携帯機器を語ることはできない。

ではなぜリチウム二次電池がこのように期待される電池なのであろうか。それは，この電池が従来の電池に比較して少なくとも2倍程度の電気エネルギーを蓄積することができ，また充放電も可逆的に行え，自己放電も小さいためである。このような特性を生み出しているのが，この電池を構成している様々な材料である。

さて，材料科学の立場からリチウム二次電池を眺めてみると，非常に多くの材料が使用できる可能性があり，また材料の特性が直接的に電池の性能に影響を及ぼすという特徴を有する電池であると言える。その意味で，いろいろな研究開発が盛んに行われている電池であり，それだけに多くの研究者がこの電池の研究に従事してきたものと思われる。したがって，このようなリチウム二次電池が，21世紀において果たす役割も大きい。

本書では，新しい世紀を迎え，今後この電池がどのような方向に進むのかについて最新の情報を提供することを目的として，それぞれの分野の第一線の先生方に執筆して頂いた。特に，既存の技術にこだわらずどのような夢がリチウム二次電池のそれぞれの材料・部材において考えられるのか，あるいはどのような新規技術が将来開発されないといけないのかについて，各専門分野における先端研究を基礎にした，今後の技術的展望を執筆して頂いた。本書の内容が少しでもリチウム二次電池の開発への刺激になり，今後さらにこの電池の市場拡大のための一助になればと願っている。

2001年12月

金村　聖志

普及版の刊行にあたって

本書は2002年に『21世紀のリチウム二次電池技術』として刊行されました。普及版の刊行にあたり，内容は当時のままであり加筆・訂正などの手は加えておりませんので，ご了承ください。

2007年2月

シーエムシー出版　編集部

執筆者一覧(執筆順)

金村聖志	東京都立大学大学院　工学研究科　応用化学専攻　助教授 （現）首都大学東京　都市環境学部　都市環境学科　材料化学コース　教授
脇原將孝	東京工業大学大学院　理工学研究科　応用化学専攻　教授
直井勝彦	東京農工大学大学院　工学研究科　応用化学専攻　教授 （現）東京農工大学大学院　共生科学技術研究院　教授
荻原信宏	（現）東京農工大学大学院　共生科学技術研究院　助手
髙村勉	㈱ペトカマテリアルズ　技術顧問
石川正司	山口大学　工学部　応用化学工学科　助教授 （現）関西大学　工学部　教授
森田昌行	（現）山口大学大学院　理工学研究科　教授
吉野彰	旭化成㈱　エレクトロニクスカンパニー　電池材料事業開発室室長 （現）旭化成㈱　吉野研究室　理事　旭化成グループフェロー
渡邉正義	（現）横浜国立大学大学院　工学研究院　教授
高田和典	㈱物質・材料研究機構　物質研究所　コンビナトリアルプロジェクト　特別研究員
近藤繁雄	㈱物質・材料研究機構　物質研究所　コンビナトリアルプロジェクト　特別研究員
渡辺遵	（現）㈱物質・材料研究機構　役員
境哲男	（現）㈱産業技術総合研究所　ユビキタスエネルギー研究部門　電池システム連携研究体長（神戸大学併任教授）

執筆者の所属は，注記以外は2002年当時のものです。

目　　次

第1章　総論：21世紀のリチウム二次電池技術　　金村聖志

第2章　リチウム二次電池材料の最新技術

第3章　次世代リチウム二次電池の開発動向
～全固体リチウム二次電池を目指して～

第4章　リチウム二次電池におけるこれからの用途開発　境　哲男

第1章　総　論
21世紀のリチウム二次電池技術

第1章　総論：21世紀のリチウム二次電池技術

金村聖志*

1　概　要

電気化学反応を利用して，化学物質の変化に伴って放出されるギブス自由エネルギー（ΔG）を何等途中の過程を伴わないで直接的に電気エネルギー（W）に変換するためのデバイスを，“電池”と呼ぶ。このようなデバイスは古くは貴金属などのメッキ用の電源として使用されてきた。現在の電池の形に近いものが実用化され始めたのは，それほど古くはない。ちなみに，現在の電池の形式，すなわち小型電源として使用されるようになり始めたのは100年ほど前のことである。鉛蓄電池やボルタ電池あるいはダニエル電池などがそれである。それ以来，いろいろな電池が発明され我々の社会生活において用いられてきた。現在では，電池なしにはいろいろな電子機器を使用することができなくなっている。最も身近な電池は，懐中電灯に用いられる乾電池であり，最近では携帯電話に用いられるリチウム電池である。また炊飯器，ポット，ビデオ，テレビといったほとんどの家電機器にも多かれ少なかれ電池が使用されている。このように電池は持ち運びのできる便利な電源として使用され，言わば，携帯電気エネルギーと呼ぶこともできる[1]。

ボルタ電池やダニエル電池が100年以上前に開発され，その後鉛蓄電池や乾電池が開発された。さらに，ニッケル・カドミウム電池，リチウムイオン電池などへと続く。ここでは特にリチウムイオン電池の中身を眺めてみよう。まず，当たり前のことであるが，電池すべてにおいて，＋極と－極がある。最も重要なパーツであるが，＋極と－極だけでは電池は作製できない。実用されているリチウム電池の構成要素をまとめてみると以下のように多くの部材が使用されていることが分かる。

⑴　正極活物質（実際に電気化学的な反応を請け負う物質，＋極）

⑵　負極活物質（実際に電気化学的な反応を請け負う物質，－極）

⑶　電解質とセパレーター（イオン伝導性を担い，かつ正極活物質と負極活物質の電気的な接触を防ぐ）

⑷　集電体（活物質の反応が円滑に進むように取り付けられる電気伝導性の金属）

⑸　電池のケース（上記の４つの部品を入れておくケース）

＊　Kiyoshi Kanamura　東京都立大学大学院　工学研究科　応用化学専攻　助教授

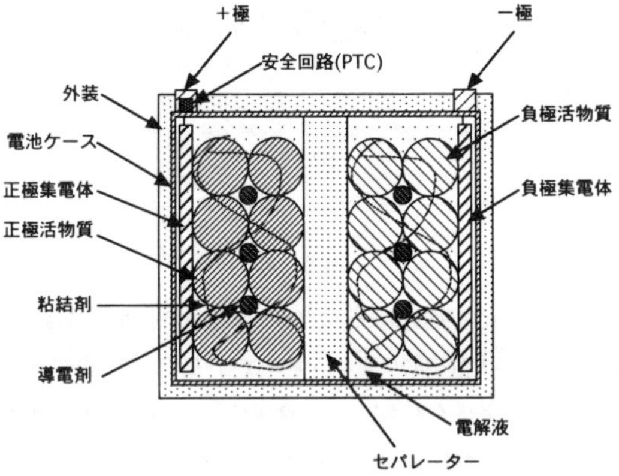

図1　電池の一般的な構造の概要

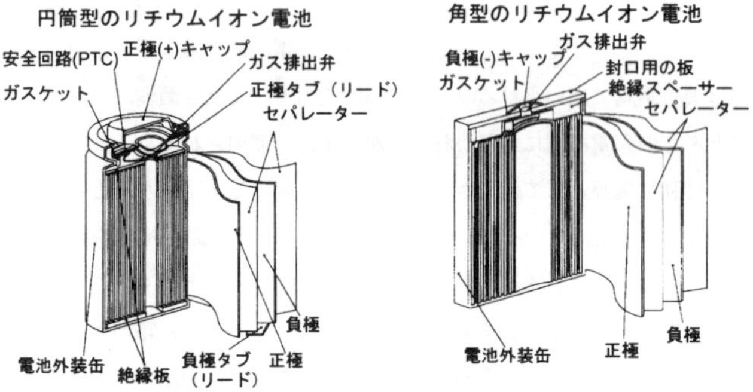

図2　角形および円筒型リチウムイオン電池

(6)　その他（粘結材，導電性付与材，安全回路など）

リチウムイオン電池ではこれらの部材を図1に示したように配置して電池が構成される。図2には実際に開発された角型および円筒型の電池の概略について示した。いろいろな部材が実際に使用されていることが分かる。さらに，表1にこれらの部材を構成する物質の例を示した。個々の部材や材料については後で詳細に議論されるのでここでは省略するが，非常に多種多様の材料が使用されていることが分かる。

これらの材料を用いて部品を作製し，さらには電池を作製する。作製された電池内部には活物質と呼ばれる化学物質が装塡され，エネルギーが電池内に詰め込まれる。このようにして貯えられた電気エネルギーを電池の体積あるいは重量当たりに換算した値をエネルギー密度と呼ぶ（電池の単位体積当たりcm^{-3}や単位重量当たりg^{-1}のエネルギー貯蔵量)。図3は，これまでに

表1 電池に用いられる部材と材料

部 品	材料および機能	材料の典型例
Cathode（正極活物質）	Li^+ accepting material	$LiCoO_2$, $LiMn_2O_4$, $LiNiO_2$, Polyaniline, Polypirrole
Anode（負極活物質）	Li^+ accepting material	Graphite, Lithium metal, SnO, Lithium alloy
Electrolyte salt（電解質塩）	Inoganic and organic lithium compounds	$LiPF_6$, $LiBF_4$, $LiAsF_6$, $LiClO_4$, $LiCF_3SO_3$, $Li(CF_3SO_2)_2N$
Electrolyte solvent（電解質溶媒）	Aprotic solvent	Propylene carbonate, Diethyl carbonate, Dimethyl carbonate, Dimethoxy ethane
Binding material（粘結剤）	Polymer	Teflon, PVdF
Conducting material（導電剤）	Carbon	Acetylene black
Separator（セパレーター）	Polymer	Polypropylene, Polyethylene (partially fluorinated polymer)
Cell case（電池ケース）	Plastic, Stainless steal	Mo rich stainless steal, Polyethylene

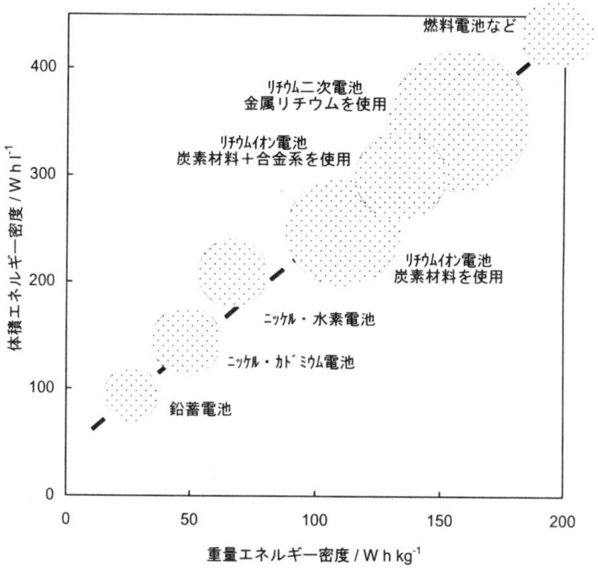

図3 種々の電池の単位体積および単位重量当たりのエネルギー密度

実用化されてきた種々の二次電池の単位体積および単位重量当たりのエネルギー密度をプロットしたものである。ここで示した数値は電池全体に対する値であり，電池に活物質を詰め込む方法や部材の軽量化などにより左右される値である。この図を見ると明らかに，新規に開発されたニッケル水素電池やリチウムイオン電池のエネルギー密度が，旧来から使用されてきた自動車用の鉛蓄電池やニッケル・カドミウム電池に比較して大きいことが分かる。特にリチウムイオン電池のエネルギー密度がかなり大きいことが分かる。このことが，現在の携帯電話やノート型パーソナルコンピューターの電源としてリチウム電池が主に使用されてきた要因となっている。このようなリチウム電池の開発の歴史はそう古くはなく，ここ10年間程度のことである。

2　リチウム電池開発の流れ

リチウム電池の開発のはじまりは，リチウム金属を用いたリチウム一次電池であった。この電池は卓上計算器，メモリーバックアップ，カメラ，時計などの電池としてありとあらゆるところで使用されてきた。負極にはリチウム金属箔を用い，正極にはLi^+イオンの挿入反応が起きる二酸化マンガンやフッ化黒鉛が用いられてきた。現在では二酸化マンガンを用いたリチウム電池が主流となっている。この電池では，リチウム金属を負極に使用するために，水系の電解液を用いることはできないので非プロトン性有機溶媒に支持塩を溶解したものが用いられてきた。有機系の溶媒を用いた電池の登場であった。さて，この一次電池は，これまでに用いられてきた乾電池などに比較して，もちろんエネルギー密度が高く，新しい電池の市場を生み出すことになった。その後，このリチウム一次電池を二次電池化するための試みがなされた。しかし，リチウム金属を負極として有機電解液を用いて電池の充放電を行うと，電池は充放電に伴って大きく劣化し，実用化をすることは，かなり困難な状況であった。このためリチウム金属に関する研究が行われた。これらの研究により得た結果から，リチウム一次電池を二次電池化することができることが分かり，実際に二次電池が開発された。しかし，リチウム金属の充放電を繰り返して行うとデンドライト状のリチウム金属が成長して電池内部で正極と短絡する現象が発生し，電池の安全性低下を招くことが明らかになった。そのため，リチウム（金属）二次電池の開発は一時中断された[2)]。その後，リチウム金属に代わって炭素材料を用いた電池が提案された。炭素をプロピレンカーボネート電解液中において還元すると，電位がリチウム金属に対して1.0V程度まで低下するが，そのまま1.0Vを維持する。ここで生じている反応は電解液の還元分解であり，決してエネルギー貯蔵のための反応ではない。しかし，プロピレンカーボネートに代わってエチレンカーボネートをベースとする電解液を用いた場合にはこのような電解液の還元分解反応は起こらず，Li^+イオンが炭素構造中に挿入される反応が起こる。そして，挿入されたLi^+イオンは，もちろん可逆的に炭素から脱離し，電気エネルギーを生み出す[3)]。この反応が見出されて以来，炭素を負極活物質とするリチウムイオン電池の開発が活発に行われるようになった。炭素という箱の中にリチウムを閉じ込めることで，まる裸のリチウム金属を使用しなくてもよいことになり，デンドライトに悩まされてきたリチウム二次電池の開発は大きくそのベクトルを変化させることになった。それ以来炭素の研究が中心的に行われ，その性能が向上すると正極活物質の高容量化が求められ，そしてより高い電池の安全性に関する要求がどんどん高まってきた。これらの一連の開発の歴史を図4にまとめた。このような研究の流れが，リチウムイオン電池の短いけれども中身の濃い歴史である。

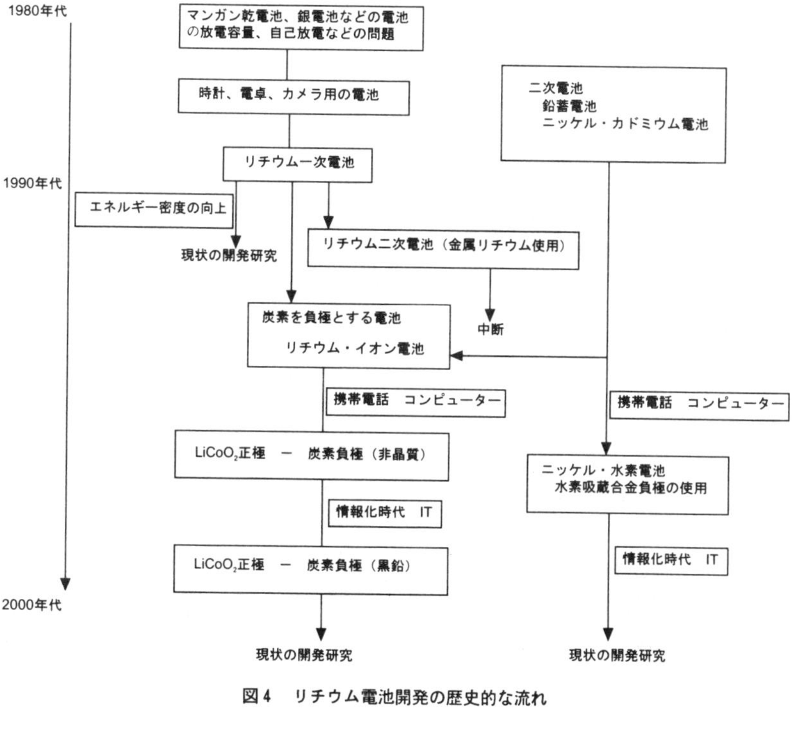

図4　リチウム電池開発の歴史的な流れ

3　リチウムイオン電池開発の現状

炭素材料に関する研究は，現状ではある意味の分岐点にさしかかっている。炭素の反応式は

$$C_6 + Li^+ + e^- \rightarrow LiC_6$$

であり，この反応式に従えば，その放電容量は372mAh/gである。現状の電池においては，上記の反応式に従って電池反応が進行する黒鉛を用いた場合には，350mAh/g程度の容量を既に実現しており，これ以上の開発は望まれない。一方，上記の反応式に従わない非晶質炭素材料では，より大きな放電容量を獲得できる可能性があるが，初期充放電時の不可逆容量が大きく実用に用いるには何らかの工夫が必要である[4]。しかし，多くの研究の結果非晶質炭素の中には実用的なものも生まれたが，非晶質炭素の不可逆容量の改良を行うと，放電容量は減少する傾向が見られ，結局非晶質炭素の有する大きな放電容量という特徴を活かせないのが現状であろう。このような研究・開発の状況を背景として，現在では炭素以外のいろいろな負極材料に関する研究も報告されつつある。また，リチウム金属を用いた二次電池の可能性についても，もう一度検討しようとする動きも出てきている。図5にこれまでの負極材料の開発の流れについてまとめた。個々の材料の現状については，負極の項を参照して頂きたい。

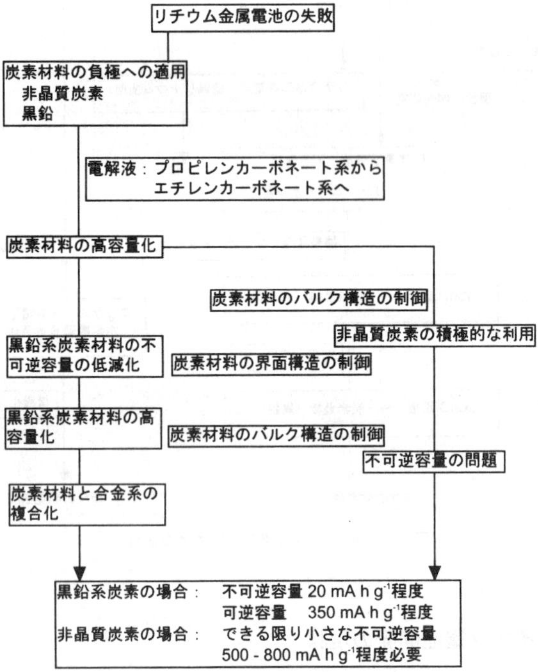

図5　負極活物質の研究開発の流れ

一方，正極側を見ると，リチウムイオン電池開発の初期には$LiCoO_2$のみであったのが$LiNiO_2$や$LiMn_2O_4$などが出現し，この他にもいろいろな材料が研究されてきた。これらの研究の中で，特に最近になって問題となっているのが，電池の安全性と正極活物質の係わりである。正極活物質の電池内での充電反応は

$$LiCoO_2 \rightarrow 0.5Li^+ + 0.5e^- + Li_{0.5}CoO_2$$

と書ける。充電を行っていない$LiCoO_2$は安定であるが，充電を行った$Li_{0.5}CoO_2$は熱的に不安定であり，電池がなんらかの原因で発熱した場合にその化合物を形成する酸素が電池内に気体として放出される[5]。酸素はもちろん強力な助燃剤として機能する。このような条件下で，電池内の電解液やセパレーターなどの有機成分や炭素が燃焼し出す。最終的には電池の激しい発火となる。このような現象は，当然電池の安全性の観点から大きな問題である。このために，酸化物だ

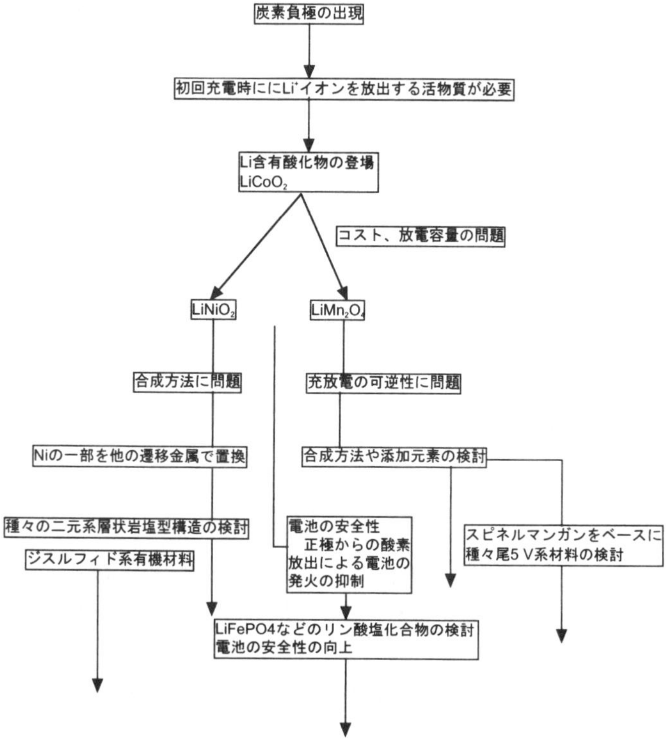

図6　正極活物質の研究開発の流れ

けではなく，リン酸塩や硫酸塩などの新規材料が開発されている[6]。これらの塩は熱的に安定であり，電池の温度が上昇しても，分解して酸素を放出することもない。正極材料のもう一つの研究開発の方向は，より大きな放電容量を有する材料の探索である。$LiCoO_2$の改良や新規酸化物の開発など多くの研究が推進されている。また，スルフィド系の有機化合物も，正極活物質の一つとして提案され，多くの研究が行われている[7]。図６にこれらの正極材料の流れを簡単にまとめる。

これまでは，活物質に対して主に目を向けてきたが，もちろんリチウム電池の特徴である電解質についても種々の検討が行われてきている。電解質の主流はもちろん有機溶媒系であるが，電池の安全性および電池の高エネルギー密度化を狙って，ゲルあるいは高分子固体電解質に関する研究が行われた[8]。現在では，ゲル系電解質が角形のリチウムイオン電池において使用されるようになった。また，高分子固体電解質についても，以前に較べればかなりイオン導電率が向上し，実用領域に近付きつつある。このように電解液しかなかった，電解質についても徐々に変化しつつある。図７に電解質系の研究開発の流れをまとめた。

このような研究開発が現在の状況と思う。今後，リチウム電池が発展していくには，上述の研究がさらに進展していくことが要求される。

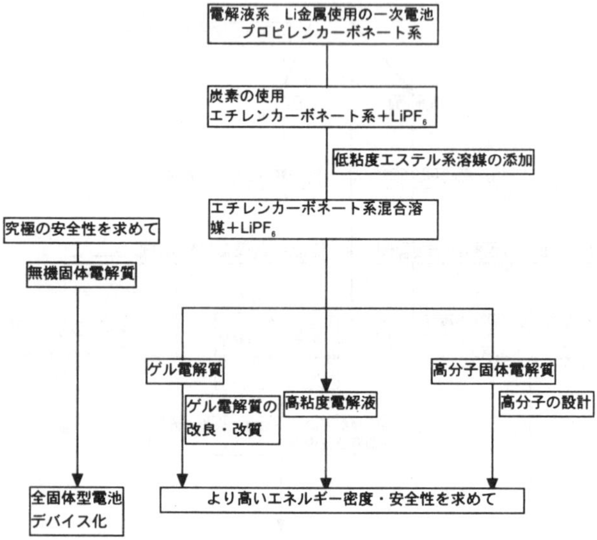

図７　電解質の研究開発の流れ

4 リチウム電池の未来

リチウムイオン電池は携帯電話に使用され，その結果その製造個数も爆発的に増加した。数年前までは二次電池の中に占めるリチウムイオン電池の数はそれ程大きなものではなかった。しかし，年々増加し，かなりの割合を占めるようになってきた。今後，このリチウム二次電池はどのような方向へ進んでいくのであろうか。ここでは，リチウム二次電池の未来像について考えてみたい。

4.1 太陽電池とリチウム二次電池

リチウム二次電池（特にリチウムイオン電池）がエネルギー貯蔵の観点から見た場合に，最も優れたデバイスであるとすると，最もクリーンなエネルギー生成プロセスは太陽電池を用いた発電である。これらの電池を組み合わせることにより，二次電池の欠点である充電，あるいは一次電池の欠点である電池の交換が不必要となる。このような特徴を生かしていろいろなデバイスを考えることができる。その一例として，時計用電池が挙げられる。腕時計の電池は，ほとんどの場合リチウム一次電池が使用される。したがって，電池が消耗した時点で，電池交換をする必要がある。一方，もし太陽電池を使用するなら，明かりのある場所や昼間には電池は作動するが，夜間には電池が停止することになるので，もちろん腕時計に使用することは不可能である。ここで，図8に示したように，太陽電池とリチウムイオン電池を組み合わせることにより，それぞれの欠点を補い，優れた特性を引き出すことができる。昼間に太陽光により発電が行われ，時計を動かす以上のエネルギーが発生した場合には，残りのエネルギーをリチウムイオン電池に蓄積し，

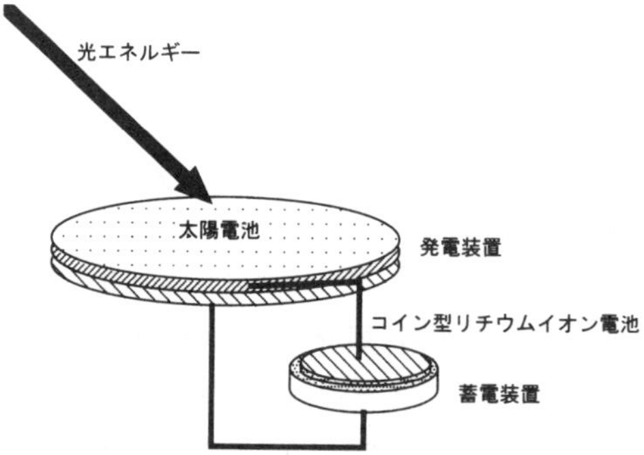

図8 太陽電池とリチウムイオン電池のハイブリッド化

夜間に光のない状態ではその蓄積した余剰のエネルギーを使用することで時計を動かし続けるのである。実際にこのようなハイブリッド型電池はエコウォッチに使用されている。この方法は，腕時計だけではなく，他のデバイスにも使用できる。このタイプのリチウムイオン電池においては，耐過充電および過放電特性に優れていることが求められる。もちろん，特別な回路を用いることなく，材料の特性でこのような性能を実現しなければならない。

将来，このようなリチウムイオン電池のエネルギー密度が向上すれば，単に腕時計というよりは，携帯電話はもちろんそれ以外の携帯端末機器にもこのハイブリッドシステムが応用されていくであろう。このことは，電池の新しい市場を開拓することであり，今後の展開が大いに期待されるところである。

4.2　大型リチウムイオン電池

既に，多くの研究が行われているが，今後電気自動車に使用される大型のリチウムイオン電池の作製には努力を払うべきであろう。なぜなら，電気自動車は未来の社会構築には，なくてはならないものであるからである。もちろん，現在注目を集めている燃料電池の使用が考えられるが，二次電池を抜きにして電気自動車を考えることは難しい。その意味で，大型のリチウムイオン電池の開発が望まれる。小型のリチウムイオン電池開発の技術と大型のリチウムイオン電池開発の技術は異なる。例えば，電池に活物質をどのように装塡するか，あるいは極板をどのように巻取るかなど，小型のリチウム電池で重要となっていたものとは異なり，より材料の本質が問われることになるからである。すなわち，単位体積当たりのエネルギー密度より，単位重量当たりのエネルギー密度がより重要視されることになる。また，より高い安全性も要求されるであろう。このような時に前述のリン酸塩物質を正極に，固体電解質をセパレーターに，そして，最小限のリチウム金属を使用するような電池の開発が一つの重要な考え方となるであろう。

4.3　固体系電池

全く新しい電池開発のベクトルとして，全ての部材を固体で作製することが考えられる。もし，このような電池を作製することができれば，電池の安全性は磐石となり，どんな用途にも使用可能となる。このためには固体電解質の開発と電極マトリックスの開発が重要な課題となる。固体電解質の詳細は別の章で解説されるので，ここでは省略する。もし，仮に優れた電解質と電極が作製できれば，電池のデバイス化が進むかも知れない。マイクロスケールの全固体電池が作製できれば，それを回路上に配置し，回路部品のような形で電池を使用することができるかもしれない。例えば，タイマー機能や，トランジスタのような回路も設計可能である。今後，電池が大きく変貌するとすれば，このような開発の流れではないかと思われる。

5　今後の展開

リチウムイオン電池を市場から見れば単に携帯電話の電源として使用されているに過ぎないかもしれない。この市場だけを眺めていれば，いつか市場が満たされ電池の価格の低下となるだろう。実際に，そのような現象は既に始まっている。しかし，眺める角度を変えて，これまで一次電池が使用されてきた分野や新しいエネルギー分野へのリチウムイオン電池の適用を考えるべきであろう。もちろん，そのためには，リチウムイオン電池だけでなく金属リチウムを用いた電池や，リチウムイオンでも現在の形に捕われない新規リチウムイオン電池の開発が望まれるところである。これまでは，携帯電話というデバイスを強く意識した電池開発の歴史のように思われる。21世紀に電池がより飛躍的にのびるには，新規産業と結びつき新規市場を起こしていくことが重要である。もし，可能なら「このような電池が開発されたので，これまでは不可能とされてきたこのようなことができるようになるね。」ということが言えればすばらしいことであろう。図9には，今後発展が予想される分野を含めて，リチウム二次電池の用途について予想したもの

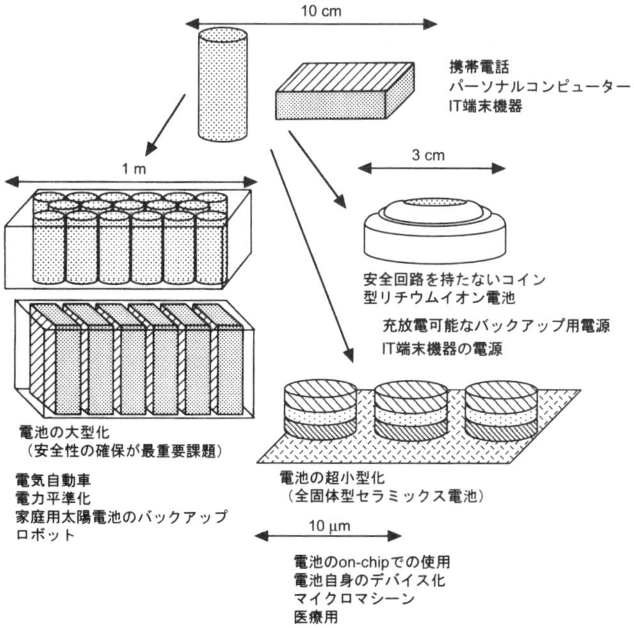

図9　リチウム二次電池の未来

をまとめた。キーワードは，エネルギー，環境，リサイクル，高齢化社会，自然エネルギー，都市空間，携帯から着用へ，情報などが挙げられる[9~13]。実際に，どのような電池が必要とされるのかを予想することが重要なテーマである。

文　　献

1）　電池便覧編集委員会編，“第3版　電池便覧”，丸善（2001).
2）　“新規二次電池材料の最新技術”，小久見善八監修，p.73，シーエムシー（1997).
3）　R.Fong *et al.*, *J.Electrochem.Soc.*, 137, 2009（1990).
4）　“高密度リチウムリチウム二次電池”，竹原善一郎監修，p.255，テクノシステム（1998).
5）　J.R.Dahn *et al.*, *Solid State Ionics*, 69, 265（1994).
6）　A.K.Padhi *et al.*, *J.Electrochem.Soc.*, 144, 1188（1997).
7）　S.J.Visco *et al.*, *J.Electrochem.Soc.*, 136, 661（1989).
8）　渡辺正義，緒方直哉，“導電性高分子”，緒方直哉編，講談社サイエンティフィック，95（1990).
9）　村上知巳，*Electrochemistry*, 68, 9, 726（2000).
10）　境哲男，*Electrochemistry*, 68, 8, 653（2000).
11）　野崎健，根岸明，津田泉，*Electrochemistry*, 68, 8, 662（2000).
12）　左藤登，*Electrochemistry*, 68, 9, 722（2000).
13）　浅海広俊，*Electrochemistry*, 68, 9, 730（2000).

第２章　リチウム二次電池材料の最新技術

第2章　リチウム二次電池材料の最新技術

1　無機系正極材料

脇原將孝*

1.1　はじめに

1970年代の半ばに，層状化合物TiS_2の一の置きの金属欠陥層に電気化学インターカレーション反応により，リチウムが挿入・離脱し，リチウム二次電池正極となり得る事がWhittingham[1)]によって提案された。負極に金属リチウムを用いるため，高電圧に耐える有機電解質液が使用されるが，2Vを越える電池となった。しかしながらTiS_2の充放電サイクルに対する構造の不安定性などで本格的な実用化には至らなかった。1980年になって水島を含めたGoodenoughのグループ[2)]は新たなインターカレーション正極としてα-$NaFeO_2$層状構造を有する$LiCoO_2$が4Vを越える充放電電位を示す活物質となることを提案した。この$LiCoO_2$が実用化されるまでにはさらに10年が必要となったが，TiS_2に比べて構造の安定性に優れ，4Vを越える放電電位を有する事が明らかになった。その後種々の正極材料が検討され，$LiMn_2O_4$（スピネル構造）やMnの一部を他の金属で置換した部分置換スピネル$LiM_yMn_{2-y}O_4$，V_2O_5系正極，o-MnO_2，オリビン（M_2SiO_4）構造のLi_xFePO_4などが提案されている。

一般的に正極材料に必要な条件として以上のような事項が要求される。

1　放電反応が負の大きなギブスエネルギーをもつこと（高い放電電圧）。

2　ホスト構造は分子量が小さく多くのリチウムイオンを受容できるサイトを有する事（高エネルギー密度）。

3　構造内でリチウムイオンは容易に拡散できる事（高いパワー密度）。

4　リチウムのインタカレーションおよびデインターカレーションに伴なう構造の膨張・収縮はできるだけ小さい事（長寿命サイクル）。

5　活物質はできるだけ化学的に安定で毒性が少なく安価であること。

6　活物質の合成ができるだけ容易である事。

＊　Masataka Wakihara　東京工業大学大学院　理工学研究科　応用化学専攻　教授

1.2　正極活物質の特徴

1.2.1　α-$NaFeO_2$構造を有する活物質

すでに述べた様に，現在実用化されているリチウムイオン電池（リチウム二次電池）のほとんどはα-$NaFeO_2$構造を有する$LiCoO_2$が用いられている。$LiCoO_2$は空気中800℃前後の温度で比較的容易に合成が可能である。その構造を図1に示す[3]。$LiCrO_2$，$LiNiO_2$および$LiVO_2$もこの構造を有する。これらの物質はMn^{3+}よりイオン半径の小さな第一遷移金属イオン（Ni，Cr，V）を含有し，立方晶岩塩構造の（111）面をLi^+とM^{3+}が交互にオーダーした金属イオンと最密充塡した酸素による岩塩型の構造をとる。この（111）面のオーダリングは結晶がわずかに歪むことになり結果として六方晶となる。それゆえ$LiCoO_2$は空間群が$R\bar{3}m$となり，格子定数は a＝2.816Å，c＝14.08Åとなる。リチウムイオンはCoO_2で構成されるファンデルワールツ層間（3aサイト）にインターカレートあるいはデインターカレートする。$Li_{1-x}CoO_2$の充放電曲線，六方晶単位格子，aおよびcの変化を図2に示す[4]。リチウムのデインターカレーションによりaパラメータはほとんど変化しないがcパラメータは増加する。$x=0.5$付近で比較的大きな相転移があるため，充放電サイクルは$0<x<0.5$の範囲で行われる。このときの実際のエネルギー容量は130mAh/g前後となる。

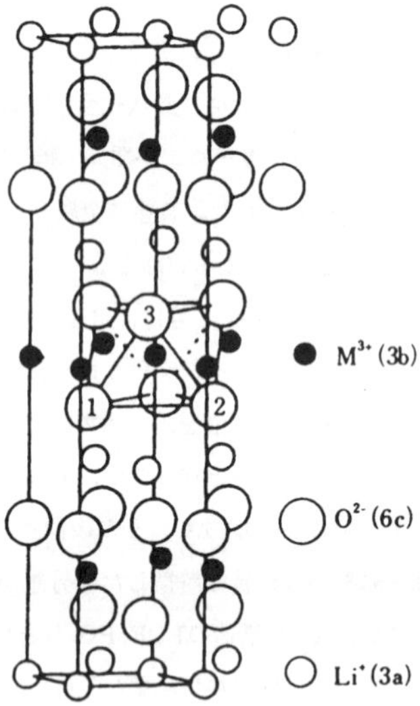

図1　α-$NaFeO_2$の構造

コバルトの世界での可採埋蔵量を考慮すると約1千万tと少なく（例えばニッケルは1億2千万t，マンガンは50億t），また高価であり，将来の大量使用を考えると，さらに安価な金属を使用する研究も進められている。一例として，$LiCoO_2$と$LiNiO_2$の固溶体の研究を紹介する。$LiCo_yNi_{1-y}O_2$ ($0<y<1$) は完全固溶体を形成する[5]。この固溶体の充放電特性はDelmasら[5]により検討された。Ohzukuら[6]により得られた$LiCoO_2$，$LiCo_{1/2}Ni_{1/2}$，$LiNiO_2$の充放電サイクル結果を図3に示す。^{7}Li NMRの測定結果から，リチウムデインターカレーションにともない，先ずニッケルが酸化され，つぎにコバルトが酸化されていることが明らかになった[7,8]。$LiCo_yNi_{1-y}O_2$においてニッケルが増加するにつれエネルギー容量は増加し，$LiNiO_2$では約150 mAh/gとなる。しかし放電電圧は$LiCoO_2$に比べ，僅かではあるが減少する。活物質の合成の

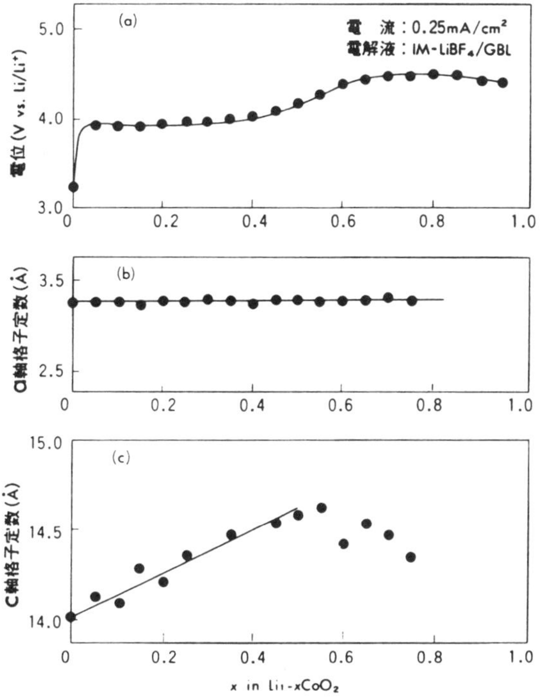

図2　$Li_{1-x}CoO_2$のx値と格子定数および充電曲線

しやすさ等から$LiNi_{0.8}Co_{0.2}O_2$の組成が注目されている。

一方，もう片方の端成分である$LiNiO_2$は合成時に酸素気流中で高温合成する必要があること，またリチウムデインターカレーションによる高酸化状態（Ni^{+3}/Ni^{4+}）において，熱的安定性に欠け，合成条件次第では合成時に3bサイトのニッケルの一部が3aのリチウムサイトに入り容量を低下させることが指摘されている。Ni^{3+}（低スピン状態）がヤーン・テラー歪みを起こすことも考慮しなければならない。これらの事から現在のところ$LiNiO_2$活物質の実用化は進んでいない。

1.2.2　ジグザグ層状構造を有する$Li_x(Mn_{1-y}Co_y)O_2$

通常の高温での固相反応により合成された$LiMnO_2$は常温での充放電サイクルにともないスピネル構造の$LiMn_2O_4$に相転移を起こし，結果的にはサイクルと共に容量が減少する。この問題はマンガンの一部を他の遷移金属で置換することにより改善できることが何人かの研究者によ

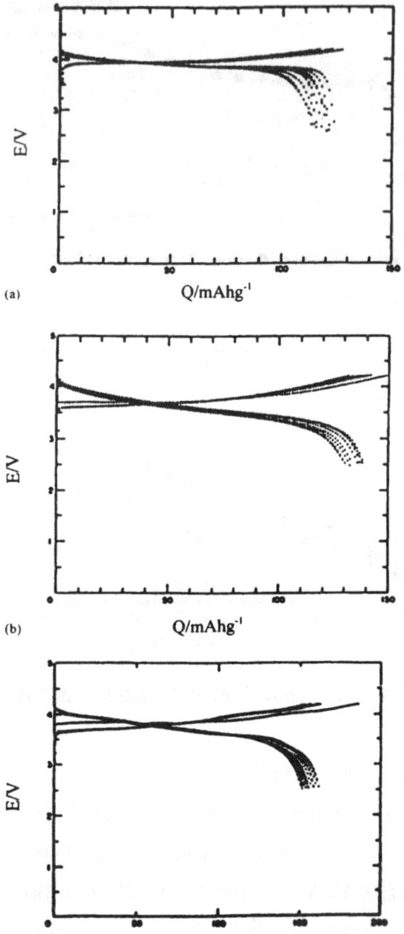

図3　充放電曲線 (a) $LiCoO_2$, (b) $LiCo_{1/2}Ni_{1/2}O_2$,
(c) $LiNiO_2$, (電流密度＝0.17mA/cm^2)

り指摘されている。Armstrongら[9,10]は先ず高温固相反応により$NaMnO_2$を合成した後，リチウム塩中でイオン交換反応を行い，ジグザグ構造を有するLi_xMnO_2および$Li_x(Mn_{1-y}Co_y)O_2$を合成した。その構造を図4に示す。充放電終止電圧を2.5～4.8V，電流密度0.1mA/cm^{2}で

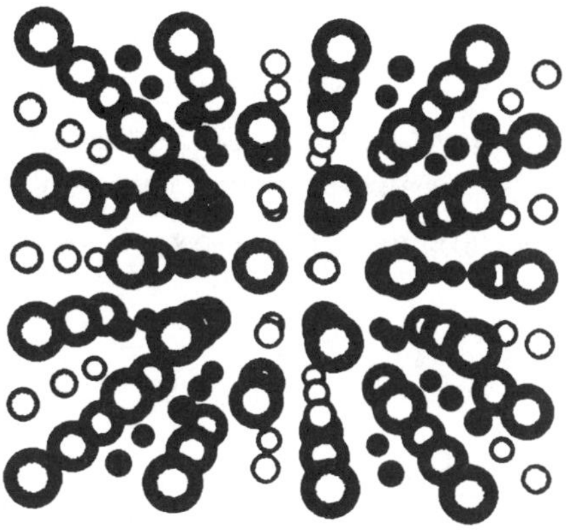

図4　$LiMnO_2$のジグザク構造，酸素（大きな丸），マンガン（小さな白丸），リチウム（小さな黒丸）

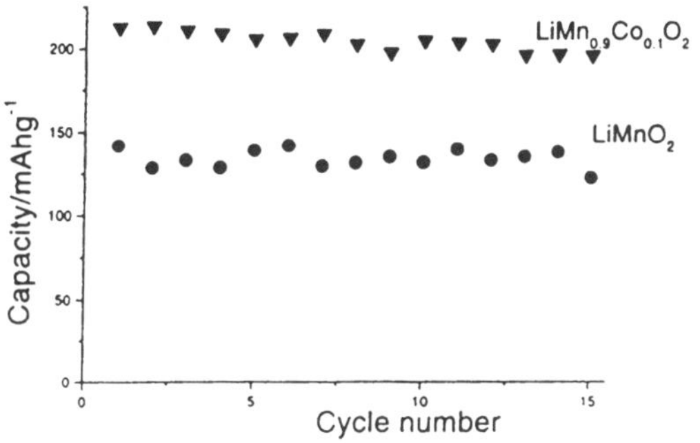

図5　$LiMnO_2$および$LiMn_{0.9}Co_{0.1}O_2$のエネルギー容量とサイクル関係

のLi_xMnO_2および$Li_x(Mn_{0.9}Co_{0.1})O_2$のサイクル特性を図5に示す。特に$Li_x(Mn_{0.9}Co_{0.1})O_2$においては200mAh/gを越すエネルギー容量が得られている。現在多くの研究者により，斜方晶MnO_2（o-MnO_2）を含めたこの種の一連の化合物の正極特性が検討されている。

1.2.3　$LiMn_2O_4$および$LiM_yMn_{2-y}O_4$スピネル系酸化物

リチウムマンガン系スピネル酸化物は容量は100～120mAh/gと$LiCoO_2$に比し10％程度低下するが，合成が容易であり高温安定性にも優れ安価であるため，近い将来の大型電池用正極として注目を集めている。$LiMn_2O_4$およびマンガンの一部を他の金属で置換した$LiM_yMn_{2-y}O_4$は構成成分を含有する金属塩や金属酸化物を所定の比に混合した後750℃前後の温度で空気中で加熱することにより得られる。$LiMn_2O_4$は立方晶スピネル構造（$Fd\bar{3}m$），リチウムは四面体の8aサイトを占め，マンガンは八面体の16dサイトを占有する。もう一つの八面サイト（16c）は空孔になっている。酸素は32eサイトを占有し，面心立方の配位をとる。図6（a）に理想的なスピネル構造の単位格子を示す。Li^+が構造内を拡散するときは先ず8aサイトを移動し8a-16c-8aの拡散パスを有する（図6（b））。16cの位置は2つの8aサイトの中点に位置し，16c-8a-16cの角度は約108°である。

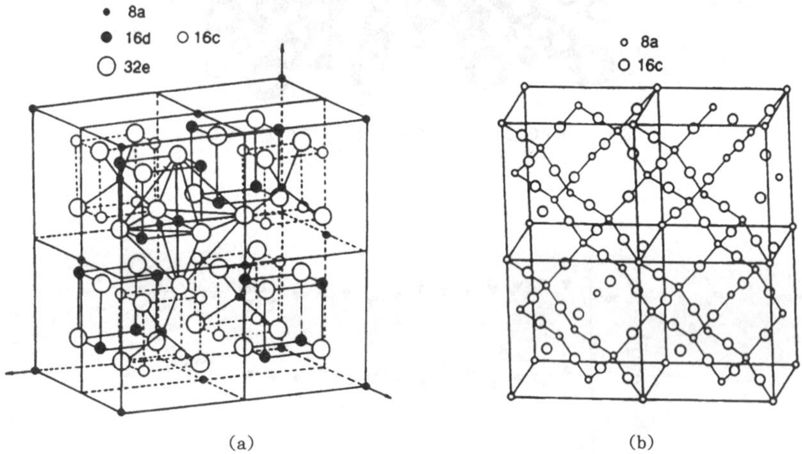

図6　スピネル構造，(a) 単位格子，(b) リチウムの拡散径路

$Li_xMn_2O_4$正極の充放電特性についてはすでに多くの報告がある[11~13]。$Li_xMn_2O_4$（$0<x<2$）の開回路電圧（OCV）曲線を図7に示す[11]。領域（Ⅰ＋Ⅱ）では充放電サイクルは可能であるが，領域（Ⅲ）では

$$LiMn_2O_4 + Li \rightarrow Li_2Mn_2O_4$$

のような相転移を伴った反応が進む。立法晶スピネルにリチウムがインターカレートし正方晶のオーダーしたNaCl型構造となる。この領域（Ⅲ）の平坦な3Vの領域（$1<x<2$）では約6.4％の体積膨張・収縮があるため，良好な充放電サイクルは得られない。相転移が起こる理由としては本来ヤーン・テラーイオンであるMn^{3+}（$3d^4$）がリチウムインターカレーションとともに増加することによる[12]。領域（Ⅰ）の$0.2<x<0.5$の範囲ではOCV曲線が平坦になるが，これは$x<0.2$で存在する新しい立方晶（λ-MnO_2）とスピネル構造が共存することによる。$x=0.5$

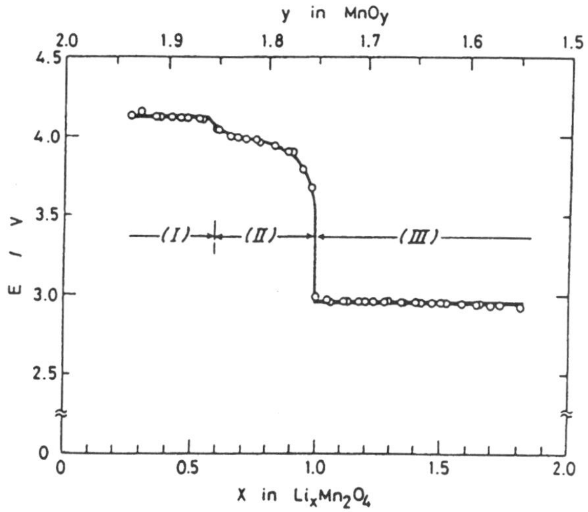

図7 $Li_xMn_2O_4$ $(0<x<2)$ の30℃における開回路電圧曲線

付近でOCVがやや立ち上がるが，これは四面体8aサイトの半分を占めるリチウムがオーダリングを起こすためといわれている[14]。一般には$Li_xMn_2O_4$では4V領域といわれる$0<x<1$の範囲（理論容量148mAh/g）のみで充放電サイクルが行われる。著者のグループにより固相法で合成した$LiMn_2O_4$の4V領域での充放電サイクルを図8に示す[15]。電流密度が0.2mA/cm²であ

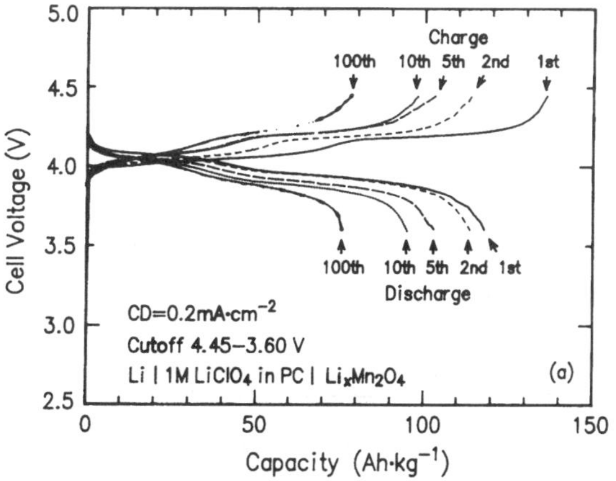

図8 4V領域での$Li_xMn_2O_4$の室温での充電サイクル特性

り過電圧により初期容量が120mAh/gとなる。しかしながら100回目のサイクルでは容量は初期の60％程度に減少する。この理由は八面体16dの中心を占めるマンガンと周りの6個の酸素との間に形成されるMn-Oの結合が弱いことが考えられ，著者ら[16]は熱力学データを用い，完全イオン結晶を仮定したボルン・ハーバーサイクルの一部を使い，マンガンを含めた4種の八面体酸化物の結合エネルギーを算出した。その結果を表1に示す[16]。これらのデータ中でスピネル中のMn-Oの結合は最も弱いことが第一近似として得られた。これはMnの一部を他の遷移金属やAl，Mgのような金属で置換し，構造の安定化を計り，ひいてはサイクル特定の向上を目指す研究に継がる。

$Li_xM_{1/6}Mn_{11/6}O_4$（M＝Mn，Cr，Co，Ni）の初期充放電サイクルを図9に示す[15]。このときの$M_{1/6}$の表現はマンガンサイトの1/12を置換したことに相当する。Cr，Coで置換した$Li_xM_{1/6}Mn_{11/6}O_4$では初期容量は110mAh/gを越えており，母構造の$LiMn_2O_4$と比べても

表1　298Kにおける$MO_{1.5}$，MO_2，$MO_{1.75}$の結合エネルギー

	B.E.（kJ/mol）		
	$MO_{1.5}$	MO_2	$MO_{1.75}$（$1/2\,MO_2O_{3.5}$）
Ti	1602	1912	1757
V	1497	1727	1612
Cr	1340	1492	1416
Mn	1133	1296	1215

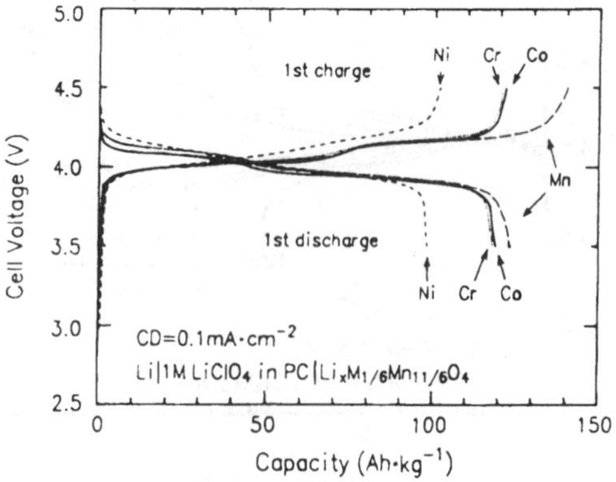

図9　$LiM_{1/6}Mn_{11/6}O_4$（M=Cr, Co, Ni）の室温での初回の充放電特性

大きな容量損失とはならない。一方ニッケルで置換した$Li_xM_{1/6}Ni_{11/6}O_4$では，初期容量が95mAh/gとなり初期容量低下が見られる。このことは容量に寄与するMn^{3+}量がCr^{3+}，Co^{3+}の場合は単純にその一部が置換することになるが，ニッケル置換の場合はNi^{2+}であるためMn^{3+}が一部酸化されMn^{4+}が増加するためと考えられる。$Li_xM_{1/6}Mn_{11/6}O_4$（M＝Mn，Cr，Co，Al）のエネルギー容量とサイクル数の関係を図10に示す。母構造の$LiMn_2O_4$に比べ部分置換スピネルではいずれもサイクル特性が向上している。Mn^{3+}を約10モル％他の金属で置換するだけで充分なサイクル特性の向上が計られる[15, 17, 18]。

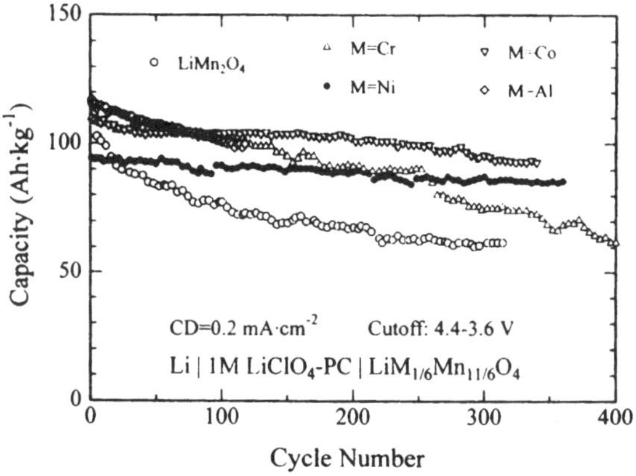

図10　$LiM_{1/6}Mn_{11/6}O_4$（M＝Mn, Cr, Co, Ni, Al）の室温での容量とサイクル特性の関係

$LiMn_2O_4$が0℃付近においてヤーン・テラー歪みにより正方晶あるいは斜方晶に相転移することが報告されている[19]。このとき相転移のエンタルピーは約1.4kJ/molとなるが，16dMnサイトを他の金属で置換していくと，相転移が押さえられることが明らかになった[18]。著者のグループで得た$Li_xM_{1/6}Mn_{11/6}O_4$（M＝Al，Al-Cr，Al-Co）の場合のDSC曲線を図11に示す[18]。$LiMn_2O_4$に見られるピークはこれらの置換スピネルでは見られず，スピネル構造が低温まで安定化されたことがわかる。

このように常温では優れた充放電サイクル特性を示すが，50～70℃でのサイクル特性はマンガンの一部が有機電解質溶液中に溶解することが一因となって低下することが指摘された[20, 21]。さらに溶解したマンガンが金属Mnとして負極表面に析出することもサイクル劣化につながるといわれている。著者らは母構造の$LiMn_2O_4$および部分置換スピネル$Li_xM_{1/6}Mn_{11/6}O_4$（M＝Al，Ni，Co）の50℃でのサイクルに伴うMnの溶解量を測定した[22, 23]。その結果を図12に示す。

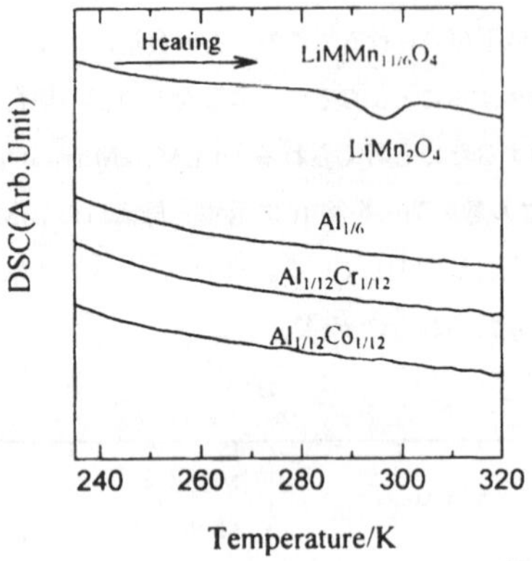

図11　$LiM_{1/6}Mn_{11/6}O_4$（M＝$Al_{1/6}$，$Al_{1/12}Co_{1/12}$，$Al_{1/12}Cr_{1/12}$）および$LiMn_2O_4$の235Kから320Kへの昇温過程でのDSC曲線

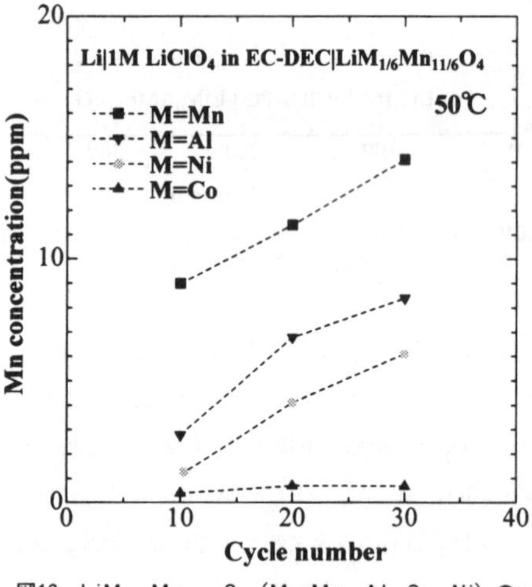

図12　$LiM_{1/6}Mn_{11/6}O_4$（M＝Mn, Al, Co, Ni）のサイクル特性にともなう50℃でのMn溶出量

部分置換スピネルでは明らかにMn溶解量は減少するが，中でもCo置換の場合はサイクルを行なってもほとんどMnが溶解しないことがわかる。これらのスピネル酸化物の50℃での実際のサイクル特性を図13に示す[22, 23]。Mn溶解量が最も少なかったCo置換スピネルは50℃でも良好な

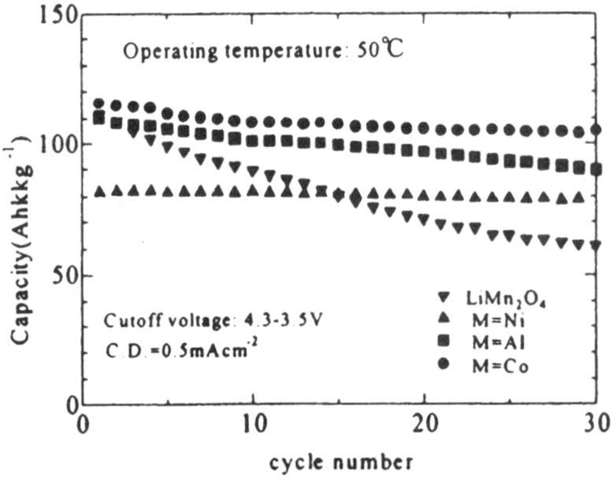

図13 50℃での$LiM_{1/6}Mn_{11/6}O_4$（M＝Al, Co, Ni）および$LiMn_2O_4$のエネルギー容量とサイクルの関係

サイクル特性を示すことがわかる。Mnが溶解する際にはMn^{2+}として溶液中に存在することがESR測定により確認されているが[24]，電気自動車（EV）用電源を目指す限り，高温でのMn溶解を抑えるため，ポリマー電解質との組み合わせや電解液自身の改良等の検討を続ける必要がある。

XANESやEXAFSスペクトルの測定はリチウム挿入・離脱に伴う金属イオンや酸素イオンの価数変化や構造内での原子の対称性などの知見を得るために有効である。図14に$LiMn_2O_4$からLi^+がデインターカレートされるときのMn-K吸収端のXANESスペクトルを示す[25]。Li^+の脱離に伴いスペクトルは高エネルギー側にシフトし，Mn^{3+}がMn^{4+}に酸化されることがわかる。

以上のように，$LiMn_2O_4$は一見すると等方的な構造である立方晶をとっているものの，Mn^{3+}とMn^{4+}が存在することにより局所的にはかなり歪んだ構造をとっているものと考えられる。著者らはリチウムマンガンスピネル酸化物の局所構造検討の第1段階として，分子動力学（MD）シミュレーションを用いて$LiCr_yMn_{2-y}O_4$について各イオンの動きを計算した[26]。MDシミュレーションには，河村らの開発したMXDORTO[27]を用い，スピネル単位格子の5×5×5倍のセルを用いて1stepを2×10^{-15}sとして15000stepの計算を行った。計算を行う際のポテンシャルモデルは部分イオン性二体ポテンシャルモデルを用いスピネル構造内の共有結合性を考慮した。以下に計算に用いた二体間ポテンシャルU_{ij}の式を示す。

$$U_{ij}=\frac{z_i z_j e^2}{r_{ij}}+f_0(b_i+b_j)\exp\left(\frac{a_i+a_j-r_{ij}}{b_i+b_j}\right)-\frac{c_i c_j}{r_{ij}^{\,6}}$$
$$+D_{ij}\{\exp[-2\beta_{ij}(r_{ij}-r_{ij}^*)]-2\exp[-\beta_{ij}(r_{ij}-r_{ij}^*)]\}$$

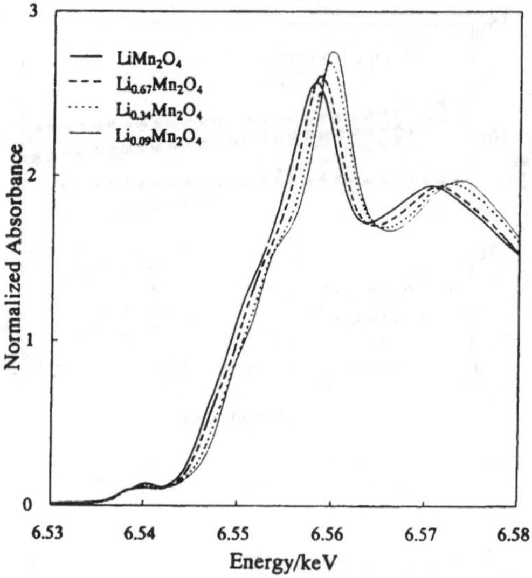

図14　$Li_xMn_2O_4$ ($0<x<1$) の“その場観察”XANESにおけるMn-K吸収端スペクトル

この式の右辺の第1項は静電ポテンシャルに関する項であり，z_i と z_j はそれぞれ各イオン i，j の有効電荷，r_{ij} はイオン間の結合距離を示す。第2項は近接反発相互作用に関する項であり，各イオンに固有の定数である a_i，a_j はイオン半径を反映し，b_i，b_j はイオンの硬さを反映する。また，f_0は6.9478×10^{-11}Nの値を有する定数である。第3項は双極子-双極子相互作用に関する項であり，第4項はMorseポテンシャルを示す。D_{ij}，β_{ij}，r^* 各イオン間の結合に特有の値であり，D_{ij} はポテンシャルの深さを，β_{ij} はポテンシャルの形状を決める因子である。また，r^* は真空中の分子におけるイオン対の平衡原子間距離程度の値とする。イオン性のみではなく共有結合性による寄与も考慮するため，MnおよびCrのイオン性を55％と仮定して，各イオンLi^+，Mn^{4+}，Mn^{3+}，Cr^{3+}の有効電荷をそれぞれ+1.0，+2.20，+1.65，+1.65として計算を行った。また，電荷を補償するため，酸化物イオンの有効電荷は−1.2125とした。a，D以外のパラメータの値は文献値[28, 29]を用い，a，Dは中低温X線回折より求めた格子定数の熱膨張率を測定し，その値をもとに試行錯誤的に決定した。

実験的に得られた$LiCr_yMn_{2-y}O_4$の格子定数および熱膨張率は図15（a)，（b）に示すように分子動力学法による計算の結果と非常に良く一致し，計算結果の妥当性が確かめられた。次に，各イオンの配置が結晶構造に与える影響を検討するために，図16に示すような明るい色の球で示される酸化物イオンと暗い色の球で示される金属イオンにより形成される八面体のネットワー

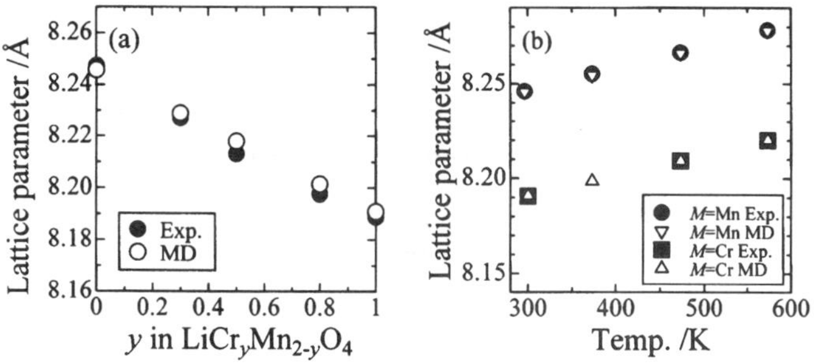

図15　(a) $LiCr_yMn_{2-y}O_4$の格子定数とCr濃度の関係
(b) Li*M*MnO$_4$ (*M*＝Mn, Cr) の温度と格子定数の関係

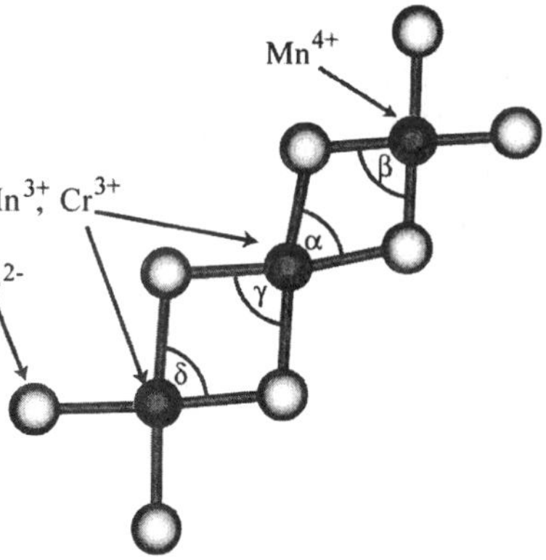

図16　スピネル格子における八面体の局所構造

クにおいて，その八面体の角度がどのような傾向を示すのか検討した。もし，X線回折データのRietveld解析の結果得られたように遷移金属イオンの占有する位置が1種類であれば，図に示した（α）～（δ）の角度が全て等しくなり，平均的な八面体のつながりを持っていることになる。図17 (a) に$LiMn_2O_4$について，図17 (b) に$LiCrMnO_4$についてそれぞれの角度の経時変化を示す。それぞれの角度の平均値をこの図にともに示した。このようなMD法による計算の結果より，$LiMn_2O_4$および$LiCrMnO_4$のどちらも角（β）～（δ）に比べ角（α）の角度，すなわち$Mn^{4+}O_6$八面体と$Mn^{3+}O_6$八面体あるいは$Cr^{3+}O_6$八面体が接する部分の角度が90°より極端に小

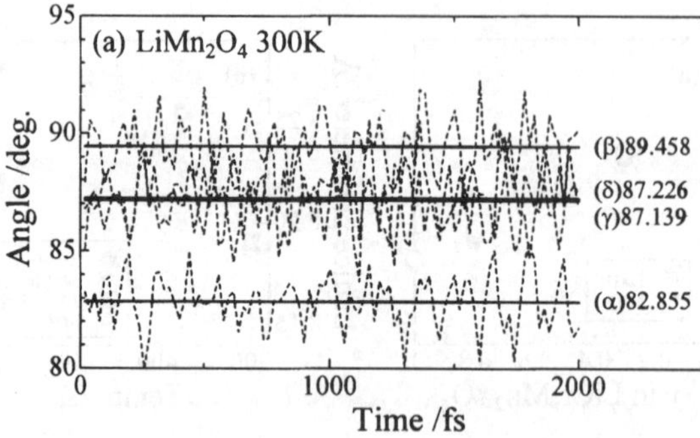

図17（a）　$LiMn_2O_4$中でのO-M-Oが形成する角度の時間変化

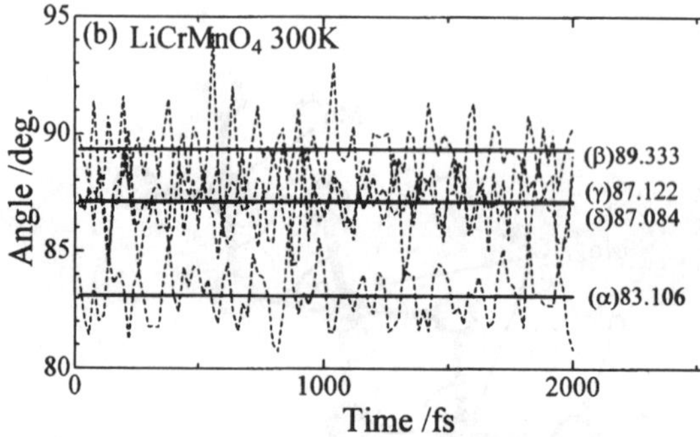

図17（b）　$LiCrMnO_4$中でのO-M-Oが形成する角度の時間変化

さくなっていることがわかる。しかしながら，歪の目安となる角（β）と角（α）の角度の差を比較すると，$LiMn_2O_4$の場合は6.603°，$LiCrMnO_4$の場合は6.227°となり，$LiMn_2O_4$のMn^{3+}をCr^{3+}で置換することにより，八面体の歪が小さくなることがわかった。Rietveld解析の結果，Crの置換量の増加により酸素熱振動パラメータの減少が見られたが，これは八面体の歪が小さくなることにより引き起こされるものと考えられる。Cr置換と同様に他の遷移金属でMnの一部を置換した場合も，Mn八面体の歪が小さくなり結晶構造が安定なものとなるため，良好なサイクル特性が得られるものと考えられる。

部分置換型スピネル酸化物$LiM_yMn_{2-y}O_4$では容量は$LiCoO_2$に及ばないものの，安価で毒性が少なく熱安定性に優れるため，今後の大型電池用正極活物質として注目される材料である。

1.3 その他の酸化物正極

シアー構造を有する結晶性の五酸化バナジウム（V_2O_5）[30,31]，アモルファスV_2O_5[32]，アモルファスV_2O_5-B_2O_3，アモルファスV_2MoO_8[33]などがバナジウム酸化物正極として検討されたが，平均放電電圧が2.5V程度，サイクル特性も良好とはいえず実用化に至っていない。最近$Li_xFe_yO_z$（$Li^+/Fe^{3+}=0.69$）が約200℃で合成され，これを正極として放電させると平均放電電圧が2V程度，容量が140mAh/gとなることが報告された[34]。原料の鉄が安価であるため，将来的には期待される。Goodenoughのグループ[35]は酸素で囲まれる四面体が独立に存在するオリビン（M_2SiO_4）に注目し，その構造に関連する4個のリチウムリン酸鉄，$Li_3Fe_2(PO_4)_3$，$LiFeP_2O_7$，$Fe_4(P_2O_7)_3$，$LiFePO_4$を合成し，各化合物の正極特性を検討した。特に$LiFePO_4$は平均放電電圧が3.3V，容量が130mAh/gとなった。$LiFePO_4$の放電電圧を増加させるために，山木ら[36]は$LiCoPO_4$を合成し，充放電特性を検討した。平均放電電圧が4.5V程度まで増加したが，サイクルにより電解液の分解が起こり，現在のところ長寿命正極とはならない。

今後マンガン系あるいは鉄系のような資源的にも豊富でかつ安価な金属を中心とした酸化物正極活物質の検討がなされていくものと思われる。

文　献

1） M.S.Whittinghum, *Prog.Solid State Chem.*, 12 (1978) 41.
2） K.Mizushima *et al.*, *Mater.Res.Bull.*, 15 (1980) 783.
3） T.A.Hewston, B.L.Chamberland, *J.Phys.Chem., Solids*, 48 (1987) 97.
4） K.Hoshino *et al.*, *National Tech.Rep.*, 40 (1994) 31.
5） C.Delmas, I.Saadoune, *Solid State Ionics*, 53-56 (1992) 370.
6） T.Ohzuku *et al.*, *Electrochim.Acta*, 38 (1993) 1159.
7） M.Menetrier *et al.*, *Solid State Comm.*, 90 (1994) 439.
8） C.Marichal *et al.*, *Inorg. Chem.*, 34 (1995) 1773.
9） A.R.Armstrong, P.G.Bruce, *Nature*, 381 (1996) 499.
10） A.R.Armstrong *et al.*, *J.Mater.Chem.*, 8 (1998) 255.
11） T.Ohzuku *et al.*, *J.Electrochem.Soc.*, 137 (1990) 769.
12） J.M.Trascon *et al.*, *J.Electrochem.Soc.*, 138 (1991) 2859.
13） J.M.Trascon, D.Guyomard, *J.Electrochem.Soc.*, 138 (1991) 2864.
14） J.B.Goodenough *et al.*, *Rev.de Chim.Miner.*, 21 (1984) 435.
15） G.Li *et al.*, *J.Electrochem.Soc.*, 143 (1996) 178.
16） M.Wakihara *et al.*, in., M.Wakihara, O.Yamamoto (eds.), CathodeActive

Materials with a Three-dimmensional Spinel Framework, Lithium ionBatteries, Kodansha-WileyVCH, Tokyo, Weinheim, 1998, p.26.
17) G.Pistoia, G.Wang, *Solid State Ionics*, 66 (1993) 135.
18) D.Song *et al.*, *Solid State Ionics*, 117 (1999) 151.
19) A.Yamada, M.Tanaka, *Mater.Res.Bull.*, 30 (1995) 715.
20) Y.Xia, M.Yoshio, *J.Electrochem.Soc.*, 144 (1997) 2593.
21) D.H.Jang *et al.*, *J.Electrochem.Soc.*, 144 (1997) 3342.
22) D.Song *et al.*, *Electrochem.*, 68 (2000) 460. M.Wakihara, Extended Abstracts, IMLB10, Como, Italy, 2000, No.16.
23) M.Wakihara, Extended Abstracts, IMLB10, Como, Italy, (2000), 16.
24) S.Kanamura *et al.*, *J.Mater.Chem.*, 6 (1996) 33.
25) I.Nakai *et al.*, Spectrochim.Acta, B54 (1999) 143.
26) S.Matsuno *et al.*, *J.Mater.Chem.*, submitted.
27) K.Kawamura, MXDORTHO, *Japan Chemistry Program Exchange*, #029
28) 平尾一之，河村雄行，"パソコンによる材料設計"，裳華房 (1994).
29) B.Ammundsen *et al.*, *J.Power Sources*, 81 (1999) 500.
30) J.M.Cocciantelli *et al.*, *J.Power Sources*, 34 (1991) 103.
31) J.M.Cocciantelli *et al.*, *Solid State Ionics*, 50 (1992) 99.
32) C.Delmas *et al.*, *J.Power Sources*, 34 (1991) 113.
33) M.Wakihara, in Z.Ogumi (ed.), Manganese Spinel Oxides and Vanadium Oxides for Cathode Active Materials, The Latest Technology of the New Seco-ndary Battery, CMC, Tokyo, 1997, p.31.
34) J.Kim, A.Manthiram, *J.Electrochem.Soc.*, 146 (1999) 4371.
35) A.K.Padhi *et al.*, *J.Electrochem.Soc.*, 144 (1997) 1609.
36) S.Okada *et al.*, *Denki Kagaku*, 65 (1997) 802.

2 有機硫黄系正極材料

直井勝彦[*1]，荻原信宏[*2]

2.1 はじめに

情報通信時代において，携帯電話やノート型パソコンなどの各種電子機器に対して小型軽量化への要望が高まっている。そこでポータブル電子機器の心臓部である電池，とりわけ充放電可能な二次電池の軽量化かつ高エネルギー密度化が望まれている。二次電池には鉛蓄電池，ニカド電池，ニッケル水素電池，リチウムイオン電池などがある。その中でも高エネルギー密度を有するリチウムイオン電池は，現在の小型二次電池の主流であり，負極にカーボン材料，正極材料に無機物であるリチウム遷移金属酸化物（$LiCoO_2$，$LiNiO_2$や$LiMn_2O_4$など）を使用している。近年，新たな正極としてレドックス活性な有機物，特にジスルフィド結合をもつ有機硫黄系材料が注目されている。有機硫黄系材料は軽量化，高エネルギー密度化，自由度が高いなどこれまでの無機材料にはないいろいろな特徴を有する新しい正極材料として期待できる。例えば，負極に金属リチウム，正極に有機硫黄系材料を用いた電池の充放電反応機構を考えると（図1），正極側では充電時にはジスルフィド結合の生成により重合反応が起こり，放電時には解重合反応が起こる。このようなエネルギー貯蔵のメカニズムは，リチウム遷移金属酸化物や導電性高分子における充放電機構（インターカレーション，ドーピング）とは全く異なる新しいものである。

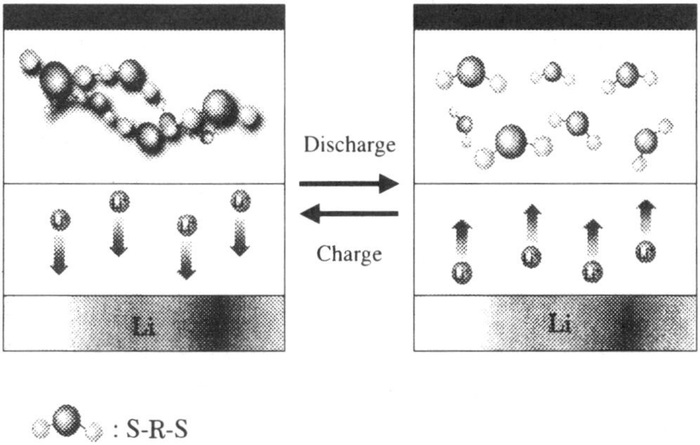

図1　正極に有機硫黄材料を用いたリチウム二次電池の貯蔵原理の概念図

＊1　Katsuhiko Naoi　東京農工大学大学院　工学研究科応用化学専攻　教授
＊2　Nobuhiro Ogihara　東京農工大学大学院　工学研究科応用化学専攻　博士後期課程

表1　有機硫黄系正極材料の歴史

年代	開　発　者 （権利者）	概　　要
1991	Visco（PolyPlus社）	有機ジスルフィド化合物の正極材料としての利用
1993	松下電器産業	有機ジスルフィド化合物と導電性高分子の複合膜
1993	Moltech社	ポリカーボンスルフィドと導電性高分子の複合
1994	PolyPlus社	活性硫黄
1995	松下電器産業	有機ジスルフィド化合物と導電性高分子，金属箔の一体化

有機硫黄系のリチウム電池正極材料の歴史（表1）としては，1991年にVisco（後のPolyPlus社）らにより負極に金属リチウム，正極に有機ジスルフィド化合物，電解質には固体電解質を用いた全固体型リチウム二次電池が発表された[1)]。彼らはカリフォルニア大学ローレンスバークレー研究所で高温動作型ナトリウム/硫黄電池の研究をしており正極材料として検討していた単体硫黄を有機ジスルフィド化合物にすることで300〜400℃の動作温度を150℃まで下げることに成功した[2~4)]。これをリチウム二次電池に応用しようとしたのがきっかけである。続いて1993年には米国のMoltech社から，炭素原子と硫黄原子からなるカーボンスルフィド［$(CS_x)_n$］[5, 6)]を，同年，松下電器産業が有機ジスルフィド化合物とポリアニリンの複合膜[7, 8)]を，1994年に米国のPolyPlus社が電気活性の高い活性硫黄を用いたリチウム二次電池正極材料に関する特許[9)]を公開している。

これら一連の有機硫黄系材料は含有カーボンやリチウムメタル以外にも，現在研究開発中の負極材料であるリチウム酸化スズ（$LiSnO_2$），リチウム含有遷移金属窒化物（$Li_{3-x}M_xN$）などと組み合わせることも可能である[10)]。

本節では現在研究が行われている有機硫黄系正極材料の種類と特性，問題点を整理・分析した。また，筆者らが展開している新たなアプローチについても紹介する。

2.2　有機硫黄系化合物の種類とエネルギー貯蔵への展開

従来，有機硫黄化合物は，加硫ゴム，硫化染料，酸化防止剤，潤滑油，殺虫剤などに用いられてきた[11, 12)]。構造はチアジアゾール環，トリアゾール環，テトラゾール環などの複素環を骨格とするもので，耐摩耗性，熱的安定性などが特性として要求される。これらは工業的に大量生産され入手が容易であることからエネルギー貯蔵材料へ応用することが考えられた。しかし，そのためには熱力学的な反応電位の考慮，速度論的な可逆性などのエネルギー貯蔵材料として重要不可欠な要求事項を満たす必要がある。

現在，エネルギー貯蔵として検討されている有機硫黄系材料は主に次の3つがある。図2に示すように，（Ⅰ）ヘテロ原子を含む有機骨格を母格にもつ有機ジスルフィド化合物［2-mercaptoethyl

(I) Organodisulfide compounds

$\{SRS\}_{\overline{n}} + 2nLi^+ + 2ne^- \rightleftarrows n\ LiSRSLi$

$\{SCH_2OCH_2S\}_n$

(II) Carbon sulfide compounds

$\{CS\}_{\overline{n}} + 2nLi^+ + 2ne^- \rightleftarrows n\ LiSCSLi$

(III) Active sulfur

$S + 2Li^+ + 2e^- \rightleftarrows Li_2S$

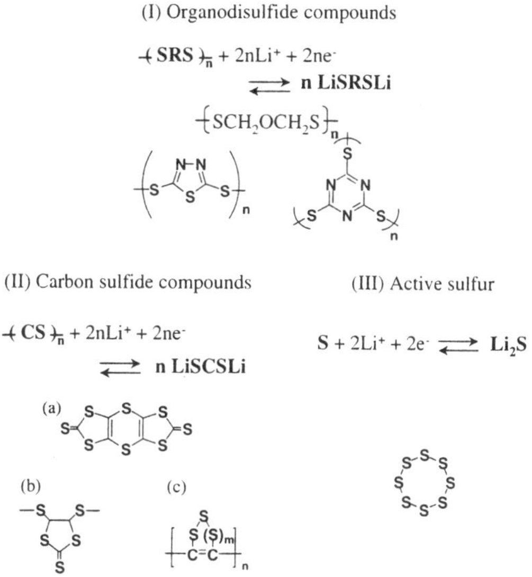

図2　有機硫黄系材料の分類

（Ⅰ）有機ジスルフィド化合物，（Ⅱ）ポリカーボンスルフィド，
（Ⅲ）活性硫黄

ether，2,4-dimercapto-1,3,4-thiadiazole（DMcT），trithiocyanuric acid（TTCA）など][13~16]，（Ⅱ）硫黄原子と炭素原子から構成されるカーボンスルフィド [$(C_2S_x)_n$][5,6,19]，（Ⅲ）硫黄原子のみからなる活性硫黄 [S_8][9,17,21~24]などが挙げられる。これらはいずれもジスルフィド結合を有し，生成開裂により容量を発現する。よって，化合物の中の硫黄原子の割合が大きいものほど多くの容量を得ることが可能なため，活性硫黄（1675Ah/kg），カーボンスルフィド（～680Ah/kg），有機ジスルフィド化合物（～580Ah/kg）の順に容量は小さくなる（表2）。これら有機硫黄系材料は，現在研究開発中の正極材料であるリチウム遷移金属酸化物（130～280Ah/kg）や導電性高分子であるポリアニリン，ポリピロール（70～100Ah/kg）などに比べて重量当りでは3倍から大きいもので13倍にもなる（図3）。作動電圧は化合物の電子状態や誘起効果などの因子が関係するので容量の大小関係とは全く逆に，有機ジスルフィド化合物（～3.5V vs. Li/Li$^+$），カーボンスルフィド（～2.8V vs. Li/Li$^+$），活性硫黄（～2.6V vs. Li/Li$^+$）の順に低電位にシフトする[5,14,17]。サイクル特性は酸化還元反応の可逆性が関与するため活性硫黄，カーボンスルフィド，有機ジスルフィド化合物の順に良い。

表2　有機硫黄系材料の電気化学的特性の比較

	有機ジスルフィド化合物	カーボンスルフィド化合物	活性硫黄
構成原子	S, C, ヘテロ原子	S, C,	S
理論容量密度（Ah/kg）	330 ～ 580	～ 680	1675
作動電圧（V vs. Li/Li$^+$）	～ 3.5	～ 2.8	～ 2.6
反応速度	+++	++	+
サイクル性	+++	++	+

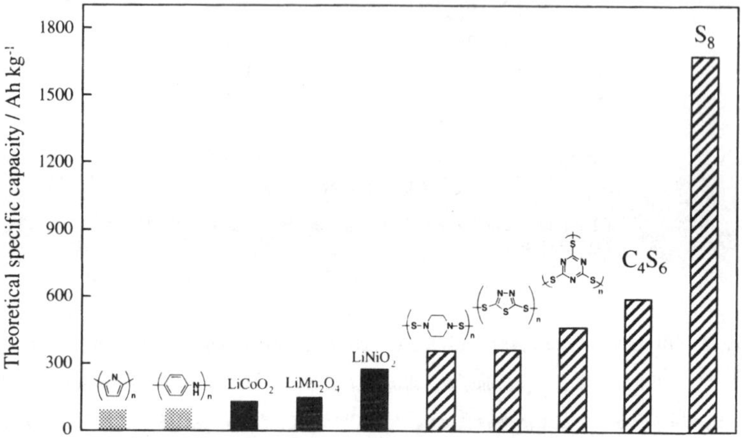

図3　導電性高分子，リチウム金属酸化物，有機硫黄系材料の単位重量当りの理論容量密度

以上の事を考慮して最適な材料を得るためには容量，反応速度，反応の可逆性などの要素を反映した分子設計が重要になる。

2.2.1　有機ジスルフィド化合物[1, 13~16, 18)]

Visco（PolyPlus社）らが1991年に最初にリチウム二次電池の正極材料として発表した有機ジスルフィド化合物は表3のようなものであった。構造としてはエトキシエーテル骨格（X1），エチレンジアミン骨格（X2），チアジアゾール骨格（X3），トリアジン骨格（X4）などがある。彼らの報告[13, 14)]によると，エトキシエーテル骨格は低い電流密度においては良好なレドックス

表3　様々な有機ジスルフィド化合物の作動電圧，単位重量当り および単位体積当りの理論容量密度とエネルギー密度

	Electrode	Descrip.	g equiv.$^{-1}$	Ah kg^{-1}	mAh cc^{-1}	V_{nom} / *vs.* Li/Li$^+$	Wh kg^{-1}	Wh l^{-1}
	Li metal	———	7	3860	2050	———	———	———
X1	$HSCH_2CH_2OCH_2CH_2SH$	clear, viscous fluid	76	353	564	2.5	650	890
X2	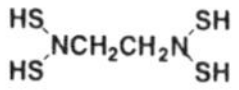	white powder	46	580	930	2.7	1010	1280
X3	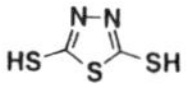	pale yellow powder	74	360	650	3.0	990	1380
X4	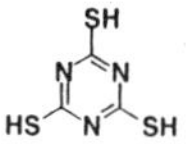	pale yellow powder	58	460	740	3.0	1240	1630

反応を示すが，電極反応速度が遅いため高い電流密度では容量はほとんど出現しなかった。エチレンジアミン骨格は速い電極反応速度を示したが合成が困難であることや，サイクルに伴って容量が著しく減少した。以上のことよりエトキシエーテル，エチレンジアミンのような直鎖構造のものは不適当としている。一方，チアジアゾール，トリアジン骨格は良好な酸化還元反応，比較的速い電極反応速度を示すことから，エネルギー貯蔵材料としては最も適当であると結論づけている。X1～X4の重量当りの理論容量密度は350～580Ah/kgであり，重量当りの理論エネルギー密度は，650～1240Wh/kgと鉛蓄電池（160Wh/kg）やニッケルカドミウム電池（209Wh/kg）と比べて一桁高い値になる。体積当りの理論容量密度は有機ジスルフィド化合物の密度が1.6～1.8kg/ℓであるので560～930Ah/ℓになり，リチウム遷移金属酸化物（600～940Ah/ℓ）とほとんど変わらないものの，重量当りでの容量の比較から軽い電池を作ることが可能である。

負極にリチウムメタル，正極に有機ジスルフィド化合物を用いたポリマーリチウム電池を作製し，充放電特性について評価したところ50～93℃において作動電圧は2.3～3.0V，エネルギー密度は160Wh/kg，1240Wh/ℓで，350回のサイクル特性を達成した。

2.2.2　カーボンスルフィド化合物[5,6,19]

1993年に米国のMoltech社がカーボンスルフィド［$(CS_x)_n$］をリチウム電池の正極材料として提案した。その理論容量密度は炭素と硫黄の割合を変えることで，最大680Ah/kgとなる。

カーボンスルフィドには図2-Ⅱに示すように炭素原子と硫黄原子からなる複素環式化合物（図２Ⅱ-a）のものと，高分子量化したポリカーボンスルフィドとに大別できる。また，さらにポリカーボンスルフィドは炭素原子と硫黄原子とが結合した骨格（図２Ⅱ-b）と，炭素原子が共役二重結合になった骨格のもの（図２Ⅱ-c）に分類される。次にポリカーボンスルフィドを用いた正極材料についての研究例を紹介する。

(1)　導電性高分子との複合化[5, 19]

Moltech社はカーボンジスルフィド（図２Ⅱ-b）とpドープ型の導電性高分子であるポリアニリンとの複合体の電気化学特性について報告[5]している。カーボンジスルフィドは電子伝導性が極めて低いため，電極作製時に導電補助剤としてカーボンを加えて調製する。その時の導電率は10^{-4}S/cmであった。ここで，カーボンのほかにポリアニリンを加えると導電率は10^{-3}S/cmと１桁ほど向上した。この複合化により，作動電圧の向上も確認されている。報告では，負極に金属リチウム，電解質にポリマー電解質，正極にカーボンのみを加えて作製した電極のポリマーリチウム電池の開回路電圧が2.85Vであるのに対し，更にポリアニリンを加えて作製した電極を用いたものでは3.23Vとなった。複合電極を用いた充放電試験の結果，作動電圧は約２V，エネルギー密度はC/2において150Wh/kgであった。複合化することで電子伝導性はよくなるものの，容量を発現する活物質の割合は減るのでエネルギー密度では有機ジスルフィド化合物（図2-Ⅱ）と同等か若干劣ってしまう結果になる。そこで分子内に電子伝導パスを有する材料の検討が行われた。

(2)　共役カーボンポリスルフィド化合物

ポリアセチレン骨格を主鎖に，側鎖にジスルフィド結合がある共役ポリカーボンスルフィド化合物（図２Ⅱ-c）[9]は，分子内に電子伝導パスを有する材料である。負極にリチウム金属，電解質にポリマー電解質，正極に共役カーボンポリスルフィドを用いたリチウム電池の充放電試験では電流密度0.05mA/cm^2において，１サイクル目では1324Ah/kgの高い値を示すが，56サイクル目では296Ah/kgと容量の減少が著しい。このことは充電反応時に生成する（図４）側鎖の$R\text{-}S^-Li^+$により，不活性化するためであると考えられる。次に，このような不可逆な反応を改

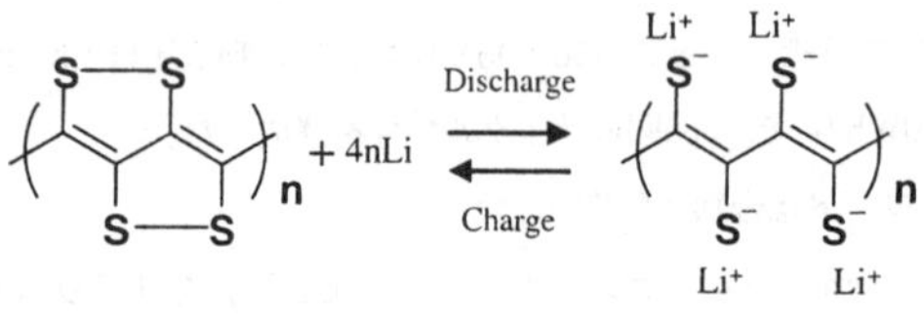

図４　共役系のカーボンスルフィドの酸化還元反応機構

善した研究について報告する。

(3) 集電体の選択

最近の日立マクセルの報告[20]では，共役ポリカーボンスルフィド化合物を用いる際の集電体をAlからNiにかえることでサイクル特性の向上を確認している。Niを集電体に用いた時のサイクル特性においては，50サイクル目において600Ah/kgの高い容量密度を維持すると報告している。このサイクル性の向上は，充放電の際に溶解するNiとポリカーボンスルフィドとの相互作用であると考えられているが実際の詳細な反応機構は解明されていない。

2.2.3 活性硫黄

1994年にPolyPlus社は活性硫黄を電極材料に用いることを提案[17]した。活性硫黄とは電気化学的に活性な単体硫黄（S_8）のことである。活性硫黄は1分子当り16電子反応となり，理論容量密度は1675Ah/kgにもなるため，有機硫黄系材料の中では最も高容量な電極材料である。単体硫黄をポリマー電解質あるいはゲルポリマー電解質を含むアセトニトリルなどの溶媒に溶解させたものにカーボンブラック，DMcTを混合し長時間かけて攪拌してスラリーを調製し，キャスト，乾燥することで活性硫黄電極が得られる。金属リチウムを対極としたときの活性硫黄の作動電圧は1.8〜2.6Vになる。主な活性硫黄の還元反応（放電反応）を図5-aに示す。放電深度が深くなるにつれてXは小さくなり，それに伴い多段階の化学平衡が存在する（図5-b）[21]ので活物質が泳動してしまう原因となる。そして，最終的にLi_2Sが生成してしまうと再酸化反応（充電反応）は起こらなくなる[22]。活性硫黄は高容量を維持しながら，複雑な素反応を制御することが必要であり，ごく最近では，単体硫黄と別種の化合物とを複合化させることでこれらの問題を解決するアプローチが行われているので紹介する。

(a)

$$2\,Li + S_X \rightleftarrows Li_2S_X$$

$$2\,Li + S_8 \rightleftarrows Li_2S_8$$

$$2\,Li + Li_2S_8 \rightleftarrows Li_2S_4$$

$$2\,Li + Li_2S_4 \rightleftarrows Li_2S_2$$

$$2\,Li + Li_2S_2 \rightleftarrows Li_2S$$

(b)

$$S_8^{2-} \rightleftarrows S_6^{2-} + 1/4\,S_8$$

$$\rightleftarrows S_4^{2-} + 1/2\,S_8$$

$$S_8^{2-} + 2S_6^{2-} \rightleftarrows 2S_3^{2-} + S_8$$

図5 (a) 単体硫黄のリチウム電池における放電反応，(b) 単体硫黄の化学的な平衡反応の例

(1) 電気活性な遷移金属酸化物との複合化

Moltech社はすでにリチウム電池の正極材料として研究されているV_2O_5キセロゲルと複合化した電極の電気化学特性について報告[23]している。単体硫黄をV_2O_5キセロゲルが覆うようなカプセル化した複合体（図6）を作製することでV_2O_5キセロゲルは，放電反応の際に生成する低分子量の硫黄アニオンの泳動を防ぐ役割を果たす。遷移金属酸化物を含む複合電極は集電体との密着性が良く，そのため電子の回収が良くなることを報告している。充放電試験では負極に金属リチウム，正極に単体硫黄とV_2O_5キセロゲルとを複合化した電極と，単体硫黄のみのリチウム電池を作製して比較を行っており，図7に示すように複合化した電極は容量出現率の向上を確認し，60サイクル目まで600Ah/kgの容量を維持した。

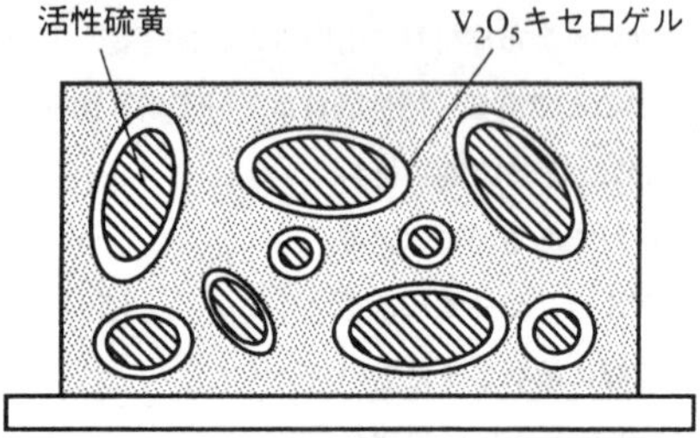

図6　活性硫黄とV_2O_5キセロゲルの複合

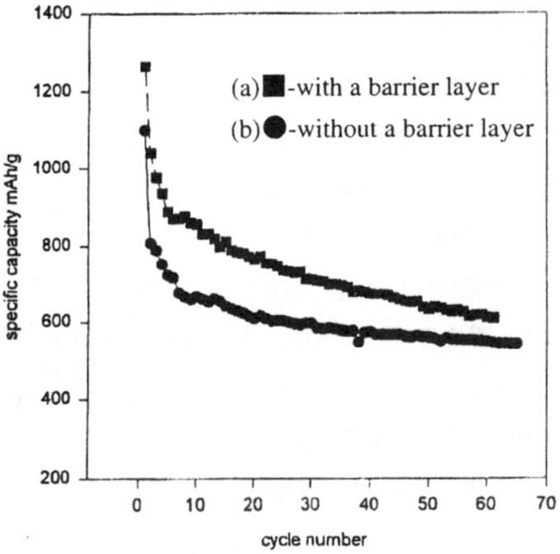

図7　活性硫黄電極のサイクル特性

(a) 活性硫黄＋V_2O_5キセロゲル複合化
(b) 活性硫黄単独

(2)　カチオン性ポリマーとの複合化

カチオン性ポリマーであるpoly（acryamide-co-diallyldimethlyammonium chloride）［AMAC］（図8）と活性硫黄やポリカーボンスルフィド化合物を複合化することで図4に示した還元生成物の泳動を抑制する方法が報告[24]された。負極に金属リチウム，正極に活性硫黄を使い，結着剤として用いたポリエチレンオキシド［PEO］とAMACの混合比を変えてサイクル特性について検討を行った結果，図9に示すようにカチオン性ポリマーを多く含んでいる（図7-a）のほうが容量出現率の向上が見られ，10サイクル目において880Ah/kg，50サイクル目で650Ah/kg，100サイクル目においても490Ah/kgの容量を維持している。

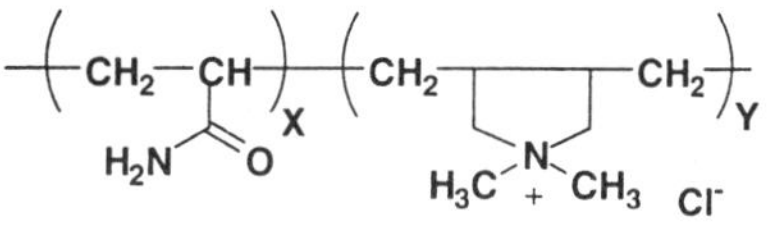

図8　カチオン性ポリマーのAMAC

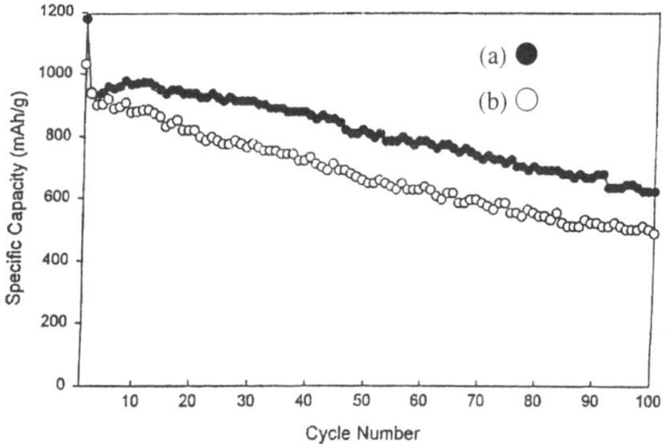

図9　AMACとPEOの混合量の違いによる活性硫黄のサイクル特性

AMAC : PEO　(a)4 : 1，(b)1 : 1

(3)　カーボンナノファイバーとの複合化

単体硫黄とカーボンナノファイバーとの複合化も提案[25]されている。カーボンナノファバーは直径が10～1000nm，長さが1～200μmと極めて細いため，通常のカーボンファイバーと異なり，表面吸着を起こしにくく，導電補助の役割はない。しかし，極めて細いカーボンナノファイバーを電極に加えることで緻密な三次元ネットワーク構造（写真1）をとるため泳動の抑制が可能となると報告されている。負極に金属リチウム，正極にカーボンナノファイバーと複合化した

(a)

(b)

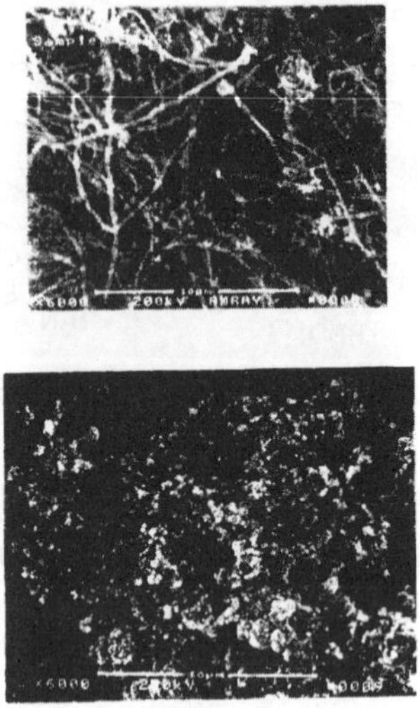

写真１　電極表面のSEM像

(a) カーボンファイバーと活性硫黄との複合体
(b) 活性硫黄のみ

電極を用いたリチウム電池の充放電試験の結果，10サイクル目では1000Ah/kg，100サイクル目においても700Ah/kgを維持し，容量減少率は１サイクル当り0.29%となった。

(4)　高吸着性微粒子との複合化

Li_2S_8を吸着する微粒子との複合化についても報告[26]されている。様々な吸着微粒子の検討

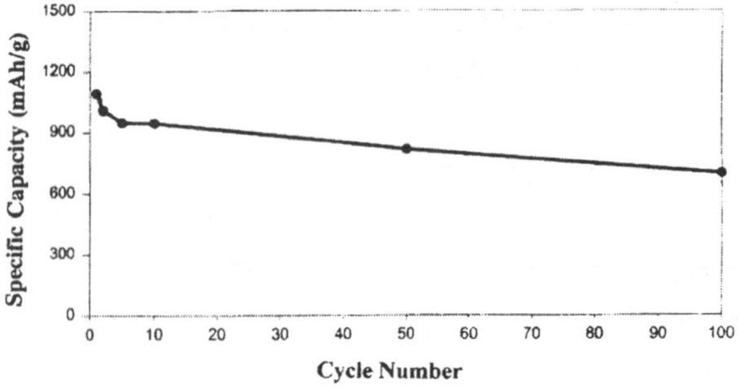

図10　高吸着性微粒子と複合化した活性硫黄のサイクル特性

の結果，Li_2S_8を吸着するにはカーボンとシリカのそれぞれの微粒子が最適であった。負極に金属リチウム，正極にカーボンとシリカの微粒子と複合化した電極によるリチウム電池を用いた充放電試験では図10に示すように10サイクル目において1000Ah/kg，100サイクル目においても700Ah/kgの容量を維持している。

2.3 有機硫黄系材料の現状と問題点

2.2.2，2.2.3項などで紹介したように導電性高分子や金属酸化物，カーボンなどの別種の化合物と複合化するアプローチがある。現在のデバイス特性の評価では，カーボンスルフィドで活物質当たり600Ah/kgの容量密度を50サイクル前後まで保ち[20]，活性硫黄で，100サイクルにおいても700Ah/kgの容量密度を維持するという報告[26]がある。

実際にリチウム二次電池の正極材料へ応用する際，改善すべき3つの問題がある。第1に，有機硫黄系材料は，室温あるいは低温領域において電極反応速度が小さいことである。電池に求められる十分なレートでの充放電を可能にするためには，電極反応速度の向上が必要である[3,13,14]。一般に，電極反応の速い化合物のサイクリックボルタモグラムは，図11-aに示すようにピークセパレーションは$\Delta E = 2.3RT/nF$（n：反応電子数）となる。一方，有機硫黄化合物のサイクリックボルタモグラムは図11-bに示すようにピークセパレーションは式で与えられるΔEよりかなり大きくなる[27]。

第2に，有機硫黄系化合物は絶縁体であるので，電極化の際には電子伝導性を付与するために導電補助剤を添加して急速充電時の分極を防ぐこと考えなければならない[28,29]。そのために有

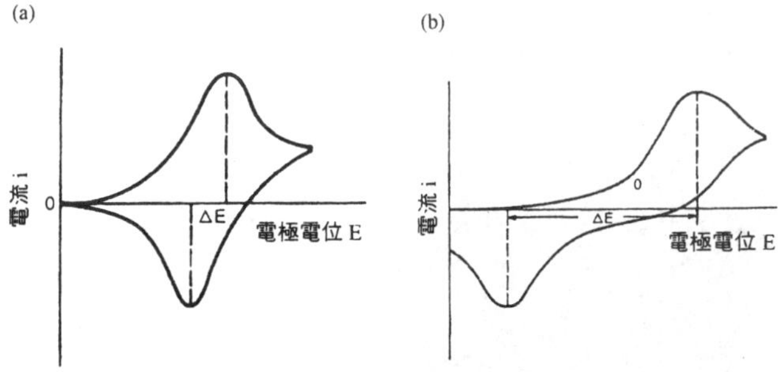

図11 (a) 拡散支配の可逆過程に対するサイクリックボルタモグラム
(b) 準可逆過程に対するサイクリックボルタモグラム

〔高村勉ほか，最新電池ハンドブック，朝倉書店p.21（1996）を引用〕

機硫黄化合物の特徴である容量密度が小さくなってしまう。こうしたことから，有機硫黄系材料自体に導電性高分子のような電子伝導性の部位をもつ材料にするか，更なる高理論容量密度化のアプローチが必要である。

第3に，放電反応においてジスルフィド結合が開裂することから低分子量体（チオラートアニ

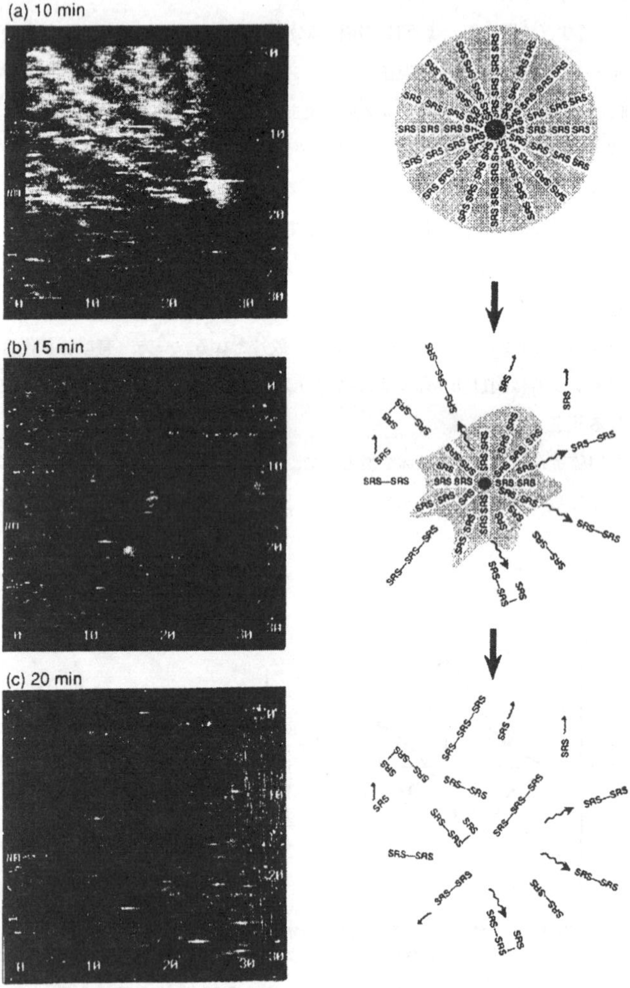

図12　電極上に析出したpoly（DMcT）のAFM像，電極上における自己放電の概念図

オン）になり，電解質あるいは負極へ泳動してしまう問題がある。DMcTは，酸化反応において図12のような島状の高分子量体［poly（DMcT)］をとり，自己放電によってできる低分子量の還元体が泳動することが確認されている[30]。このことから充放電を繰り返すたびに活物質は減少することで正極利用率が低下してしまうことや，還元体が負極へ移動し，不活性物質が堆積してしまうことから低いサイクル特性の原因となる。

2.4 複素環をベースとした新物質の探索（筆者らのアプローチ）

カーボンスルフィド化合物や活性硫黄などは高い容量が得られることが報告されているが，急速な充放電では望ましい特性とはいえない。急速充放電に必要なパワー密度を得るためには，電極反応速度（k^0）の向上が必要である。筆者らは有機硫黄系材料の３つの問題を解決すべく，比較的電極反応の速い複素環をベースとした新物質の探索を行った。

Viscoらは有機ジスルフィド化合物において，誘起効果とジスルフィド結合の電子移動の影響を調べた。速度論的な解析を行った結果，ジスルフィド結合部位近傍の原子種による影響が大きく，α位，β位に電子吸引性の大きなヘテロ原子である窒素，硫黄，フッ素などが存在することで電極反応速度は向上し，図13に示すような電極反応速度の大小関係を報告した[14, 31]。また，安定な酸化還元応答を示す五員環，六員環やその縮合環を骨格とする複素環式有機ジスルフィド化合物に注目し，パワー密度，エネルギー密度，サイクル特性それぞれにおける分子レベルのアプローチを行ってきた。

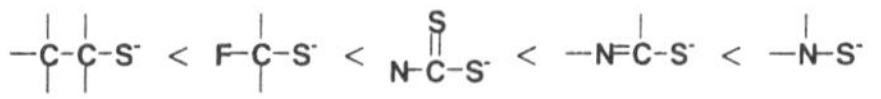

図13 チオ-ラートアニオンと近傍のヘテロ原子の反応速度依存性

2.4.1 充電速度の向上に向けたアプローチ

充電速度の向上には，複素環のヘテロ原子の電子吸引性が大きな影響を与えているが，加えて塩基性条件下においても酸化反応であるジスルフィド結合の反応速度が向上することを報告[30]している。DMcTを溶かした$LiClO_4$/PC溶液にジエチルアミンを添加していくと図14に示すように酸化ピークが1.3Vから0.6Vへと負側にシフトし，ピークセパレーションの減少が確認できる。また，DMcT，ナトリウム塩［DMcT Na］，ジカリウム塩［DMcT 2Ka⇒K］のそれぞれの電極反応速度を比較した結果，より塩基性雰囲気での電極反応速度が大きくなる（表４）[32]。

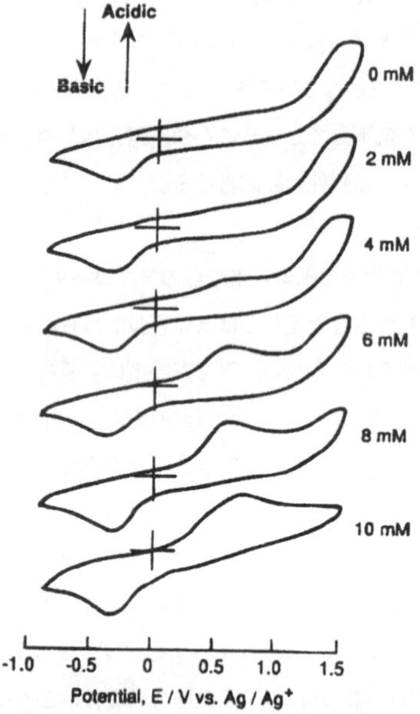

図14　ジエチルアミンを加えたときのDMcTのサイクリックボルタモグラム

表4　DMcT互変異性体の電極反応速度k⁰

	thiol-thione form (DMcT)	thiolate-thione form (DMcT Na)	di-thiolate form (DMcT 2K)
k^0/cm s^{-1}	1.75×10^{-11}	2.20×10^{-8}	3.44×10^{-8}
structure	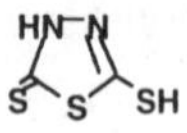	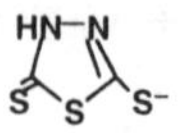	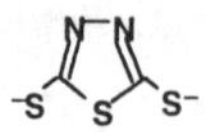

2.4.2　高理論容量密度に向けたアプローチ[33)]

有機ジスルフィド化合物はカーボンスルフィド，活性硫黄に比べると図3で示したように理論容量密度が小さいため，材料自体の高容量密度化の分子設計が必要である。

分子設計としては，反応部位の硫黄原子の増加に注目し母格の有機骨格にジスルフィド部位を増やすことや（図15-a），ジスルフィド結合をトリスルフィド，テトラスルフィドとポリスルフィド化することである（図15-b）。また，二つの方法を同時に合わせ持つ分子設計をした時の硫黄原子数と理論容量密度の関係を図16に示す。

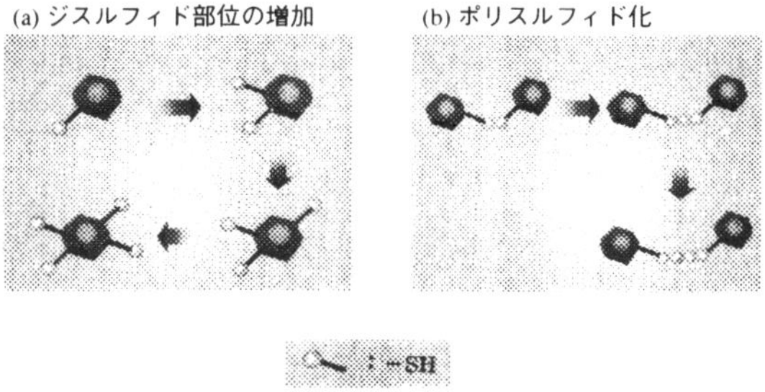

図15　高理論容量化のアプローチ

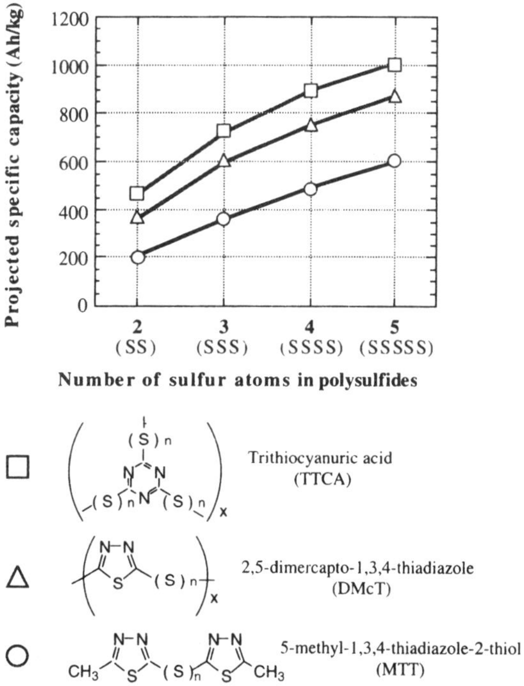

図16　硫黄原子数と理論容量密度の関係

そして，筆者らは反応部位の増加による高容量密度化の解明のために，モデル化合物として5-methyl-1,3,4-thiadiazole-2-thiol（MTT），DMcTのジスルフィド体をトリスルフィド化，テトラスルフィド化し，それらの容量密度の比較を行った。図17にはMTTジスルフィド，トリスルフィド，テトラスルフィド体のサイクリックボルタモグラムを示す。ポリスルフィド化することで新たな還元ピークが検出された。CVから概算した還元容量の値はトリスルフィド体でジスルフィド体の1.23倍，テトラスルフィド体で1.33倍となった。

ポリスルフィド体の放電試験の結果，活物質当たりの放電容量（エネルギー密度）はジスルフィド体で154Ah/kg（385Wh/kg）であるのに対し，トリスルフィド体では236Ah/kg（590 Wh/kg），テトラスルフィド体では280Ah/kg（700Wh/kg）と硫黄原子の増加とともに容量密度が増加した（図18）。しかし放電試験から得られたエネルギー密度を理論エネルギー密度と比較すると，正極利用率は30～50％と低く，サイクルに対する容量密度の減少も著しかった。

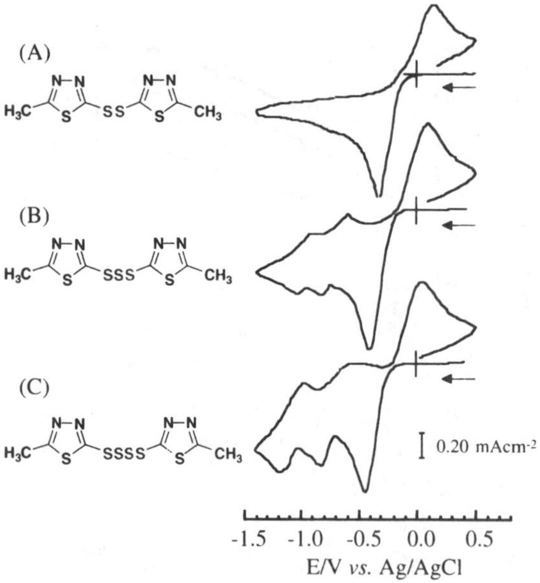

図17　ポリスルフィド化合物のサイクリックボルタモグラム

(A) MTTジスルフィド
(B) MTTトリスルフィド
(C) MTTテトラスルフィド

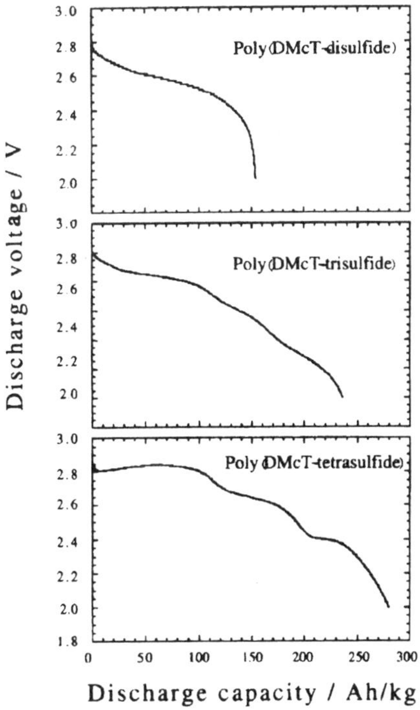

図18 Li/ポリスルフィド化したDMcTセルの放電試験

そこでMTTのポリスルフィド体の放電反応（還元）機構を電気化学的手法，分光学的手法により解明したところ[34]，単体硫黄に由来するジアニオン種（S^{2-}）を確認した。ジアニオン種は化学的な平衡反応（図19）で安定な構造をとり[21]泳動してしまうことが考えられるため，酸化反応ではポリスルフィド体を再形成することなくジスルフィド体になる（図20-b)。さらに，リチウムイオンが存在する雰囲気下においてジアニオン種は正極表面上でLi_2Sが生成し堆積するので，電極表面が不活性化な状態になる[35]。

2.4.3 高作動電圧に向けた分子設計

図21に示すように有機硫黄系化合物のエネルギー密度は，容量密度と作動電圧の積として得られる。したがって，より正側に酸化還元電位を有する材料を用いることにより，更なる高エネルギー密度が期待できる。そして，母格の複素環とジスルフィド結合の関係を解明し，作動電圧の

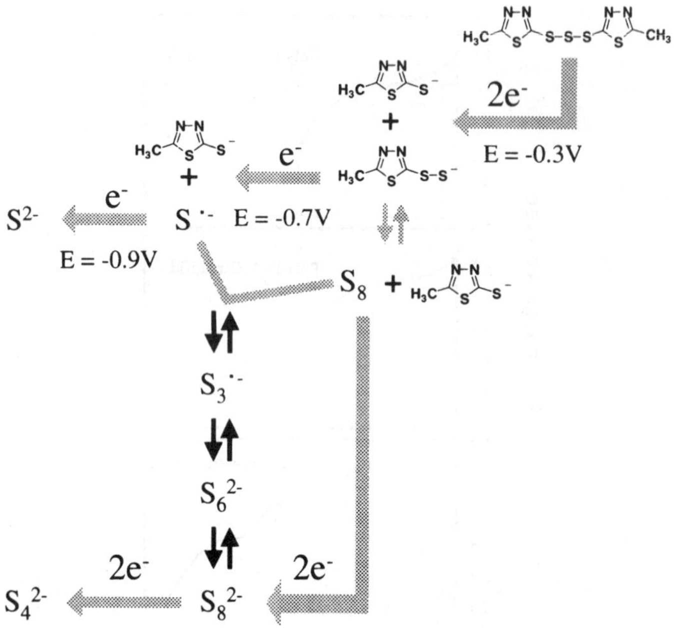

図19　MTTトリスルフィド体の還元反応機構

予測をMOPAC計算により見積もった[36]。

予測では，有機ジスルフィド化合物のHOMO，LUMOエネルギーを電気化学的な酸化還元反応電位としてあてはめ考察した。図20-aに示すように有機ジスルフィド化合物の酸化還元反応機構は詳細に検討されている。酸化反応では，チオラートアニオンのHOMO準位を酸化電位として，還元反応ではジスルフィド体のLUMO準位を還元電位として考えた（図22）。算出したHOMOエネルギー，LUMOエネルギーは実験値と比較することでリチウムに対する電位に変換した。これにより様々な有機骨格をもつ複素環式有機ジスルフィド化合物の酸化還元電位の傾向を考察することは可能である。(a) 有機骨格内のヘテロ原子の種類，(b) 有機骨格内のヘテロ原子の数，(c) 有機骨格内のヘテロ原子とジスルフィド結合部位の位置関係，これらを変えて酸化還元電位の予測を行った。

ヘテロ原子の種類については電気陰性度が大きくなるに連れて（2.5～3.2V vs. Li/Li^+），ヘテロ原子の数においては増加するに連れて（2.5～3.7V vs. Li/Li^+），また，ジスフィド部位が

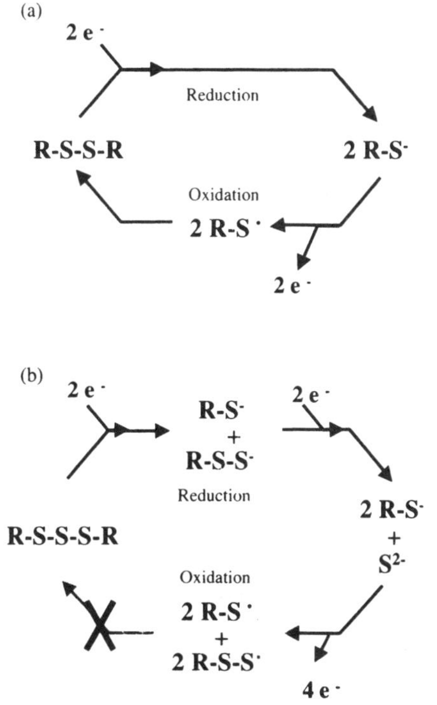

図20　ジスルフィド体とトリスルフィド体の酸化還元反応機構の比較

$$\mathrm{ED} = \boxed{\frac{n \times 96485}{Mw \times 3600} \times 1000} \times \boxed{V} \quad [\mathrm{Wh/kg}]$$

容量密度 [Ah/kg]　　作動電圧 [V]

図21　エネルギー密度の式

ヘテロ原子に近づくに連れ（1.8～2.6V vs. Li/Li⁺）酸化還元電位は正側にシフトすることが示された（図23）。その結果，複素環式有機ジスルフィド化合物の酸化還元電位は，ジスルフィド結合部位の近くにより電子吸引性の大きいヘテロ原子がより多く存在することによってジスルフィド結合上の電子密度が減少し，正側にシフトする。また逆の条件を満たす有機部位を設計することによって，酸化還元電位は負側にシフトすると予測された。

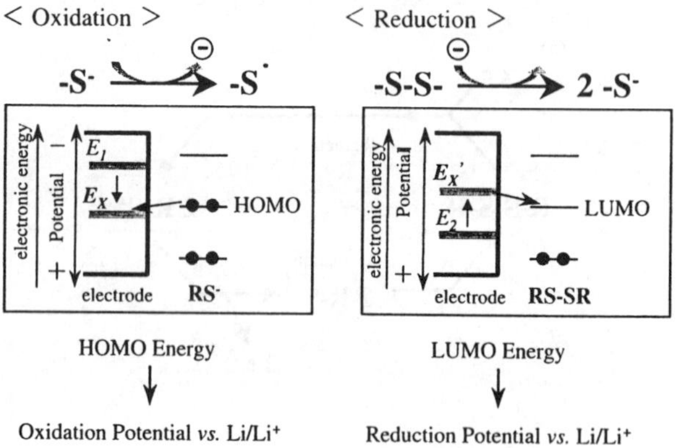

図22　分子軌道計算による酸化還元電位の算出方法

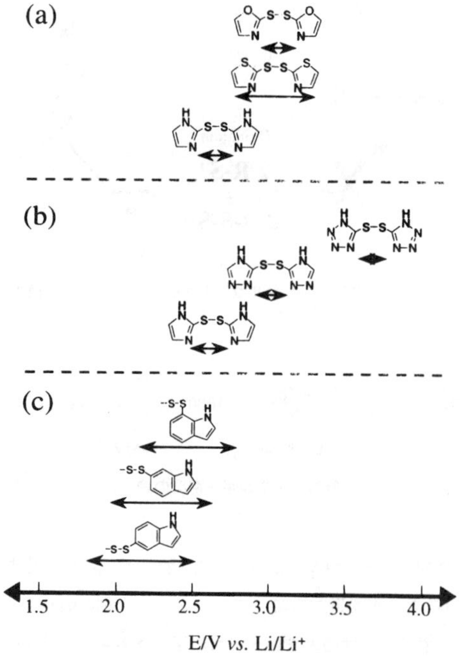

図23　分子軌道計算により予測される酸化還元電位

(a) 有機骨格内のヘテロ原子の種類
(b) 有機骨格内のヘテロ原子の数
(c) ヘテロ原子とジスルフィド結合部位の位置関係

2.4.4　サイクル特性の向上

(1)　ポリマーマトリックス内への固定化[37)]

リチウム二次電池正極材料として最も実用化に近い物質と考えられてきたDMcTはこれまで様々な研究がなされてきた[4, 28, 29, 37, 38)]。そして，塩基性条件においてDMcTは電極反応速度が向上することを示したが，中でもピリジンを添加した系におけるサイクリックボルタモグラムが最も対称性がよく，ピークセパレーションも狭いことが示された。そこで，ピリジン基を有するビニルポリマー（PVP）を用い，塩基性界面によるDMcTの反応速度の向上とポリマーマトリックス内への低分子量体の固定化を試みた[32)]。PVPマトリックス内に取り込まれたDMcTはピークセパレーションの減少が確認できた（図24)。これは浸漬時間とPVPの親和性の向上（濃縮効果）により生じると考えられる。図25にはPVP膜内におけるDMcTの酸化還元機構のモデ

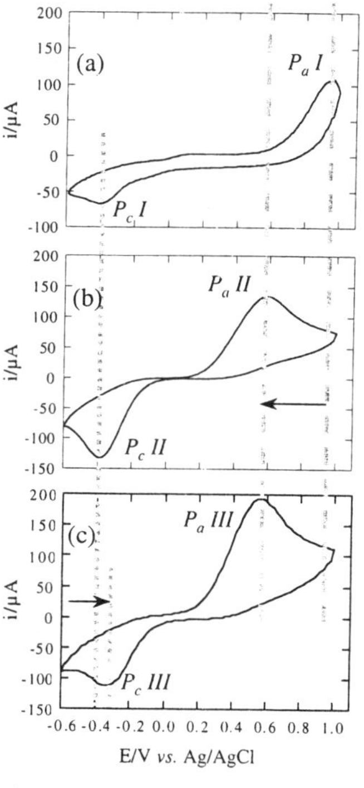

図24　BPG電極上での（a）DMcT溶液のサイクリックボルタモグラム，
（b）PVP被覆電極をDMcT溶液に30分浸したときのCV，
（c）60分浸したときのCV

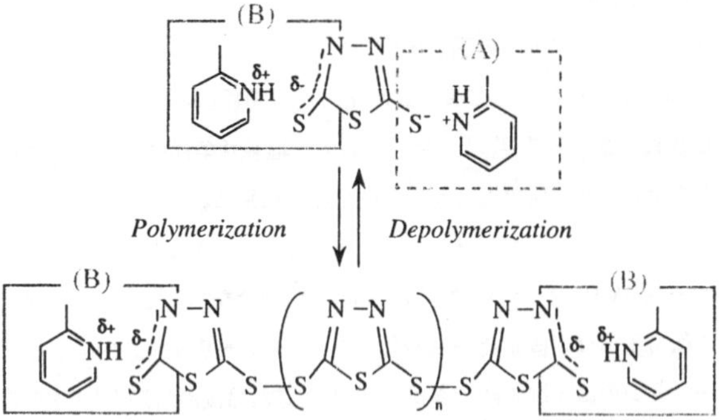

図25　ポリビニルピリジン被膜内におけるDMcTの酸化還元反応機構

ルを示した。DMcTの二つのチオール（−SH）基は異なるpKaを持っており，モノマー体においてはpKaの小さい（＝2.5）チオール基から生成したチオラートアニオンと４級化したピリジンがイオン対を形成し（図25中Aの部分），もう一方のチオール基から生成したチオン基のδ_-は，ピリジン基のδ_+と静電的な相互作用（配位）をしている（図25中Bの部分）。高分子量体においてもポリマーの末端のチオン基がピリジン基と配位したままで存在しており，DMcT（低分子量体）の泳動が抑制されていると考えられる。

(2)　**主鎖に導電性高分子を有する有機ジスルフィド化合物**[39]

新規活物質であるポリ-2,2′-ジチオジアニリン（poly（DTDA））は，①電子伝導性パスをもつ　②還元体も高分子量であるので泳動が抑制されること，③電極反応速度の向上（ポリアニリンの触媒効果）[28, 29]といったこれまでの有機硫黄系化合物の問題をすべて克服することが期待できる化合物である。特に注目すべき点なのは，従来の硫黄化合物が分子主鎖の構造変化をともなってジスルフィド（S-S）を生成（ポリマー化）または開裂（モノマー化）するに対し，poly（DTDA）はS-S結合がポリマー側鎖側にあるため，結合開裂による大きな構造変化がない（図26）ことである。

図27にDTDAの電解重合時におけるサイクリックボルタモグラムを示す。モノマーの酸化電位は約1.0Vで100サイクルまで電流応答が増加している。電流値の増加は膜が成長している過程（ポリマー化）をあらわしている。また，0.6V付近の一対の鋭いピークはポリアニリン主鎖の酸化還元に対応していると考えられる。予想される重合過程の反応スキームを図28に示す。まず，１サイクル目ではDTDAが酸化してダイマーを形成する。そのダイマーは結合部位の組み合わせから様々な構造が考えられる。しかし*in situ* UV-*vis*スペクトルの結果よりキノイド，ポーラロン構造を示すピークの変化を確認したことから，head-to-tail以外で重合したダイ

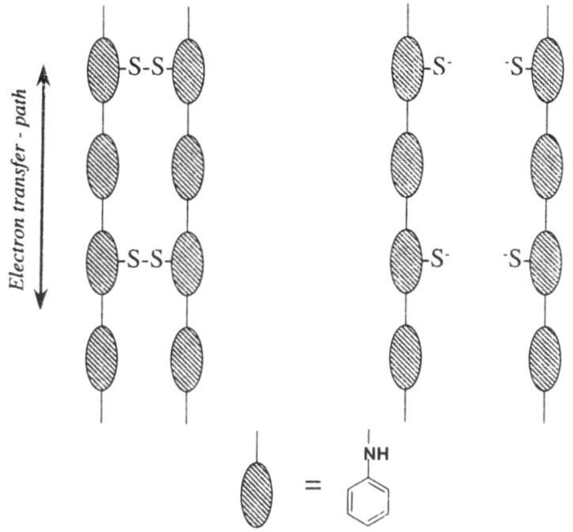

図26　ポリ-2,2′-ジチオジアニリンの酸化還元反応

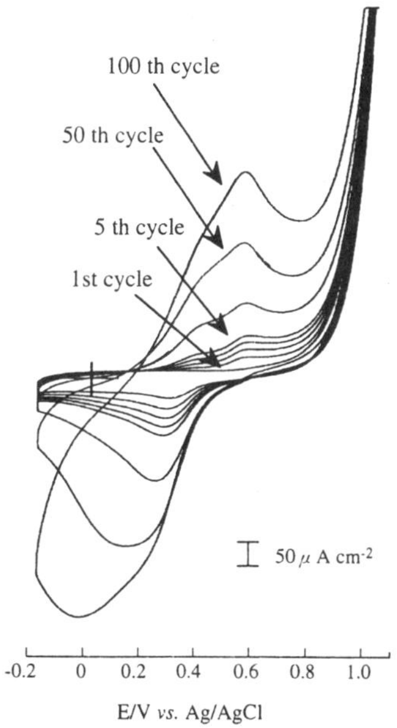

図27　2,2′-ジチオジアニリンの電解重合時のサイクリックボルタモグラム

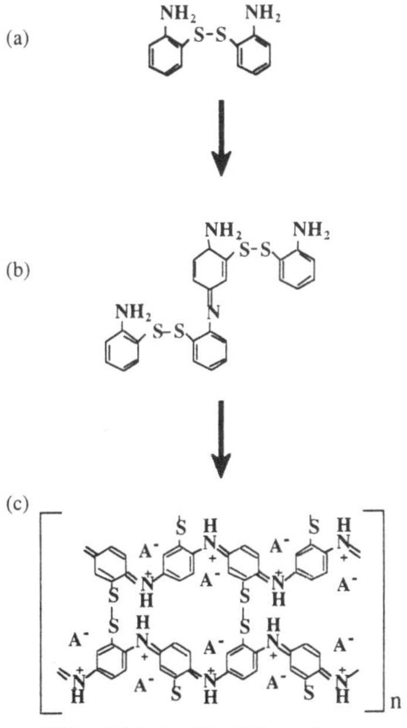

図28　ポリ2,2′-ジチオジアニリンの重合過程の反応スキーム

マーは，重合の進行に伴い拡散するため膜生成には関与しないと考えられる。したがってhead-to-tailで重合したダイマー（図28-b）のみが重合膜（poly（DTDA））として電極上に成長する。

poly（DTDA）を正極活物質とした，放電試験（電流密度：0.1mA/cm²）の結果，平均作動電圧2.7V，容量密度は270Ah/kg（エネルギー密度で675Wh/kg，正極利用率で81％）の値を示した。得られた容量密度はPAnの理論容量密度をはるかに越え，電位平坦性もよいことから，ジスルフィドの開裂反応とPAn構造のπ共役系のレドックス反応がほぼ同じ電位で起きていると考えられる。

(3) 超分子構造を有する有機ジスルフィド化合物[40~42]

筆者らは，サイクル特性の向上が期待できる新規材料として超分子構造を有する有機硫黄系化合物に注目している。超分子とは水素結合，π-スタック，配位結合などの比較的弱い分子間相互作用により規則的に会合した分子集合体のことである[43, 44]。そこで水素結合によりリボン型超分子構造[45, 46]が期待できる新規有機ジスルフィド超分子である2-amino-4,6-dimercapto-pyrimidine（ADMP）のエネルギー貯蔵材料への検討を行っている。ADMPは低分子量となる還元体において，水素結合による超分子体を形成することで泳動を抑制する効果が期待できる（図29）。

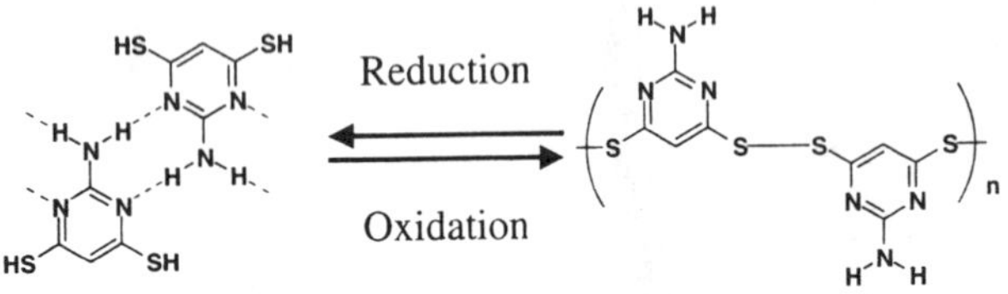

図29　2-アミノ-4,6-ジメルカプトピリミジンの予想される酸化還元反応

2.5　今後期待される材料・技術

2.5.1　リチウム電池への可能性

有機硫黄系材料は高い容量密度を持つために，数々の研究が行われてきた。中でも理論容量密度の高い有機ポリスルフィド化合物や活性硫黄は，室温でのレート特性や，サイクル特性に関する問題があるものの金属リチウムと組み合わせたときのエネルギー密度を考えると魅力的なものである。PolyPlus社やMoltech社は活性硫黄をベースとした容量重視の研究を行っており，2003年までには現在の遷移金属酸化物を用いたリチウムイオン電池の5倍のエネルギー密度をもつ小型二次電池の実用化を目標としている。

2.5.2　プロトン電池・電気化学キャパシタへの展開

有機硫黄系材料の還元反応において生成するチオラートアニオンはリチウムイオンと反応して安定な塩を形成する。これらは低いサイクル特性の原因の一つとされる。筆者らは，有機硫黄系材料を，リチウムイオンを含まないプロトン交換型のプロトン電池・電気化学キャパシタへ応用することを提案している。これらに応用することで①急速な充放電が可能になる　②活物質の劣化が押さえられる　③サイクル特性が向上する　④環境負荷が低い，などの利点がある。また，有機硫黄系材料の水系キャパシタへの展開は，現在のリチウムイオン二次電池の同等から2倍もの容量密度の向上が可能であり，また，大幅にパワー密度は向上することが期待できる。

文　献

1）S.J.Visco *et al.*, *J.Electrochem.Soc.*, 137, 1191 (1990).
2）S.J.Visco *et al.*, *J.Electrochem.Soc.*, 136, 661 (1989).
3）S.J.Visco *et al.*, *J.Electrochem.Soc.*, 136, 2570 (1989).
4）S.J.Visco *et al.*, *J.Electrochem.Soc.*, 137, 750 (1990).
5）T.A.Skotheim *et al.*, U.S.Patent, 5, 460, 905 (1995).
6）T.A.Skotheim *et al.*, U.S.Patent, 5, 462, 566 (1995).
7）松下電器産業，特開平6-231752 (1993).
8　松下電器産業，特開平8-213021 (1995).
9）PolyPlus社，特表平10-505705 (1997).
10）新田芳明ほか，電池技術，vol.13, p.25 (2001).
11）E.E.Reid, "Organic Chemistry of Bivalent Sulfur", vol.Ⅲ, p.362, Chemical Publishing Co., N.Y. (1960).
12）N.Kharasch *et al.*, "The Chemical of Organic Sulfur Compounds", vol.2, Pergamon Press, N.Y. (1966).
13）S.J.Visco *et al.*, *J.Electrochem.Soc.*, 138, 1891 (1991).
14）S.J.Visco *et al.*, *J.Electrochem.Soc.*, 138, 1896 (1991).
15）S.J.Visco *et al.*, *J.Electrochem.Soc.*, 139, 1808 (1992).
16）S.J.Visco *et al.*, *J.Electrochem.Soc.*, 139, 2077 (1992).
17）M.Y.Chu *et al.*, U.S.Patent, 5, 523, 179 (1996).
18）S.J.Visco *et al.*, U.S.Patent, 5, 516, 598 (1996).
19）T.A.Skotheim *et al.*, U.S.Patent, 5, 529, 860 (1996).
20）趙金保ほか，第41回電池討論会講演要旨集，p.476 (2000).
21）S.P.Mukherjee *et al.*, U.S.Patent, 5, 919, 587 (1999).

22)　S.M.Park *et al.*, *J.Electrochem.Soc.*, 140, 115 (1993).
23)　K.Matsuda *et al.*, *Electrochimica Acta*, 42, 1019 (1997).
24)　S.Zhang *et al.*, U.S.Patent, 6, 110, 619 (2000).
25)　Y.M.Gernov *et al.*, U.S.Patent, 6, 194, 099 (2001).
26)　A.Gorkovenko *et al.*, U.S.Patent, 6, 210, 831 (2001).
27)　高村勉ほか，最新電池ハンドブック，朝倉書店，p.21 (1996).
28)　K.Naoi *et al*, *J.Electrochem.Soc.*, 318, 395 (1992).
29)　K.Naoi *et al.*, *Electrochimica Acta*, 37, 1851 (1993).
30)　K.Naoi *et al.*, *J.Electrochem.Soc.*, 142, 354 (1995).
31)　E.Genies *et al.*, *J.Electroanal.Chem.*, 408, 53 (1996).
32)　K.Naoi *et al.*, *J.Electrochem.Soc.*, 144, 1185 (1997).
33)　K.Naoi *et al.*, *J.Electrochem.Soc.*, 144, L170 (1997).
34)　直井勝彦ほか，第38回電池討論会講演要旨集，p.75 (1997).
35)　直井勝彦ほか，第40回電池討論会講演要旨集，p.345 (1999).
36)　直井勝彦ほか，2000年電気化学秋季大会講演要旨集，p.109 (2000).
37)　N.Oyama *et al.*, *J.Electrochem.Soc.*, 142, L182 (1995).
38)　N.Oyama *et al.*, *J.Electrochem.Soc.*, 144, L47 (1997).
39)　K.Naoi *et al.*, *J.Electrochem.Soc.*, 144, L173 (1997).
40)　荻原信宏ほか，電気化学会第68回大会講演要旨集，p.3 (2001).
41)　荻原信宏ほか，高分子学会予稿集，vol.50, No.13, p.3473 (2001).
42)　荻原信宏ほか，2001年電気化学秋季大会講演要旨集，p. 68 (2001).
43)　G.M.Whiteside *et al.*, *Science*, vol.3, 1312 (1991).
44)　E.W.Meijer *et al.*, *MRS BULLETN*, APRIL (2000).
45)　J-M.Lehn *et al.*, *J.CHEM.PERKIN TANS.*, 2, 461 (1992).
46)　J.Fischer *et al.*, *New J.Chem.*, 123 (1998).

3　負極材料

髙村　勉*

3.1　はじめに

リチウムイオン電池はわが国が世界に誇る電気電子量産製品の一つである。ニッケル・水素蓄電池とともに世界における生産量の占拠率は実に90%を超える独占状態である。したがって，世界中はこの新型電池の技術が今後どのような趨勢で展開してゆくか，わが国の技術動向に注目している。しかし最近の国際会議では，中国も含めた諸外国が極めて質の高い研究発表を行っており，世界1位を維持するためには片時も油断できない。その中国が携帯電話の保持台数では米国を抜いて1位に踊り出たと報道されており，次世代携帯電話の世代になる2005年には2.6億個の保有台数になると推定されている。次世代携帯では容量，パワーともリチウムイオン二次電池に頼るしかないと思われる。このような中，日本はことに，貿易，政治面で中国に出遅れており，このままだとリチウムイオン二次電池も中国にその座を渡さざるをえなくなるという危機感をもつ必要がある。このような背景を踏まえて，諸賢がリチウムイオン二次電池をさらに盛り立てる意気に燃えてくだされればこの上なく有難く思う。

リチウムの酸化還元電位は，すべての元素の中でも最も負の値といっても過言ではないので，金属リチウムは，水分はもとより空気（酸素も窒素も）とも激しく反応して発熱し，水分などと接したときは発生する水素が引火して火災を引きおこす元となる。リチウム二次電池は，完全密閉され，大気とは完全遮断されているとはいえ，充電時に負極の表面に金属リチウムが析出するような設計の電極体では，析出した金属リチウムは杉苔状の極めて活性度の高いリチウムになりやすく，電解質を急激に還元して，過熱，発火の危険がある。また電極体の縁に好んで析出して相手方の正極とショートして発火する恐れがある。更にもう一つの析出形態として，デンドライト（樹枝状結晶）があり，これは，成長すると，セパレーターを突き破って正極に達し，ショート，発火にいたる危険がある。このような危険性を完全に除去できないかぎり，民生用のリチウム二次電池は製品化されなかったであろう。以前に，$LiAsF_6$を電解質とする金属リチウム負極のリチウム二次電池が製品化され，汎用化されようとしていたが，発火事故が相次ぎ，製品は姿を消した。この危険を完全に避けることが出来たのは，負極活物質（負極作用物質）にリチウム原子を吸蔵する炭素材料を用いるという新技術が取り入れられたからである。黒鉛は，図1に示したように，リチウムを黒鉛網面（炭素原子が結合してできた正6角形が平面状につながってできた平面[1]）の層間に吸蔵する性質を持つ。

黒鉛は，リチウムカチオン（Li^+）を含む電解液中で負の電位に向かって分極してゆくと，あ

＊　Tsutomu Takamura　㈱ペトカマテリアルズ　技術顧問

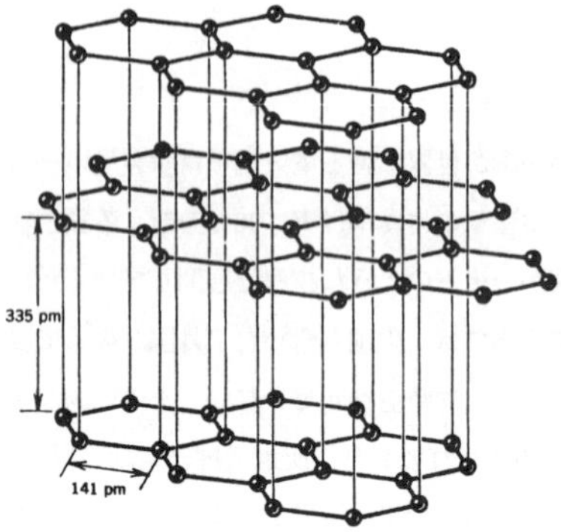

図1　黒鉛の分子模型（E.Bradyによる[1]）

る電位に達した時，(1) の電気化学反応によって還元されて黒鉛の層の間に取り込まれてゆく（インターカレーション）。

$$Li^{+}(solv)^{n} + e^{-} \rightleftharpoons Li\,(in\ C) + n\,(solv) \qquad (1)$$

ここで，(solv) は，1個の溶媒和分子を，また (in C) は，リチウムが炭素中にインターカレートしたことをそれぞれあらわす。インターカレートの様子を図2に示す。実際の黒鉛の透過電子顕微鏡写真（TEM 像）を写真1に示す[2]。横にほぼ並行に走っている黒い線が網面層をしめしている。リチウムは層間空隙（白色部分）に取り込まれるのである。その端面の様子を，Besenhard, Winterが撮ったSEM像（写真2）により示す[3]。この際リチウム原子はすべて黒鉛の層間に取り込まれて，金属リチウムとして表面に析出することがないため，上述の危険を完全に避けることが出来る。リチウムがインターカレーションするとき、リチウムは端（図の縦方向の面で層間が開口している）から網面の層間に吸いこまれる。そして，リチウムは自分の電子を部分的に炭素原子からなる網面のパイ軌道にわたして，ある程度正に帯電したイオンになっているといわれている。

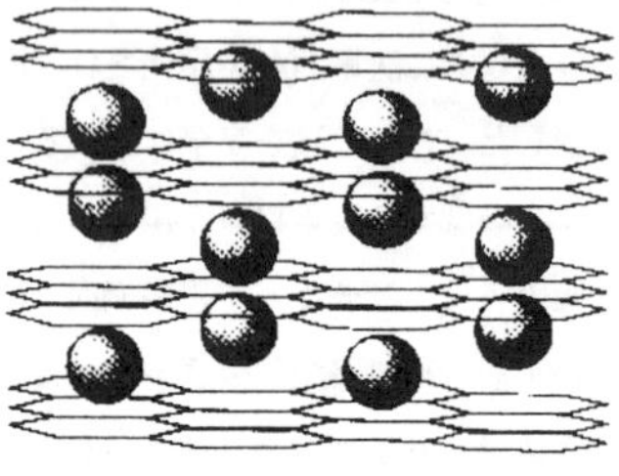

図2　黒鉛網面の層間に吸蔵されたリチウムのモデル

層間に粒子を取り込む機構をインターカレーションと呼ぶが，リチウムを固体構造の中に取り込む機構は，この他にも何種類かある。合金として取り込むのもその例の一つである。取り込む現象を吸蔵，格納，ドーピングなどの言葉で表すが，その間の違

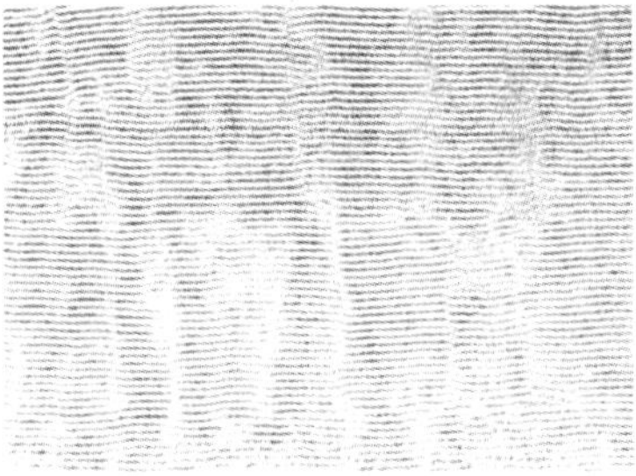

写真1　黒鉛材料の透過電子顕微鏡写真

黒鉛網面が横に走っている。
X.Y.Song, Xi Chu and K.Kinoshita, *Mat.Res.Soc.Symp.Proc.*, vol.393, 321 (1995) より

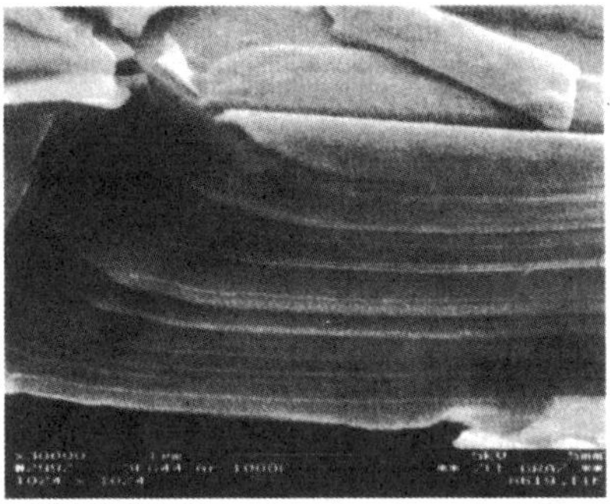

写真2　1000℃で真空処理して表面を清浄化した合成黒鉛結晶の端面（Besenhardらによる[2)]）

いはさほど明確ではない。リチウム吸蔵作用のある物質は，黒鉛以外の炭素材料のほか，Si，Ag，Al，Sn，など何種類もの元素や，これらから成る合金のほか，遷移金属の窒化物/酸化物などがある。その取り込む量は一般に炭素よりはるかに大きい。このため実用化が真剣に検討されてきた。しかし吸蔵・放出時の大きな膨張・収縮による電極体の瓦解や，巨大な初期不可逆容量のゆえにまだ実用されていない。これに対し炭素材料は，このような問題の程度が小さいので実用電池に使用されているのである。

容量アップ，パワーアップ，価格低下の三大要求がますます強くなっている中，従来の炭素材料が今後も従来のまま大きい改善なしに生き残ってゆくことは困難である。しかし，民生用電池として，安全性と信頼性をキープすることは至上命令である。従来の負極材料として用いられてきた炭素材料は，この観点から電池メーカーと電池応用機器メーカーの両者から大きく信頼されてきた。したがって，より大きい容量の材料が提供されても，十分な信頼性試験をクリアーしないかぎり量産品とはなりえない。この理由から，21世紀のリチウムイオン二次電池も当分の間は負極活物質として炭素材料そのもの，或いはこれを基体にした複合材料に頼り，実用化の基本が固まった後，いよいよ炭素にとらわれない新材料が用いられてゆくと思われる。

3.2　二次電池に要求される大切な性質

電池は一次電池でも二次電池でも作動電圧が高く，長持ちして，大きな負荷にも耐えることが大切である。しかし，二次電池特有の特性も考慮すると以下のような要求性能を満足する電池が

優れた電池といえるだろう。すなわち

1. 作動電圧が高い　　2. エネルギー密度が大きい
3. 大電流充・放電が可能である　　4. 放電曲線が平坦である
5. 充・放電サイクル寿命が長い　　6. 自己放電が少ない
7. 低温でもよく作動する　　8. 信頼性が高い
9. 安全性が高い　　10. 価格が安い
11. メモリー効果がない

これに加えるに，負極活物質材料としては，更に

12. 初期不可逆容量が極めて小さい　　13. 汎用されている電解液となじみがよい
14. 集電体シートへの塗工性がすぐれている

という要求項目も大切である。

現行のリチウムイオン二次電池用負極材料は14項目について取り敢えずクリアーしているのでこれを用いた電池が機器メーカーからパワーソースとして受け入れられていると考えられる。今後多くの新材料が続々と提案されてくるだろうが，上記の14項目のスクリーニングに合格して初めて民生用電池として受け入れられることとなる。このため，提案された新負極材料が単に容量が現行の2倍あっても，作動電圧が1V vs. Li/Li^+であっては，電池としての作動電圧が3Vを切ることなり，機器メーカーからパワーソースとして受け入れられないであろう。

そこで現行実用二次電池の負極材料として使用されている炭素材料を以下に紹介することからはじめ，この実例から負極材料として持つべき特性を考えるよすがにしてゆきたい。

3.3　特性に大きい影響を及ぼす電極体デザイン

電池，ことに二次電池は起電物質が如何に優れた特性を持っていてもこれを用いてどのような電極体を作り上げるか，その方法如何では，本来もっている素晴らしい特性の半分も発揮できない場合がある。例をあげると，図3はペトカマテリアルズ製の高黒鉛化炭素短繊維を銅箔に塗布した電極体の電位走査CV曲線を示す。(a) は導電助剤を加えず繊維単身のスラリーを手で混練作成したもの，(b) は，これに導電助剤としてアセチレンブラック（AB）を5％添加して手で混練したもの，また (c) は (b) と同様の組成物を専用混練機で混練したもののCVをそれぞれ示す。それぞれの曲線の下向きのピークはリチウムを吸蔵する反応の電流，また上向きのピークは吸蔵されたリチウムが放出されるときの電流ピークである。3者はとても同一物のCVとは思えないほど異なっている。(a) はサイクルを繰り返すごとにピークは著しく減少し，サイクル性が極めて悪いことを示している。また1.5Vに始まり，約1Vにピークを与える溶媒の還元分解の電流が第1回目の還元方向走査曲線にあらわれる。この初期不可逆還元ピークは電池の容量を

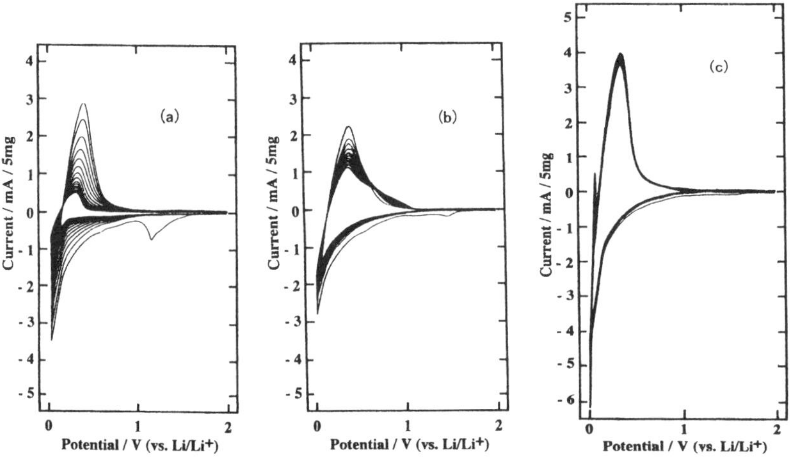

図3　高黒鉛化炭素短繊維（ミルドメルブロン3100）を15μm厚の銅箔に10%ポリフッ化ビニリデンをバインダーとして等しい量塗布した電極体の１M　$LiClO_4$を含むEC/DMC中での電位走査CV曲線（走査速度：１mV/s）

（a）ミルドファイバーのみ
（b）アセチレンブラックを5%添加し手でよく混ぜて得たスラリーを塗布乾燥したもの
（c）（b）と同じ組成のスラリーを専用混合機でよく混合した後塗布乾燥したもの

制限する好ましくないものである。（b）のABを添加したものは，サイクル特性が改善されたことを示す。（c）は（b）と同一の組成にも拘らず，サイクル特性は大幅に改善され，初期不可逆電流も著しく抑制されたばかりか，ピークの高さが大きく増大して，反応速度が大きくなったことを示している。全く同一の電極材料を用いても，このように特性が大きく異なる。これは電極体の導電性が大きく且つ電極のどの部分でも同一で均一であることが如何に大切かをしめしたものである[4)]。

一方，図4にはきわめて大きい吸蔵容量を持つブロンズと酸化スズの充放電曲線をしめしたが矢印横線で示した初期不可逆容量もまた極めて大きい[5)]。上述のように大きい初期不可逆容量は一定の電池容積内に活物質を詰め込む際，無駄な初期容量が大きいため実用になる容量は小さくおさえられ折角の特長が台無しになる。このように，単に一つの特長に着目しただけでは，実用にならない欠点を持つ落とし穴があることに十分注意しなくてはならない。

放電曲線の形も重要である。平均放電電圧が3Vの電池では，通常のリチウムイオンの3.6Vより20%電圧が低いすなわちエネルギー密度として20%低くなる。また通常の機器は作動電圧が3Vより高く設計されているため，利用エネルギー量はずっと低くなる。したがってクーロン容量だけで実用の可能性を議論してはならない。

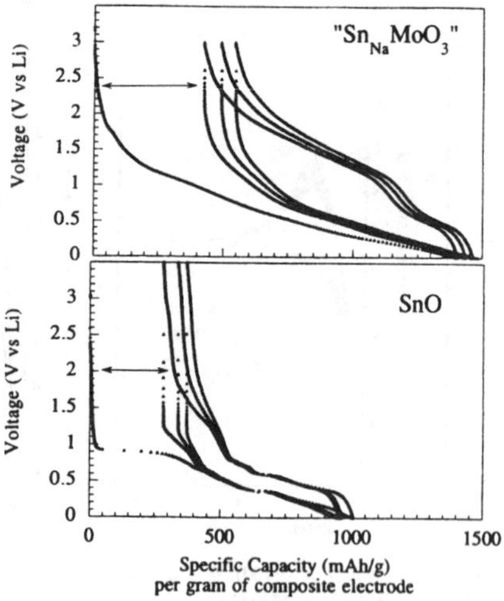

図4　スズ置換モリブデンブロンズ（上）と酸化スズ（下）のリチウム吸蔵/放出（充放電）曲線

矢印横線で示した大きい初期負荷逆容量がある（Nazarらによる[5]）。

黒鉛は初期特性も大変よく，電気伝導性も高く，固体内のリチウムの拡散速度も大きく，放電曲線は平坦で0Vに近い上信頼性も高いため限定されたクーロン容量を除けば，理想的な負極材料である。このため各電池メーカーともいまだ黒鉛を用いている。然し，容量アップとパワーアップの要求がますます強くなっている昨今，もう黒鉛に執着してはいられない。また電池価格を下げるためにも大容量の材料にとって変られることが望まれている。

以下に炭素系材料も含め，今後の新材料を展望してゆきたい。

3.4　実用炭素材料の種類[6,7]

負極活物質用炭素材料には以下の4種があるが，活物質として現在広く使用されている炭素材料は次の1）～3）の3種である。

1）合成黒鉛材料

2）天然黒鉛材料

3）難黒鉛化炭素材料

4）メソフェーズ系低温焼成炭素材料

メソフェーズ系の低温焼成炭素が黒鉛の理論容量（372mAh/g）の2倍以上の容量を与えるも

のもあるということで，これまで随分検討されてきたが，初期不可逆容量が大きい，サイクル寿命が小さい，ハイパワー充放電に不向きという大きな欠点がいまだに解決できていないので，本格的には実用されていない。まず，上位3種の炭素材料の電極材料としての特性を比較してみよう。これを表1にまとめてみた。表1からわかるように3種の炭素材料の間には，それぞれ異なった点で特長・欠点が見られる。その理由を以下各個に見ていこう。

表1　3種の炭素負極材料の特性比較

特性＼材料	天然黒鉛	合成黒鉛	難黒鉛化炭素
容　量	＋＋	＋＋	＋＋＋
大電流特性	＋	＋＋＋	＋
作動電圧の高さ	＋＋＋	＋＋＋	＋
放電曲線平坦性	＋＋＋	＋＋＋	＋
価　格	＋＋＋	＋	＋＋
低温特性	＋＋	＋＋＋	＋－
PCが使える	—	—	＋＋
電気伝導性	＋＋＋	＋＋＋	＋＋

3.5　天然黒鉛材料

炭素の最も安定な状態はダイヤモンドと黒鉛で，生成エネルギーは両者の間にほとんど差はない。黒鉛が容易に大規模で人工的に合成されているのに対し，ダイヤモンドはたとえ人工合成されているにせよその規模は極めて小さい。炭素を黒鉛化することは容易なのである。黒鉛は天然でも大規模に産出するので大きい結晶が大変安価に入手できる。分子レベルでの顕微鏡写真を写真1に示したがリチウムは，この図の横に走る網面の間に吸蔵され（インターカレーション），横に自由に動く。縦方向（ベーサル面方向）には移動できない。

天然黒鉛は，多くの優れた作動特性をもつ。とりわけ，放電曲線が極めて平坦で，作動電圧が非常に高い負の電位であり，充放電効率も100％に近い（図5）[8]。しかし，ハイパワー特性，低温特性は不十分である。これは次の理由による。黒鉛の電極体を作るためには，黒鉛の結晶を粉砕・微粉化してバインダーなどと銅箔（集電体）に塗布して作る。微粉化に際して，黒鉛は層間に沿って剥がれる，癖解性が強いため，端面の面積が著しく小さい薄片（フレーク状，鱗片状）になる。リチウムは端面からのみ吸蔵・放出されるので，端面面積が著しく小さい天然黒鉛の粉体では，ハイパワーすなわち大電流の充・放電が困難である。図5で粒径が最も大きい，したがって比表面積が最も小さいNG-40から得られた容量が，最も細かいものの80％に留まるの

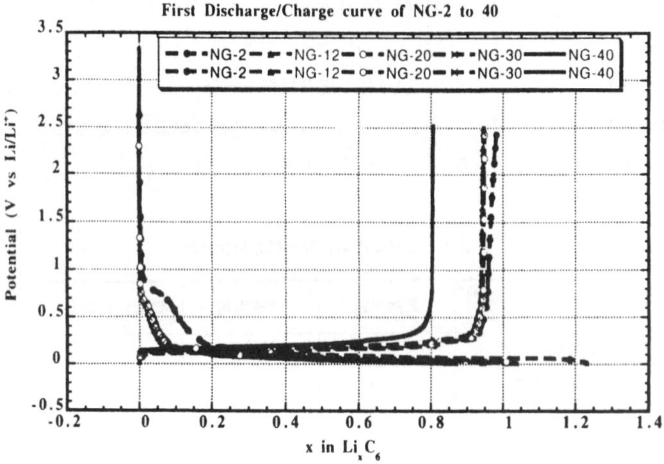

図５　各種粒径の天然黒鉛の定電流充電・放電曲線

1M $LiClO_4$を含む炭酸エチレン（EC）＋炭酸ジメチル（DMC）体積比１：１の混合溶媒中常温で測定。放電レート：C/24.
粒径：NG-2：2μm；NG-12：12μm；NG-20：20μm；NG-30：30μm；NG-40：40μm
K.Zaghib, G.Nadeeau, M.Masse, Guerfi, and F.Brochu, Lithium Batteries, Ed：S.Surampudi *et al.*, *The Electrochem.Soc.*, *Proc*, **99-25**, p.12-30（1999）.

はこの原因による。また，塗布したとき，フレークは集電体に平行に積層配列する傾向にあるが，導電性は端面に垂直な網面すなわちベーサル面の方向に大きく，垂直方向には小さいのでこれも反応速度を抑制する欠点となる。一方細かく粉砕すると図５のNG-2のように負荷容量は大きく

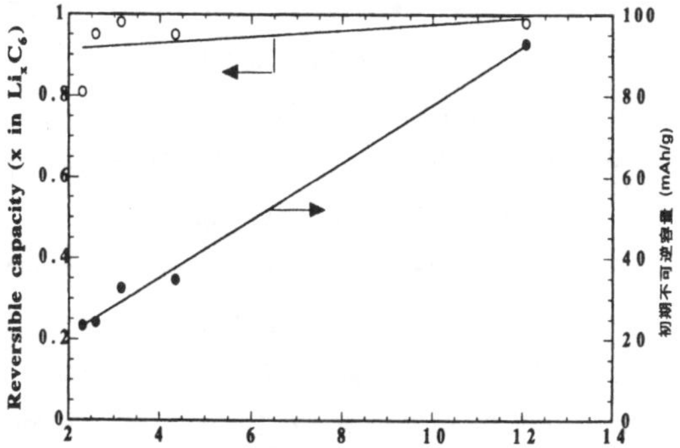

図６　種々の粒径をもった天然黒鉛粒子の比表面積とリチウム吸蔵の可逆容量と初期充電時の不可逆容量との関係（Zaghibら[6]）

なる。しかし粉砕の結果，比表面積が大きくなり，これが図 6 [8] に示すように初期不可逆容量を増大するという矛盾した結果をもたらす。

しかし最近黒鉛粒子の加工法が進んで，鱗片状（写真3左）ではなくじゃがいも状（写真3右）にしたり[9]，また不純物を加熱だけで除去したりして，この電池の負極材料として使いやすくしたものが販売されるようになってきた。

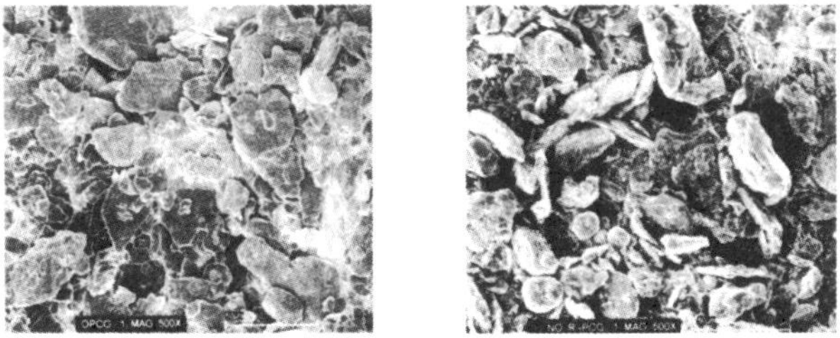

フレーク状　　じゃがいも状

写真3　黒鉛加工品のSEM像

3.6　合成黒鉛材料[6, 7]

代表的なものに，①天然黒鉛類似形態　②繊維状　③微小球状。の 3 種がある。このうち，①の性質は，すでに述べた天然黒鉛とほぼ同じなので記述を省略し，②と③について説明する。

3.6.1　繊維状黒鉛化炭素

メソフェーズ系ピッチを加熱溶融し，小孔を通して紡糸し，酸素・水蒸気雰囲気中で加熱し，繊維表面に不融化皮膜を形成させたのち窒素気流中で加熱，最後に3000℃まで温度を上げて，網面が中心から繊維側面に向かって放射状に成長した（ラジアル構造）黒鉛化繊維をうる。短い繊維を得る場合には高温加熱の前に，予め切断処理を施す。得られた繊維の模式図とSEM写真を図 7

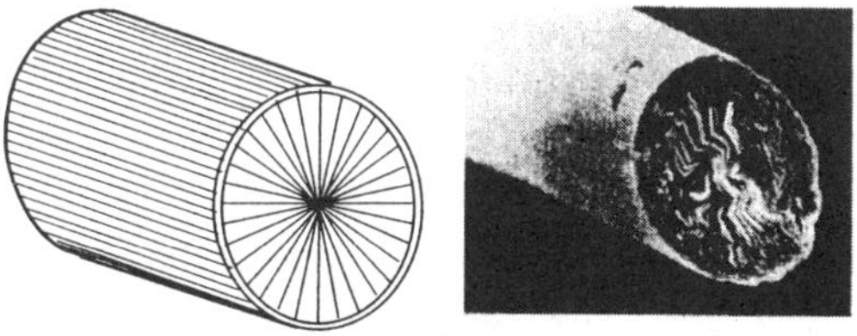

(a)　模式図　　(b) メルブロン 3100 の SEM 像

図 7　ラジアル構造高黒鉛化炭素繊維の断面・側面図

の（a），（b）に示す。また図10b）の拡大図を写真４に示す。

負極材料として最適の繊維造は，①黒鉛結晶が十分に発達してその配向がラジアル構造をとっていること　②側面が薄い網目状皮膜で覆われ，膨張収縮に十分に耐える構造をとっていること　③太さは塗工に便なように10ミクロン内外の太さであること　④繊維粉体のアスペクト比は３程度であること。などである。ペトカマテリアルズ製ボロンドープメルブロン3100の負極特性を図８に示す（文献[7]）のp.254)。この材料は，炭素繊維中にホウ素を網面格子内にドープしたもので360mAh/gの高容量の炭素繊維である。ボロンドープメルブロンは容量，大電流充放電性能，サイクル寿命に優れ，価格も高価ではなく，塗工性にも優れているので，高性能電池に好適である。

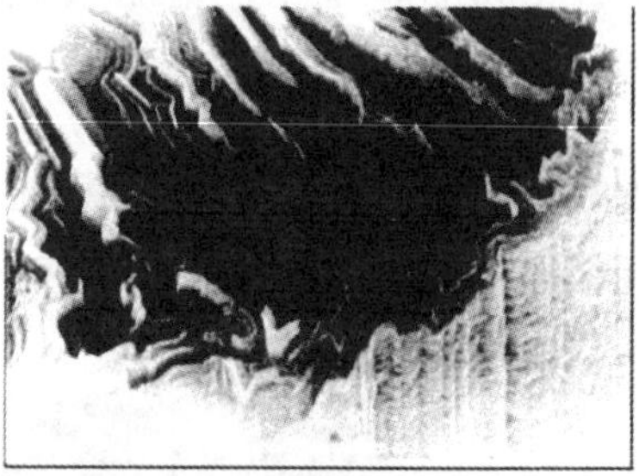

写真４　高黒鉛化炭素繊維のメルブロン3100（ペトカマテリアルズ製）のSEM像（繊維直径約9 μm）

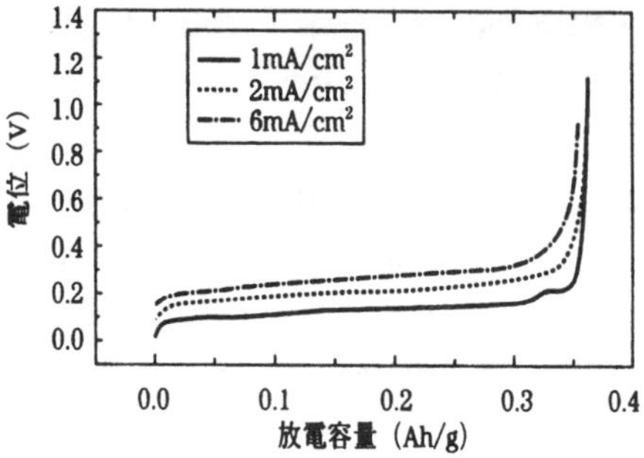

図８　ペトカマテリアルズ製ボロンドープメルブロン炭素繊維の定電流放電特性（20℃ EC/DEC, 1M $LiPF_6$）

3.6.2　メソフェーズカーボンマイクロビーズ（MCMB）

メソフェーズピッチを加熱してゆくと，黒鉛の結晶の前駆体超微結晶が内部で配向したミクロンオーダーの微小球が無数に生成し，次第に合体しあって大きくなってゆく。適当な大きさの時に冷却，無配向のピッチを溶媒で洗い流して，微小球体だけ集め，これを繊維体と同様に不融化処理を施した後，3000℃に加熱処理して，直径がミクロンオーダーのMCMBの高黒鉛化小球体をえる（図9）。小球体も繊維体と同様の原料から作るので，網面が球面に平行なたまねぎ構造（図9（a））でなく，放射状に発達したラジアル構造（図9（b））であれば，繊維同様，リチウムの吸蔵・放出速度は大きい。また不融化処理の際生成した表面皮膜が，機械的に球体を安定にしている。図9（c）のSEM像は，直径30μmの大きい球の像であるが，もっと小さい直径のものが量産されている。塗工は大変容易である。容量，ハイレート特性，サイクル特性など優れており取り扱い容易であるので，これまで世界各国で研究試料として使用され，よい結果が報告されている。しかし，高価という実用上の大きな課題がある。製造過程で小球体だけをマトリックスから溶媒選別する必要があるため，コスト高となり，これを下げるのはかなり難しい。

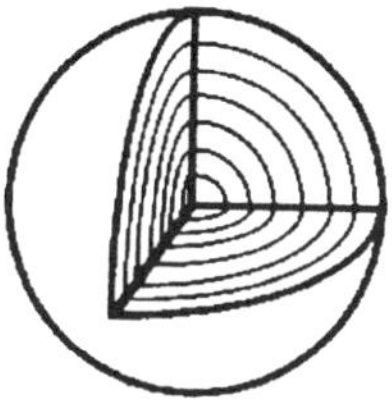

(a) オニオン構造

(b) ラジアル構造

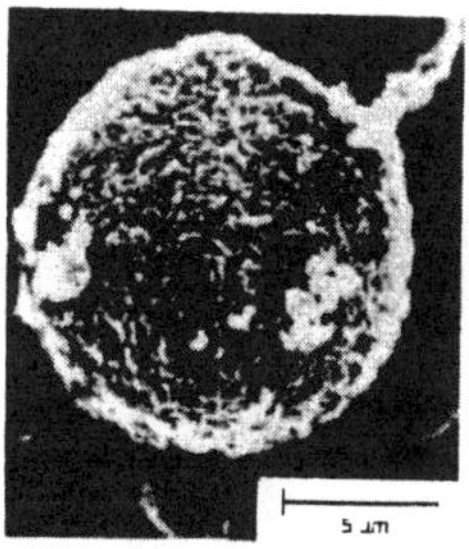

(c) 実際のSEM像（西沢らによる[10]）

図9　MCMBの2種の構造模式図と製品のSEM像

3.6.3　黒鉛材料特性向上のための表面修飾

炭酸プロピレン（PC）溶媒にリチウム塩を溶解した電解液は安価で，低温でも高いイオン伝導性を与えるため，大変魅力的である。しかし高黒鉛化炭素は，充電中に激しくPCを還元分解して自身も瓦解するためPC電解質は用いられないという欠点がある。黒鉛に対し，低温焼成炭素材はPC電解質中で安定である。もし，PC電解質が使えれば性能向上と低価格化が可能となる。この目的に芳尾教授はチャレンジした。天然黒鉛微小粒子をトルエンの気流中でCVD処理を行い黒鉛表面を低温焼成炭素と同様の構造の炭素で全面被覆したのである（図10）。この処理によって，PCを多量に含んだ電解液が使用可能になった[11]。

高黒鉛化炭素の充放電特性を向上する方法の一つとして我々は，金属或いは，金属酸化物の皮膜で炭素繊維の表面を覆う方法を考案した。その例を写真5と図11に示す。たとえば黒鉛繊維の表面に銀を200Å蒸着したときのSEM像を写真5に示す。また，銀を400Å厚さ蒸着した繊維と銀なしの繊維試料をくらべたものを図11に比較して示した。銀を蒸着することにより，リチウム吸蔵・放出のCVピークの高さが2倍以上に増加した[12]。

Sn，In，Cuなどの金属を蒸着した後，緩やかに酸化処理をするとこれと同じ効果が得られることがわかった[13]。このような表面修飾によっても，急速充放電が可能となったのである。

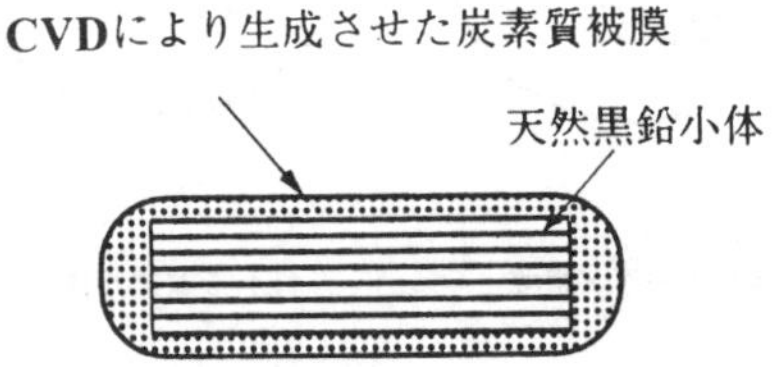

図10　芳尾教授が開発したPCに安定な天然黒鉛粒子（芳尾らによる[11]）

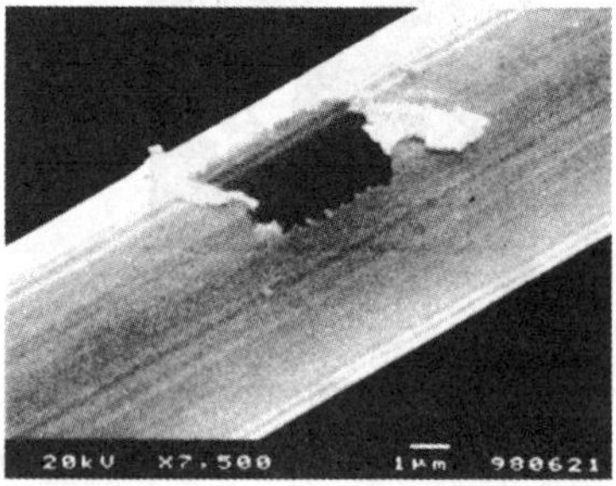

写真5　高黒鉛化炭素繊維に200Å厚さのAg膜を蒸着したSEM像

（全面に銀が蒸着されているとSEMでは銀膜の存在がわからないので，一部を意図的に擦って剥離してみたもの。銀膜がはがれて中から裸の炭素繊維が露出している）

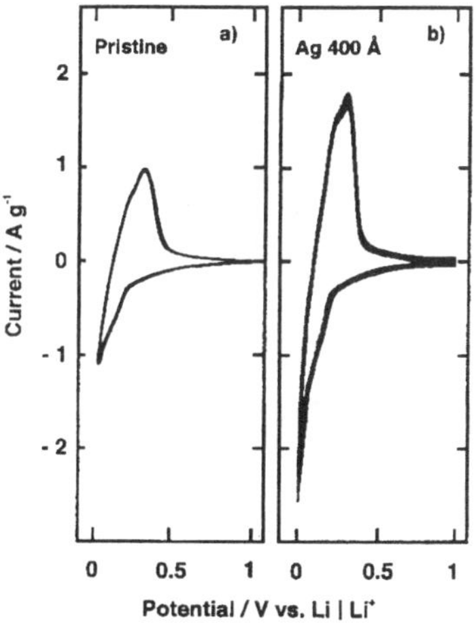

図11　高黒鉛化炭素繊維のEC/DMC中でのCV
(a) 未処理；(b) Ag膜400Å蒸着したもの[12]

3.7　難黒鉛化炭素材料

熱硬化性の樹脂やセルローズ，蔗糖などを蒸し焼きにすると，黒鉛の整然とした結晶化が進行できず低温では無定形、高温処理した場合には，図12に示すように生成した帯状の数層の網面層が勝手な方向に縦横につながったような構造の炭素体となる。非常に硬くハードカーボンと呼ばれ密度もかなり高くなる。しかし，内部にはたくさんの小さなキャビテイーがあり，この中にもリチウムが吸蔵される。難黒鉛化炭素材は原料の違いによって種々の炭素材が提供されている。

この材料の特長は，容量密度が上述の理由により，500mAh/g以上に達すること，電解質として，安価で導電性にすぐれた電解液を与える溶媒PCが使用可能なこと，充・放電中に目立った膨張収縮がなく形状が安定なこと，まて，比較的廉価なことなどである。

欠点は，図12から推測できるように，リチウムの炭素骨格内部への移動は，回りくねった複雑な道を通らなければならないため長時間が必要で，大電流充放電に向かない。この点を改善しようとすれば粒子を細かくせざるを得ず，表面積が増大する結果下記に述べる初期不可逆容量も増大してしまう。第二に，図13に示したように放電曲線が平坦でなく放電が進むに従って電位が上昇し放電中に電位が1V付近までだらだら変化すること，また，図3で説明した，充電初期の不可逆容量が大きいことである。初期不可逆容量は放電に使用できない容量なので，この値が大きいと，その差額を補償するためだけに使われる正極剤が多量に必要となり，一定の大きさの容器に正極剤有効量を十分量充填できなくなる。結局，電池の容量は小さくなってしまう。

（a）2800℃で焼成してえた蔗糖炭のTEM像
稲垣道夫著，"日刊工業新聞社，p.117（昭和60年）より

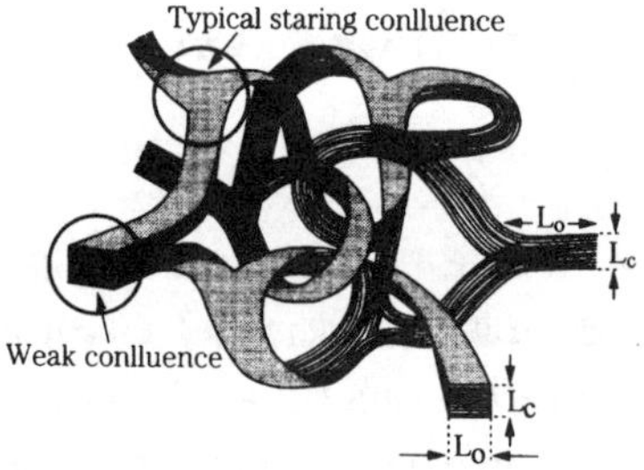

（b）Jenkins-Kawamura Model

図12　難黒鉛化カーボンのTEM像（a）と構造模型（b）

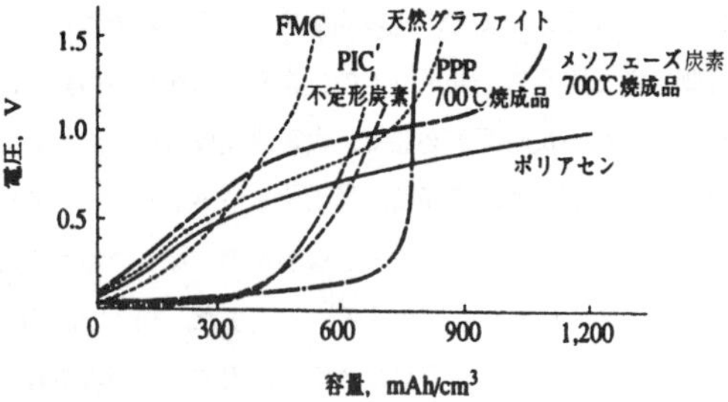

図13　各種の炭素材料の体積当たりのリチウム吸蔵容量の放電曲線による比較[7)]

以上二つの欠点が解決できれば，安価で高容量，かつPCが使用可能という特長を生かして，安価な負極を開発することができる。不可逆容量の発生原因は充電還元時に電解液や電極材料が不可逆還元されるためであることは分かっている。しかし，活物質の表面或いは内部にたとえば，＞C＝OとかSnO_xのような，充電時に還元されなければならない化学種が存在する場合を除いて，なぜ実際に現れただけの容量が必要なのかについて明確な回答が得られているわけではない。換言すれば，既に2.3で述べたように，電極体デザインを工夫し，その方式に従って，電極体を作成することが出来れば，余分な不可逆容量を大幅に減少できることも可能である。このような背景を踏まえて，難黒鉛化炭素の中から将来の可能性を秘めているものを見直してみたい。

3.7.1　ポリアセン[14)]

矢田らは負極容量が極めて大きいポリアセン（図14参照）を開発しこれを負極材料として用いたリチウムイオン電池を上市した。しかし売れさきはきわめて限られている。その理由は，初期特性がよくない，大電流が取れない，放電曲線が平坦でないなどの要因にあると考えられる。この課題が解決されれば魅力ある材料となる。解決には導電性の高い炭素材とのナノ複合材料の創製が大きな鍵を握っていると思われる。

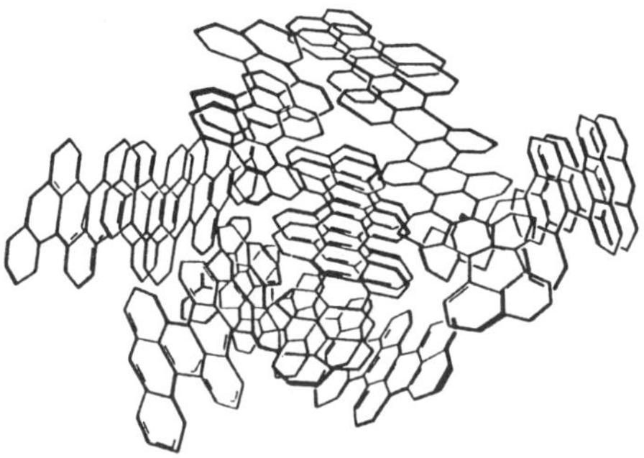

図14　ポリアセンの分子構造模型（矢田静邦による[14)]）

3.7.2　シリコン入り難黒鉛化炭素

Dahnらは，炭素とシリコンのナノコンポジットの創製を行い大きい容量の負極材料を提供した[15)]（図15）。Si原子を直接炭素内に導入することは困難であるのでSiの酸化物を出発原料とするとどうしてもO原子が導入される。またCはSiと大きいアフィニティーを持つのでSiCの形成は避けられない。そこで彼は，C/SiC/SiO_2 3元系のダイアグラムを検討して図16を示した[16)]。これを元に大容量の負極材料の開発が期待される。現状では初期特性の解決がまだ見ら

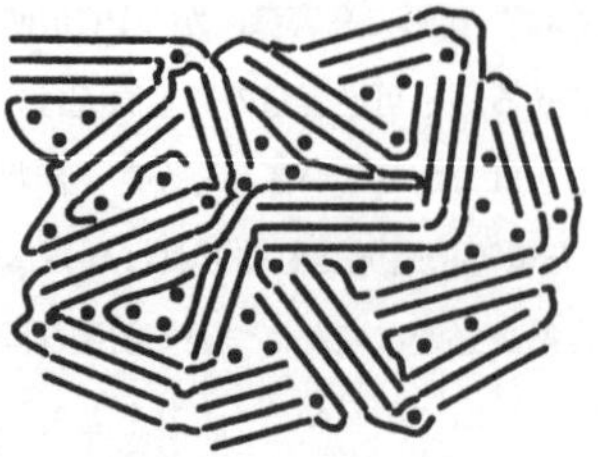

図15　Dahnの難黒鉛化炭素の内部空隙に異種元素をナノレベルで分散させた高容量負極材料モデル[15)]

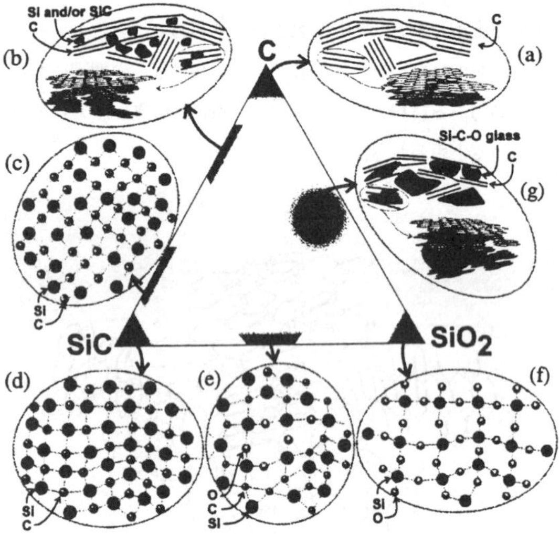

図16　DahnによるC/SiC/SiO_2 3元系の状態モデル[16)]

れていない。

一方，Feyらは天然のシリコン含有炭水化物に注目し，稲籾殻の有効利用を提案した。稲籾殻を不活性雰囲気で焼成した結果，多孔生成剤を使用して700度で焼いたものは実に1000mAh/gという巨大容量を示した。しかし初期不可逆容量も同時に1000mAh/gもあるのでこのままでは実用にならないが炭素材でもどのような作り方をすれば，大容量が得られるかの指針を与えた研究として注目される（G.T-K.Fey, C-L Chen, *J.Power Sources.*, 97-98, 47, 2001）。

以上総括すると，難黒鉛化炭素材で大容量を達成できる可能性はある，これを実用レベルで実現するためには，異種元素とのナノ複合体を創製することが鍵であると考えられる。

3.8　低温焼成メソフェーズ系炭素材料

低温焼成炭素材料この炭素は図14に示すようにリチウム吸蔵容量が大変大きいため，高容量化の要請にとって大変魅力的な材料である。リチウムの格納状態が難黒鉛化炭素のそれと類似したところがある。すなわち図17に示すように二つの異なった格納場所がある。一つは黒鉛微細結晶類似の結晶部分，もう一つは微細結晶が粗く配向している隙間の空隙（キャビティー）部分である。メソフェーズ系では微細結晶が適度にある方向に配向しており，キャビティーへの格納とは，その微細結晶の端面に化学吸着した状態がより実際に近いモデルと考えられる。このように二つの異なる格納機構があれば，CVにもこれに対応した二つのピークが現れることが期待される。図18は800℃焼成炭素繊維のCVであり，0.2V近辺の鋭いピークとそれよりなだらかなプラトーの部分からなることを示している。負電位よりのピークが黒鉛微結晶体に出入りするリチウムに基づくもの，より正電位側のプラトーの部分はキャビティーへの格納と帰属される。

低温焼成炭にはリチウムの吸蔵，放出の速度が極めて遅いという欠点がある。しかもこれは本質的問題と説明されてきた。これが正しいなら，低温焼成炭は負極材料の候補になり得ない。折角の可能性が生かされないなら由々しき問題である。図19はリチウムを満杯に吸蔵した炭素材について片岡らが測定したリチウムのNMRスペクトルである[18]。炭素内部の二つの異なる格

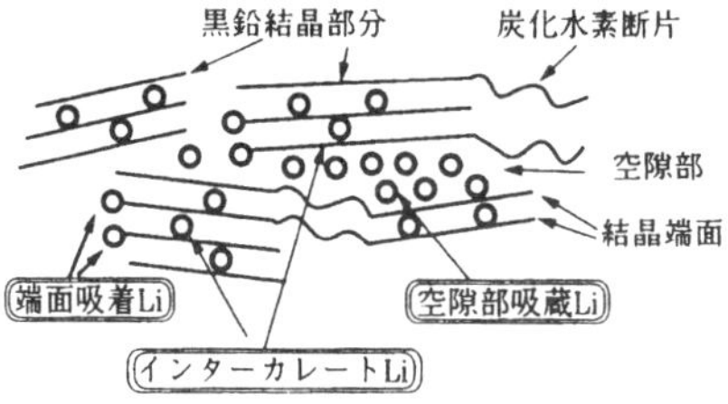

図17　低温焼成メソフェーズ炭素材料中へのリチウム格納の概念図（高村による[17]）

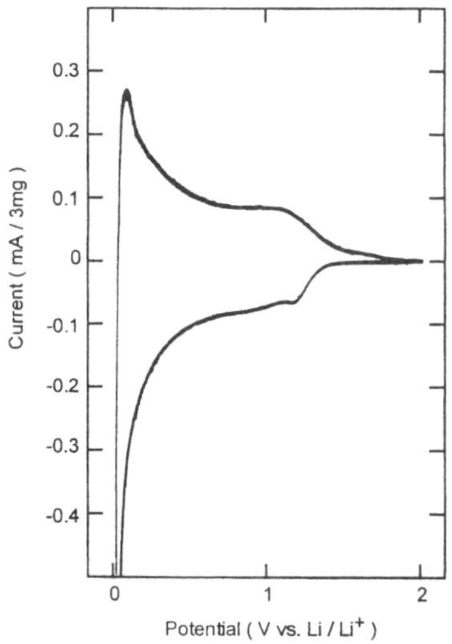

図18　800度焼成のメソフェーズ炭素繊維のPC電解液中におけるCV曲線（電位走査速度：0.05 mV/s）

納サイトに滞在するリチウムは異なる周波数に二つのピークを与えることが期待される。ところが，図19に示したように，どんな焼成温度の炭素もピーク位置は異なるが，たった一つのピークしか与えなかった。このことは，リチウムが炭素骨格内部で二つのサイト間を自由に行き来している，すなわち吸蔵・放出反応の速さは本質的には速いはずであるが，表面反応の速さが律速であることを示唆している。そこで，各種の表面修飾を施して，反応速度の向上が見られるかを吟味した。その結果を，図20に示す[19]。この図は適切な表面修飾法を施せばリチウム吸蔵・放出の反応速度を改善できることを示したことに大きい意義がある。

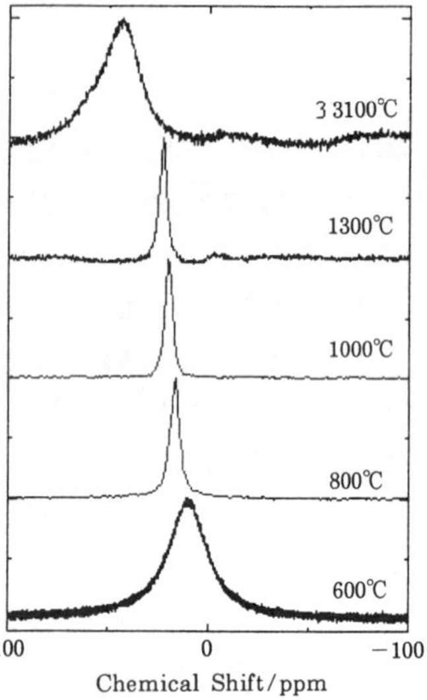

図19　各温度で焼成調製した炭素繊維メルブロンにLiを十分吸蔵させた試料の^{7}Li NMRスペクトル（片岡らによる[18]）

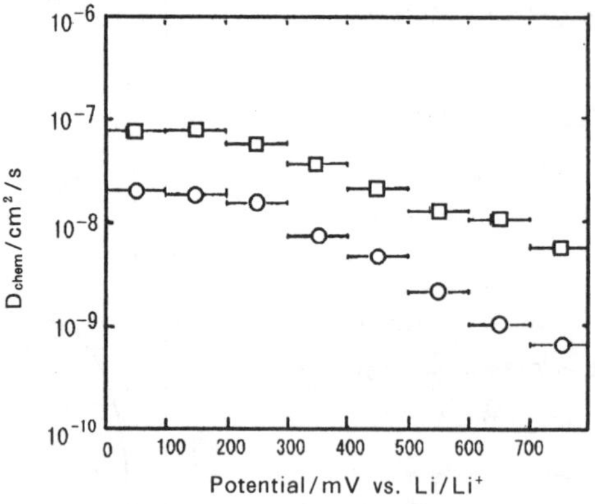

図20　電位ステップクロノアンペロメトリーで求めた800℃焼成炭素繊維のLi放出の化学拡散速度（D_{chem}）．（○印未処理試料，□印銀蒸着後ゆるく酸化した試料）（大前らによる[19]）

3.9　ナノチューブ

最近のナノチューブへの挑戦は極めて活発である。それは，もしナノチューブの孔の中にリチウムが格納されれば巨大な容量の導電性の負極材料が誕生する可能性があるからである。たとえば，図21[20]に示すぐらいの大きさの径をもった単層カーボンナノチューブの孔の中に，リチウムが十分に格納されたとすると，このナノチューブ1gあたり，実に2200mAh/gの容量に匹敵する量になる。したがって，カーボンナノチューブの研究はこれから大いに活発になると思われる。

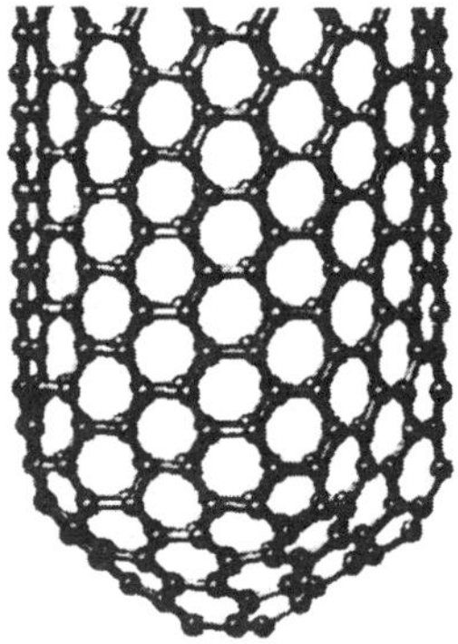

図21　単層カーボンナノチューブの模型（斎藤，坂東による[20]）

現在までの研究成果を紹介する。大分大学の石原氏はメタンを原料ガスとしてCVD法で簡単に，多層ナノチューブを作成し（写真6）[21]，これにリチウムを電気化学的に吸蔵させる研究を展開してきた。2～3年前の開発当初は吸蔵量は高々100mAh/gであったが，進歩は著しく，現在は高黒鉛化炭素の吸蔵量に肉薄してきた。サイクル特性もかなりよい。結果の一例を図22に示す[22]。充電の初期化逆性が不十分であったり，材料がまだバルキーであったり，解決しなければならない課題は多いが，研究が進歩の途上にあるので，今後の発展が楽しみである。

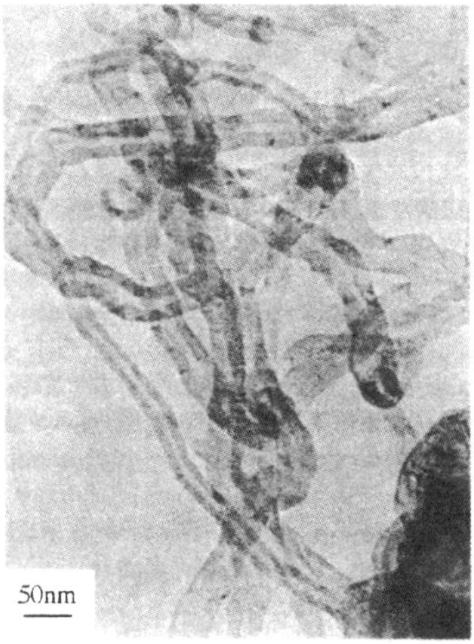

写真6　石原らがメタンのCVDにより合成した多層カーボンナノチューブ[21]

Yazamiらは単層ナノチューブの合成をパルスレーザー蒸発法によって作成し，これを220℃に加熱した溶融金属リチウム中に一昼夜浸漬してリチウムの吸蔵をこころみた[23]。色は黄金色に変り，ステージ1の状態までリチウムが炭素壁に吸蔵されたことを確かめた。しかし，チューブの中にまでリチウムを詰め込むことには失敗した。上記の石原らの研究でもチューブ内への充填は達成していない。チューブの入り口にリチウムの侵入を拒む要因が存在すると思われる。今後の検討課題である。

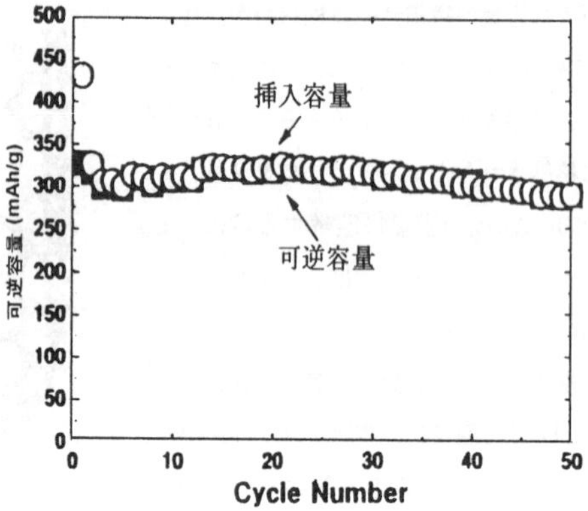

図22　石原らが合成したカーボンナノチューブへのリチウム吸蔵・放出サイクル特性（石原らによる[22]）

3.10　超高容量負極材料

最近，黒鉛の理論容量372mAh/gでは少なすぎるという観点から，従来から提案されてきたリチウム合金や酸化スズのほか，他の金属酸化物，窒化物などこの値をはるかに超えた新材料がいくつか提案されている。過去富士セルテックは，Stalionと称するSnを基体にした，ボロン，リンの三元系アモルファス酸化物を負極活物質とする新型リチウムイオン二次電池の量産設備を整えた。これはスズの酸化物が多量のリチウムを吸蔵することを見出した画期的な発見に基づいている。金属スズがリチウムと合金を作って多量に吸蔵することは分かっていたが，充電反応でリチウム合金を生成するとき体積膨張が著しく，また逆に放電反応で合金からリチウムが離脱する時に，体積縮小と同時に金属結晶の崩壊がおこり，電極体が結着ルーズとなり，電極反応の可逆性低下を引き起こす。このためサイクル性が極めて悪い電極しか出来なかった。しかし富士セルテックは三元系アモルファス酸化物という形にしてサイクル性の高い負極材料とすることに成功した。けれども，大きい初期不可逆容量のために折角の発明にも拘らず残念ながらこの電池を実用化するにはいたらなかった。

最近の研究の傾向として，炭素材料だけに執着していては，新規な成果が見出せにくくなってきた，したがって別の負極材料に乗り換えようという流れがある。しかし乗り換えたからといってそう簡単に実用化につながる新規材料が見出せるわけではない。超高容量材料が抱える大きな課題は，①大きい初期不可逆容量　②作動電圧が対金属リチウム電位よりもかなり正の値であり，放電曲線が平坦でない　③リチウムの吸蔵・放出時の膨張・収縮体積が大きすぎてサイクル寿命が短い。などが上げられる。したがってこれらの課題をしっかりと認識して，完全に乗り越えない限り実用化においそれとつながるわけではない。しかし大きい可能性を秘めていることも事実である。超新材料が出てくることが楽しみである。固体イオニクス国際会議（SSI 2001, Cairns Australia）でHugginsが紹介した各種の高容量材料を表２に示した。Hugginsはサイクル性よく利用できる容量範囲を内輪に示したので，チャンピオンデータが示されている各個の論文の掲載値よりはずっと低い値をこの表にかかげてある[24]。超高容量材料としては，①金属，合金　②金属酸化物，硫化物　③金属窒化物，リン化物。にわけられる。以下に分類別に紹介していく。

表２　各種負極材料の容量と作動電圧
（R.A.Hugginsによる[24]）

材料化学式	容量 mAh/g	作動電圧 V
Mg_2Si	410	0.35
SiB_3	440	0.3
$SnBPO_6$	450	0.5
SnO_2	500	0.4
Sb	560	0.94
Sn glass	650	0.4
SiO_x	660	0.3
$Li_{2.6}Co_{0.4}N$	760	0.8
SiO	850	0.3
a-Si	1020	0.3

3.11　金属・合金材料

わが国では，既に15年近く以前からリチウム二次電池の負極にリチウムと合金を作る金属或いは合金の利用が積極的に開発されてきた。平成２年出版の電池便覧（丸善）のp.329,表3.7.7を見ると分かるように松下電池が積極的にアルミニウム合金を負極に用いた二次電池を開発していた（表３参照）。アルミニウム合金に続いて，ウッドメタル合金の取り入れも積極的におこなった。この長い経験が今回のメモリーバックアップ用小型バナジウム・リチウム二次電池（負極にリチウムとアルミニウムの合金を使用）の開発・量産化につながった[25]。リチウムと合金を作り，リチウムを大量に吸蔵する金属は多い。ことにPb，Sn，Znのような柔らかい金属は沢山のリチウムを吸い込む。ある合金組成から別の組成に移る間，電位はほぼ一定に保たれ，電位プラトーを与える。これをまとめて表にしたのが，表４である[26]。母体の金属原子１個に対し，リチウム原子が２～３個も吸蔵されるのも稀ではない。たとえばSn１個が３個のリチウムを吸蔵した場合，その容量は単位体積あたり，実に，黒鉛の6.0倍の容量をもつことになる。

表3　わが国のリチウムコイン二次電池の負極材料
（電池便覧，松田好晴，竹原善一郎編，丸善（平成2年））

形　状	電池系 負極-正極	電　解　液	エネルギー密度 Wh・kg^{-1}	サイクル寿命 (回)	開発段階
コイン	Li/ウッドメタル合金-炭素正極	PC+α $LiClO_4$	2.3	1000	市販 松下電池
	Li/Al合金-TiS_2	4MeDOL/DEM/HMPA $LiPF_6$	1.8	1000	サンプル 日立マクセル
	Li/リニアグラファイト-非晶質V_2O_5	PC $LiClO_4$	5.4	1000	サンプル 東芝電池
	Li/Al合金-ポリアニリン	DME $LiBF_4$	8.3	1000	市販 ブリヂストン
	Li/Al合金-LiOH/MnO_2	—	18	200	市販 三洋電機
	Li/Al合金-V_2O_5	—	20	100	市販 松下電池

表4　Li_yM合金が示すプラトー電位と組成範囲yの値（25℃）（R.A.Hugginsによる[26)]）

Voltage vs.Li	M	Range of y
0.005	Zn	1-1.5
0.055	Cd	1.5-2.9
0.157	Zn	0.67-1
0.219	Zn	0.5-0.67
0.256	Zn	0.4-0.5
0.292	Pb	3.2-4.5
0.352	Cd	0.3-0.6
0.374	Pb	3.0-3.2
0.380	Sn	3.5-4.4
0.420	Sn	2.6-3.5
0.449	Pb	1-3.0
0.485	Sn	2.33-2.63
0.530	Sn	0.7-2.33
0.601	Pb	0-1
0.660	Sn	0.4-0.7
0.680	Cd	0-0.3
0.810	Bi	1-3
0.828	Bi	0-1
0.948	Sb	2-3
0.956	Sb	1-2

BesenhardとWinterらはかねてから徹底して，金属ことに柔らかい金属とリチウムとの合金を研究し，データを集積してきた。J.O.Besenhard編集の“Handbook of Battery Materials”

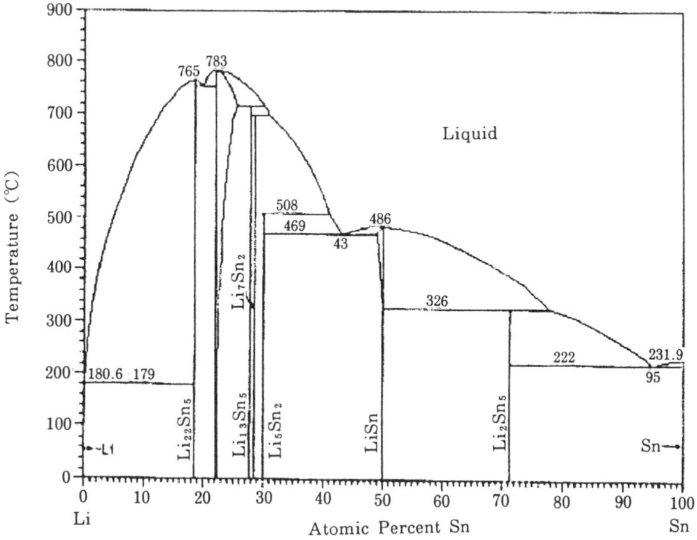

図23　Sn/Li系の相図（R.A.Hugginsによる[26]）

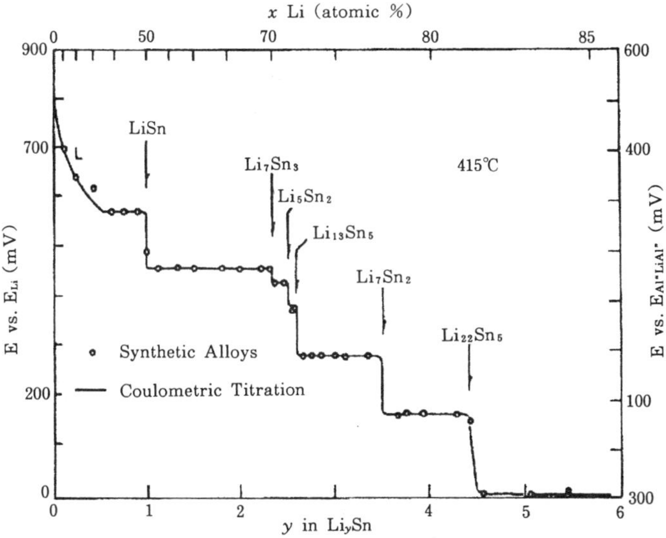

図24　スズ・リチウム合金のリチウム含有量と平衡電位との関係
（R.A.Hugginsによる[26]）

には，Huggins執筆のSnとLiの詳しい相図（図23），及び組成一電位平衡図（図24）などが掲載されている[26]。超大容量の負極材料の大きな欠点は充放電にさいしての大きな体積変化である。これを防ぐため，Besenhardらは，アモルファス化した柔らかい金属或いはその合金を提案している。図25には，アモルファス化するとサイクルを繰り返しても結晶崩壊せず安定にたもたれる様子を示した。

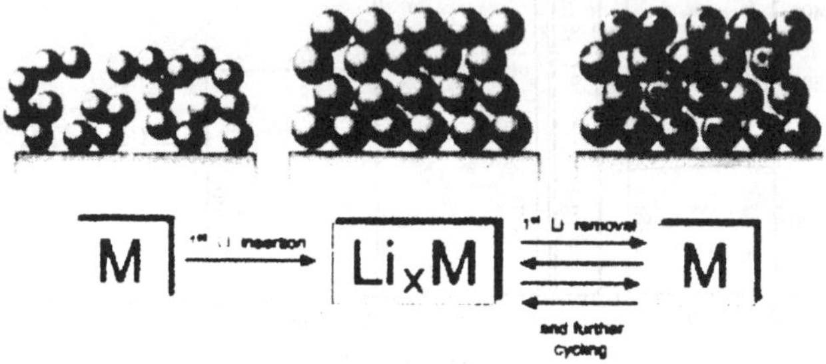

図25　Besenhardらが考えたアモルファス金属或いは合金がリチウムの充放電を繰り返しても崩壊せず安定に作動するモデル

右のアモルファス金属（合金）の粒子はリチウムを吸蔵すると中のモデルのように膨潤して大きい球状になるが一旦大きくなった形はこのまま安定化して，リチウムを放出しても形状はほとんど変化せず長期間のサイクルに耐えると考えられる[27]。

2001年５月26日-６月１日にFrance, Bordeaux-Arcachonで開かれた，Li Battery Discussion Electrode Materials（LiBD）国際会議で発表された中から紹介すると，J.O.Besnhardらが系統的探索の中から，600mAh/gを維持しつつサイクル性が良い材料としてSn/SnSb compositeを提案している。また，M.Thackerayらは，Cu_6Sn_5，InSb，Cu_2Sbが良いといっている。これらは，Liを３モル吸蔵しても，体積膨張が高々40％なのでサイクル性がよい。J.L.Tiradoらは，Sbを提案しているが，サイクル性は良くない。これら合金の課題は，①作動電位が，１V程度と高いので電池作動電圧が低くなること　②初期不可逆容量が大きいこと　③小さいといってもLi吸蔵の際の体積膨張があり，電極膨張が電池形状維持に悪影響をおよぼすこと。などである。

3.12　金属酸化物・硫化物

酸化物・硫化物にも大きい容量の物質が存在する。興味を引くのはSiO（Silicon monoxide）である（表２参照）。黄褐色の固体で半導体研究ではつとに利用されていた化合物であるが，Li

の吸蔵量が極めて大きいことである。通常，酸化物，硫化物は，次に示す反応式で分かるように，初期不可逆容量が大きい。

$$SnO + nLi \rightleftarrows Li_2O + SnLi_{(n-2)} \tag{2}$$

(2) 式では，n個のリチウムのうち，2個は不可逆的にLi_2Oを生成し，残りの$n-2$個のリチウムだけが可逆的にSnと合金を作ったり，この中から離脱できることを示す。しかし，SiOの酸素は充電中にもリチウムと完全に結合せずに格子内に留まる可能性もあるので，不可逆容量はより小さくて済む可能性がある。スズの酸化物については極めて多くの研究が発表されているので，ここでは紹介を省略する。いずれも初期不可逆容量が大きい。ここでは新規な硫化物の例を図26にしめした[28]。図26a) の充放電曲線（上の図）からわかるように，大きな初期不可逆容量を示している。また，充放電曲線が示すように作動電位が1.5Vと極めて高く，負極よりは正極にむいている傾向をもつ。

我々が，酸化物に興味をもったのは，酸化物を (2) 式によって還元して得た金属体は，アモ

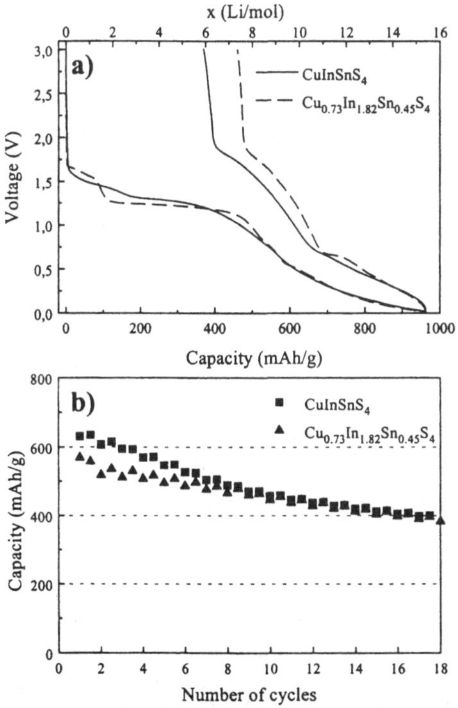

図26 新規な負極材料，Cu，In，Sn硫化物の負極特性（Dedryvereらによる[28]）

ルファスに近い性質を持ち，リチウムの吸蔵放出の可逆性が金属をそのまま用いた場合より，はるかによいサイクル性を示すことである。

3.13　金属窒化物・リン化物

三重大学の武田・山本教授が提案されたLi_xM_yN（M＝Co，Ni，Cu）は非常に有名であり，多くの研究者が展開をはかっている。L.F.Nazarらはその代表的グループで，$Li_{2.6-x}M_{0.4}N$（M＝Co，Fe）を検討，Coが作動電圧１V 近辺で，600mAh/gを長いサイクルの間一定に保つことを示している。この一連の化合物は，初期不可逆容量を低減できる工夫が可能である。課題は作動電圧が１V程度と，高いことである。

次に，７月８日－13日にAustralia，Cairnsで開かれた固体イオニクス国際会議（SSI 2001）で発表されたトピックスを紹介する。武田教授らは，$Li_{2.6-x}Co_{0.4}N$とSb，$SnSb_{0.4}$，Si，SiOなどのリチウム合金とをナノスケールで複合化することにより（図27），サイクル性の高い，800 mAh/gの負極材料を開発した。また，松下電器と共同で円筒型17500を試作し，0.2Cでの容量として，1500mAhを達成した，この値は黒鉛を用いた現行の同型電池に比べ，その容量は

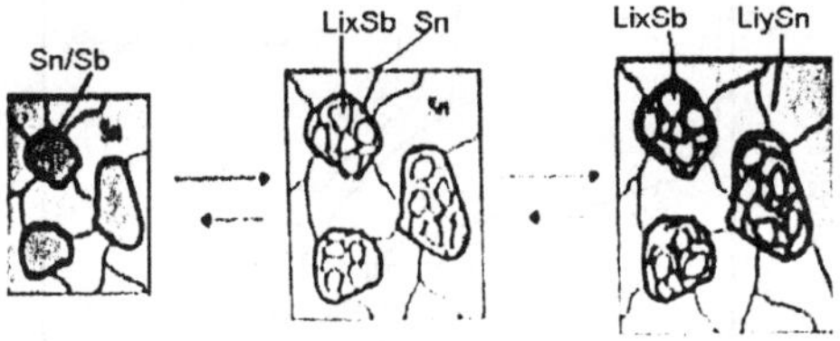

図27　ナノ分散体負極複合体の生成法（武田らによる[29]）

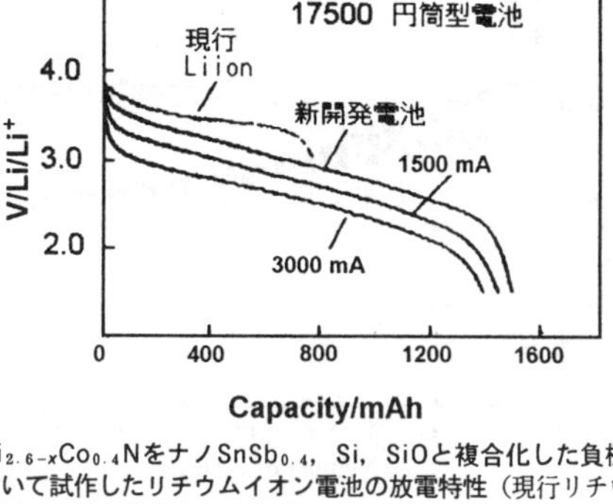

図28　$Li_{2.6-x}Co_{0.4}N$をナノ$SnSb_{0.4}$，Si，SiOと複合化した負極活物質を用いて試作したリチウムイオン電池の放電特性（現行リチウムイオン電池の２倍の容量を示す，武田らによる[29]）

約2倍に達するという画期的な値である[29]。そのとき紹介された試作電池の放電曲線を図28に示す。しかし0.2C放電での平均作動電圧は3Vに留まる。

L.F.Nazarは，$Li_{2.6-x}M_{0.4}N$（M＝Co，Fe）のほか，ジグザグレーヤー構造の，MnP_2，FeP_2などのリン化物を調べ，FeP_2は，実に0.25C放電で1300mAh/gを与えることを見出した。彼女は，この他，SiOとa-Si（1020mAh/g）が有望であるといっている。平均作動電圧は，1.2V vs. Li/Li^+である[7]。Nazarの紹介した，$LixFeP_2$の充放電曲線は放電電圧が1V程度であるのが不満足ではあるが，初期不可逆容量は小さく充放電容量は極めて大きく，且つ曲線の平坦性もよい。新たな展開を期待したい。

3.14　おわりに

リチウムイオン二次電池への期待はIT社会の発展の上からも，省エネルギー社会の構築からも極めて大きい。このため，更なる性能アップ，ことに，容量，パワー，価格低廉化を図ってゆかなければならない。この目標に向かって，負極材料の新技術について紹介してきた。この中で実用化につながるのは，既に3.2で述べた性能をしっかりと兼ね備えている材料である。これを実現するには，これまで述べてきた新材料の開発と同時に，ナノ技術，複合材料化技術の二つの方法を併用して展開することが大きな力になると考える。

また，これと同時に，従来の炭素技術を基盤にした地道な技術を捨て去ってはならないと思う。何事も，新しい展開は，温故知新，従来の根をしっかりおろした技術の上にたってこそしっかりとなされるであろう。

文　献

1） J.E.Brady, “General Chemistry”, John Wiley & Sons, New York, p.292 (1990).

2） X.Y.Song *et al.*, eds. : D.Doughty, B.Vyas, T.Takamura, and J.Huff, “Materials for Electrochemical Energy Storage and Conversion-Batteries, Capacitors and Fuel Cells”, *Material Research Society*, *Symp.Proc.*, vol.383, 321 (1995).

3） H.Buqa *et al.*, *J.Power Sources*, 97-98, 122 (2001).

4） T.Takamura *et al.*, *J.Power Sources*, 90, 45 (2000).

5） F.Leroux, L.F.Nazar, eds. : D.S.Ginley, D.H.Doughty, B.Scrosati, T.Takamura, and Z.Zhang, “Materials for Electrochemical Energy Storage and Conversion

-Batteries, Capacitors and Fuel Cells", Material Research Society, Symp.Proc., vol.496, 601 (1998).

6) 稲垣道夫, "炭素材料工学", 日刊工業新聞社 (昭和60年).

7) 芳尾真幸, 小沢昭弥, "リチウムイオン二次電池" 第2版, 日刊工業新聞社 (2000).

8) K.Zaghib *et al.*, ed. : S.Surampudi *et al.*, *The Electrochem.Soc.Proc*, 99-25 (1999), p12-30.

9) C.Lampe-Onnerud *et al.*, *J.Power Sources*, 97-98, 133 (2001).

10) M.Nishizawa *et al.*, *Electrochem. and Solid State Letters*, 1, 10 (1998).

11) M.Yoshio *et al.*, *J.Electrochem.Soc.*, 147, 1245 (2000).

12) T.Takamura *et al.*, *Surface Engineering*, 15, 225 (1999).

13) K.Sumiya *et al.*, *J.Electroanal.Chem.*, 462, 150 (1999).

14) S.Yata, eds. : D.Doughty, B.Vyas, T.Takamura, and J.Huff, "Materials for Electrochemical Energy Storage and Conversion-Batteries, Capacitors and Fuel Cells", *Material Research Society*, *Symp.Proc.*, vol.383, 169 (1995).

15) A.M.Wilson, J.R.Dahn, J.S.Xue, Y.Gao, and X.H.Feng, eds. "Materials for Electrochemical Energy Storage and Conversion-Batteries, Capacitors and Fuel Cells", *Material Research Society*, *Symp.Proc.*, vol.383, 305 (1995).

16) A.M.Wilson *et al.*, *J.Power Sources*, 68, 195 (1997).

17) 高村勉, 7) のp.233.

18) H.Kataoka *et al.*, *Electrochem. and Solid State Letters*, in press.

19) O.Omae *et al.*, *Solid State Ionics*, accepted for publication.

20) 斎藤弥八, 坂東俊治, "カーボンナノチューブの基礎", コロナ社, p.72 (1998).

21) T.Ishihara *et al.*, *J.Power Sources*, 97-98, 129 (2001).

22) 川原彰広, 石原達己, 西口宏康, 芳尾真幸, 滝田祐作, 第41回電池討論会発表, 名古屋, 2000年11月20-22日, 講演要旨集, p.577.

23) H.Gabrish *et al.*, Presented at the Joint International Meeting of ECS and ISE in San Francisco, September, 2-7 (2001).

24) R.A.Huggins, Presented at the International Conference on Solid State Ionics, 8-13, July (2001).

25) 小柴信晴, 池畠敏彦, 高田堅一, 熊谷直昭, *Electrochemistry*, 69, 554 (2001).

26) R.A.Huggins, "Lithium Alloy Aanodes", in Handbook of Battery Materials, ed. J.O.Besenhard, Wiley-VCH, Weinheim, pp.359-381 (1999).

27) J.O.Besenhard *et al.*, *J.Power Sources*, 87-90, 68 (1997).

28) R.Dedryvere *et al.*, *J.Power Sources*, 97-98, 204 (2001).

29) Y.Takeda *et al.*, to be published in *Solid State Ionices* (Presented at the International Conference on Solid State Ionics, 8-13, July (2001).

4　電解質

石川正司[*1]，森田昌行[*2]

4.1　はじめに

電池の作動電圧やエネルギー密度などの基本性能は，理論的には正極および負極を構成する材料の化学によりほぼ決定づけられる。しかしながら，実用電池では電解質の選択が電池性能に大きな影響を与えることも多い。従って優れた電池性能を得るには適切な電解質設計の基準を確立しておく必要がある。表1にこれまでに開発されてきたリチウム二次電池とその電解質の例を示す。数多くの負極/電解質/正極の組合せが提案されてきており，電解質に限定してみてもその選択に統一的な基準があるようには見えない。これが我々に示唆するのは，特定の電池システムから電解質系のみを取り出してその特徴を論じ評価することにはあまり意味がなく，負極/電解質/正極の組合せの中で電解質が果たす役割を正しく理解しなければならない，ということである。

電池の電解質が備えるべき性質として，①イオン伝導度が高いこと　②電気化学的に安定な電位範囲（電位窓）が広いこと　③熱的（化学的）に安定であること　④活物質や電極集電体など

表1　実用リチウム二次電池と使用されている電解質の例

負極*/正極	電解質（塩/溶媒**）	会社または組織
Li/MoS_2	$LiAsF_6$/PC＋共溶媒	Moli Energy（カナダ）
Li-Al/TiS_2	$LiPF_6$/MeDOL＋DME＋添加剤	日立マクセル
Li合金/C	$LiClO_4$/PC	松下電池
Li-Al/ポリアニリン	$LiClO_4$/PC	ブリヂストン/セイコー
Li-C/$LiCoO_2$	$LiPF_6$/PC＋DEC	ソニーエナジーテック
Li-C/$LiCoO_2$	$LiBF_4$/PC＋EC＋BL	エイ・ティーバッテリー
Li-C/$LiCoO_2$	$LiPF_6$/PC＋DEC＋共溶媒	松下電池
Li-C/$LiCoO_2$	$LiPF_6$/EC＋共溶媒	三洋電機
Li-C/$Li_{1+x}Mn_2O_4$	$LiPF_6$/EC＋DMC	Bellcore（アメリカ）
Li-C/$LiNiO_2$	$LiPF_6$または$LiN(CF_3SO_2)_2$/EC＋共溶媒	Rayovac（アメリカ）
Li/Li_xMnO_2	有機電解液	Tadiran（イスラエル）
Li/TiS_2	$LiI-Li_3PO_4-P_2S_2$	Everready（アメリカ）
Li/V_6O_{13}	LiX/ポリエチレンオキシド型ポリマー	Valence Technology（アメリカ）

＊Li：リチウム金属，Li-Al：リチウム-アルミニウム合金，Li-C：リチウム（イオン）吸蔵カーボン電極

＊＊PC：プロピレンカーボネート，MeDOL：4-メチル-1,3-ジオキソラン，DME：1,2-ジメトキシエタン，DEC：ジエチルカーボネート，EC：エチレンカーボネート，BL：ガンマブチロラクトン，DMC：ジメチルカーボネート

＊1　Masashi Ishikawa　山口大学　工学部　応用化学工学科　助教授

＊2　Masayuki Morita　山口大学　工学部　応用化学工学科　教授

電池内の他の材料と化学反応しないこと　⑤毒性がなく安全であること。などがあげられる。商用電池として成り立つためには，安価で資源的な不安がない材料から構成されるべきであることはもちろんである。

本稿ではリチウム二次電池に使用可能な電解質を「電解液」，「ポリマー電解質とゲル電解質」，「常温溶融塩」，「無機系固体電解質」と大きく四つに分類し，それぞれの技術について解説する。なお「ポリマー電解質とゲル電解質」と「無機系固体電解質」については第3章第1節と第2節でそれぞれ詳細が議論されるので，それらについてはここでは概略を述べることにする。ともかく本節では今後のリチウム二次電池開発の参考となると思われる電解質全体の科学・技術を，できるだけ平易に述べることとする。

4.2　電解液

4.2.1　電解液の化学

リチウム電池の電解液に提案されてきた有機溶媒のうち主要なものの物性値と構造を表2[1, 2]と図1に示す。リチウム塩を溶解してイオン伝導性を与えること，およびリチウム（あるいはその合金，化合物等）と化学反応しないためには，溶媒は非プロトン性で極性を有する必要がある。

溶媒の融点（m.p.）や沸点（b.p.）は電池の作動温度範囲に直接関係する性質であるが，分子間相互作用など，溶媒分子の物理化学を反映するパラメータでもある。電解質を溶解した系ではある程度の凝固点降下や沸点上昇などが期待されるが，溶媒単独でも室温から－20℃あたりの

表2　25℃におけるリチウム二次電池用溶媒の物性

溶　媒	融　点 (℃，1気圧)	沸　点 (℃，1気圧)	比誘電率 (－)	粘　度 (cP)	双極子モーメント (Debye)	ドナー数 (－)	アクセプター数 (－)
アセトニトリル（AN）	－45.72	81.77	38	0.345	3.94	14.1	18.9
ガンマブチロラクトン（BL）	－42	206	39.1	1.751	4.12	－	－
ジエチルエーテル（DEE）	－116.2	34.60	4.27	0.224	1.18	19.2	3.9
1,2-ジメトキシエタン（DME）	－58	84.7	7.20	0.455	1.07	24	－
ジメチルスルホキシド（DMSO）	18.42	189	46.45	1.991	3.96	29.8	19.3
1,3-ジオキソラン（DOL）	－95	78	6.79[a)]	0.58	－	－	－
エチレンカーボネート（EC）	39～40	248	89.6[b)]	1.86[b)]	4.80	16.4	－
ギ酸メチル（MF）	－99	31.50	8.5[c)]	0.330	1.77	－	－
2-メチルテトラヒドロフラン（2MeTHF）	－	80	6.24	0.457	－	－	－
3-メチル-1,3-オキサゾリジン-2-オン（MO）	15.9	－	77.5	2.450	－	－	－
プロピレンカーボネート（PC）	－49.2	241.7	64.4	2.530	5.21	15.1	18.3
スルホラン（S）	28.86	287.3	42.5[a)]	9.87[a)]	4.7	14.8	19.3
テトラヒドロフラン（THF）	－108.5	65.0	7.25[a)]	0.46[a)]	1.71	20.0	8.0

a）30℃，b）40℃，c）20℃

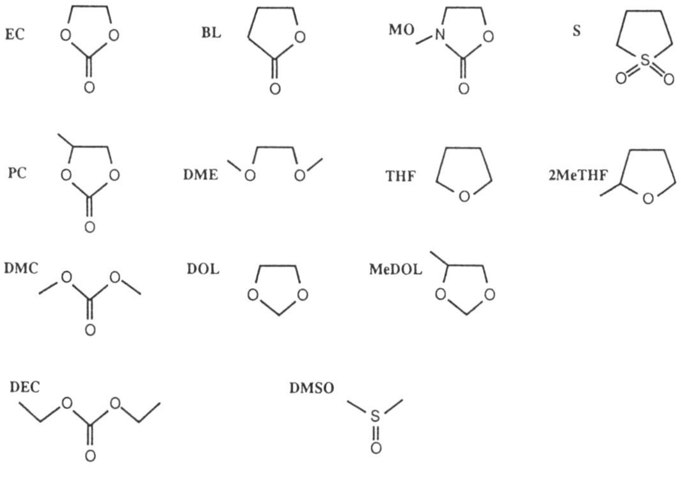

図1　リチウム二次電池の電解液に用いられる主要な有機溶媒の構造

温度範囲で液体状態を保つものが望ましい。

イオンの溶媒和自由エネルギー（ΔG_s°）がBornの式（式（1））で与えられることからもわかるように，比誘電率（relative permittivity ; dielectric constant）は電解液溶媒の選択においては極めて重要な意味をもっている。

$$\Delta G_s^\circ = -\{L_A(z_i e)^2/(8\pi \varepsilon_O r_i)\}(1-1/\varepsilon_r) \tag{1}$$

ここで，L_Aはアボガドロ定数，$z_i e$はイオンの電荷，ε_Oおよびε_rはそれぞれ真空の誘電率および溶媒の比誘電率であり，r_iはイオンの半径である。古典的なBjerrumのモデル[3)]によれば，誘電率ε_rの媒体中でz_i，z_jの電荷をもつイオンiとjがイオン対（ion-pair）を形成する限界距離（critical distance : q）は次式で与えられる。

$$q = |z_i z_j| e^2/(8\pi \varepsilon_O \varepsilon_r kT) \tag{2}$$

ここでkはBoltzmann定数でTは絶対温度である。イオン間の最近接距離をaとするとイオン会合度は式（3）で計算される。

$$1-\alpha = 4\pi n_i \int_a^q \exp\left(\frac{|z_i z_j| e^2}{4\pi \varepsilon_O \varepsilon_r kT} \cdot \frac{1}{r}\right) r^2 dr \tag{3}$$

ここでαはイオン解離度を表し，n_iは単位容積中に含まれるイオンiの数で，rはイオンjの中心からの距離である。このように溶媒の誘電率は電解質のイオン解離と会合に強く関係するので，後述する電解液の伝導度や電極反応挙動そのものにも大きな影響を与える。双極子モーメント（dipole moment）も溶媒の極性を表すパラメータであるが，実験的には分子のモル体積と比誘電率から求めることができる。

溶媒の粘度（viscosity）は電解液中のイオンの移動度に直接の影響を与える。イオンが希薄溶液中で剛体球のようにふるまうと仮定すると，イオン伝導度は溶媒粘度と式（4）（Stokes式）で表される定量的な関係にある。

$$r_s = |z_i| F^2 / (6\pi \eta_0 \lambda_i L_A) \qquad (4)$$

ここで，r_sはイオンのStokes半径と呼ばれるもので，溶液中での実効半径，すなわち溶媒和イオンの大きさに対応するものであり，λ_iは無限希釈条件下でのイオンiの伝導度で，η_0は溶媒の粘度である。溶媒の粘度は分子量や密度などの性質とも関係していて，溶液の微細構造に関する情報を提供するパラメータでもある。

ドナー数（D.N.；donicity）とアクセプター数（A.N.；acceptor number）は，それぞれGutmannによって次のように定義された溶媒物性パラメータ[4)]であり，イオンの溶媒和を考えるうえで重要な指標となる。

D.N.：1,2-ジクロロエタン中の次式の反応に対するエンタルピー変化（$-\Delta H$：kcal mol^{-1} 単位）の値，

$$D + SbCl_5 \longrightarrow D \cdot SbCl_5 \qquad (5)$$

（Dは当該溶媒を表す）

A.N.：当該溶媒中でのEt_3POの^{31}Pnmrの化学シフト値，（ただし，ヘキサン中での値を0とし，1,2-ジクロロエタン中での付加体$Et_3PO \cdot SbCl_5$の値を100として規格化したときの相対値で表す）

すなわち，D.N.は溶媒の求核性（塩基性）を表し，A.N.は求電子性（酸性）を示す尺度である。

優れた電解液を得るための溶媒の条件としては，電池の作動温度範囲の点から，低い融点と高い沸点，および低い蒸気圧が好ましい。また，高い電解液伝導度を得るには高い誘電率と低い粘度をもつ溶媒が望ましい。これらの条件は原理的に相反するものもあり，すべての要求を満足することはできないので，電池のスペックや用途に応じて溶媒が選定されているのが現状である。

炭酸エステル（カーボネート）類はリチウム一次電池開発当初から優れた電解液溶媒として使用されてきた。プロピレンカーボネート（PC）やエチレンカーボネート（EC）のような環状エステルは高い誘電率をもつ反面，分子内の電荷の偏りが大きいので，溶媒分子間の相互作用が強くはたらき，高い粘性を示す。これに対し，ジメチルカーボネート（DMC）などの鎖状エステルではカルボニル基（>C=O）に結合したアルキル基の回転障壁が小さいため，誘電率は低くなるものの溶媒粘度も低くなる。この性質により，リチウムイオン電池の電解液では共溶媒とし

てEC等に混合して用いられている。1,2-ジメトキシエタン（DME）などのエーテル類はLi^+と相互作用の強い酸素原子を有するため，誘電率が低い割にはリチウム塩の溶解度は高い。粘度が低いので一次電池の共溶媒として永く使用されてきているが，蒸気圧が高く，またアノード酸化を受けやすいので，二次電池には適さないと考えられている。ニトリル類（－CN）は高い誘電率と低い粘度を兼備えた非プロトン性の優れた溶媒であるが，カソード還元を受けやすく，また金属リチウムとも容易に反応するので，リチウム電池には使用しにくい。

4.2.2　電解液の伝導度

電解液のイオン伝導度は電池の内部抵抗や出力（レート）特性など，電池性能に直接かかわるので実用面からも重要であるが，溶液のイオン構造を反映した物理量であるので，これを詳細に解析することにより，優れた電解液組成を設計するための指針を得ることができる。

表1に示すように，リチウム二次電池では混合溶媒を用いた電解液が多く使われている。これは前述のように，一種類の溶媒ですべての要求を満たすことが難しいので，性質の異なる数種の溶媒を混合して各成分の欠点を補おうとする考えによるものである。電解質濃度が比較的高い系におけるイオン会合のモデルとしてイオン対（ion-pair）の概念が用いられる。イオン対はさらに接触イオン対（contact ion-pair）や溶媒分離イオン対（solvent-separated ion-pair）などとして区別される（図2）[5]。混合溶媒系では溶媒組成に応じて誘電率が変化するため，イオン対の構造は変化し，また溶媒のドナー/アクセプター性やイオンの電荷密度などもイオン対形成に大きな影響を与える。例えば，接触イオン対と溶媒分離イオン対はそれぞれ式（6）と（7）のような化学平衡で表現される[6,7]。

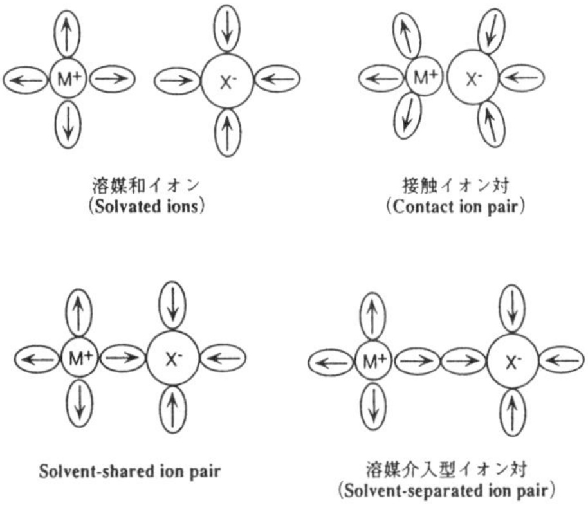

図2　溶液中のイオンの溶媒和とイオン対の模式図

$$(Li^+)S_n + X^- = (Li^+X^-)S_{n-m} + mS \quad (6)$$

$$(Li^+)S_n + X^- = (Li^+)S_nX^- \quad (7)$$

ここで，Sは溶媒分子を表し，X^-はアニオンを表す。アニオンの電荷密度あるいはイオンの形状によってイオン対の型が異なると考えられ，式（7）で表される溶媒分離型の場合はイオン対を形成したとしても，平衡定数の違いによって，あるいはイオン対そのものがイオン伝導に寄与することなどによって，接触イオン対を形成する場合（式（6））と比べて高い伝導度を与える。このようなイオン対の違いが関与する現象は，高誘電率-低粘度（エーテル系）混合溶媒中でしばしば観測されている[6,8]。

水溶液系での挙動とは著しく異なる伝導度挙動の例として，図3に混合エーテル系での$LiBF_4$の伝導度を示す[9]。モル伝導度は塩濃度が高くなるにつれ，0.05mol dm^{-3}付近でいったん極小値を示したのち再び増加し，約1.0mol dm^{-3}で極大値を示して，それ以上の濃度ではまた伝導度が低くなるという，極めて複雑な挙動をとる。このような挙動を一貫した理論で定量的に説明することはできないが，塩濃度が低い領域での溶媒和イオン形成の平衡（式（8））と，塩濃度が高い領域でのイオン対と三重イオン（ion triplet）の平衡（式（9））が複雑に反映されているものと考えられる。

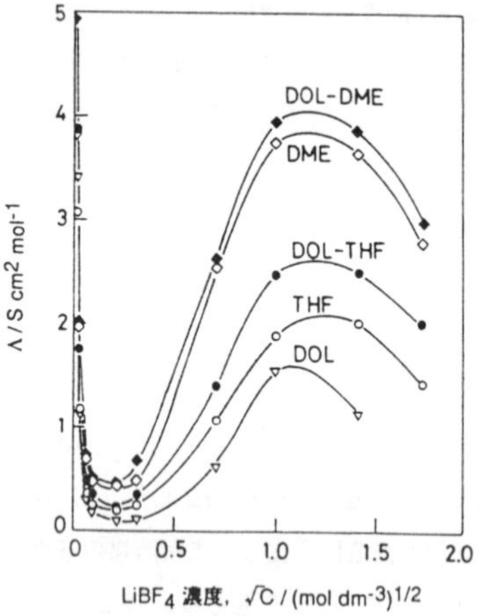

図3　エーテル系溶媒中における$LiBF_4$のモル伝導度（Λ）

溶媒の混合比1：1，30℃

$$(Li^+)S_{n-m} + mS = (Li^+)S_n \quad (8)$$

$$LiX + Li^+ = Li_2X^+ \quad (9a)$$

$$LiX + X^- = LiX_2^- \quad (9b)$$

（ただし，式（9）では溶媒和の寄与は省略されている）

すなわち，誘電率が低くかつドナー性が高い混合エーテル溶媒系では，電解質濃度とともにカチオンに対する溶媒和イオンの配位分子数が変化し，移動イオン種の大きさが変化する。塩濃度が高い領域では，イオン対を形成してフリーイオンの数は減少するが，三重イオンの形成とともに，伝導キャリヤー数は増加する。塩濃度が極度に高くなると溶液の粘度が著しく高くなり，再び伝導度は低くなる。

4.2.3 電池特性におよぼす影響

(1) 安定電位領域（電位窓）

電池構成のための必要条件として，まず電解液は負極および正極活物質と化学反応しないことが挙げられる。リチウム二次電池では作動電圧が通常３Ｖから４Ｖ以上に達するので，この広い電位範囲にわたって還元反応（負極）にも酸化反応（正極）にも耐性のある（広い電位窓をもつ）電解液が求められる。DMEはリチウム一次電池の電解液に多用されているが，他のエステル系溶媒と比較して酸化電位が低い。４Ｖ級以上の二次電池では充電時の過電圧も加わるので，この点を考慮にいれると電解液はさらに広い安定電位領域（電位窓）をもつ必要があろう。

(2) リチウム負極の充放電反応

リチウムの析出/溶解反応の速度に対応する電流値は一般に電解液組成に依存する。前述のように，溶液組成によってイオンの解離や溶媒和の状態が異なるので，それらが電極反応速度そのものに影響を与えることもあるが，多くの場合，析出/溶解過程に伴う副反応（電解液の分解など）や，リチウムの表面形態が溶液組成に強く影響されることと関係している。そのような現象の例として，$LiPF_6$を含むPC＋DME混合系でのリチウムの充放電効率（クーロン効率）の変化が挙げられる[10)]。DMEを含まないPC中では充放電サイクルを繰り返すにつれ効率は著しく低下する。これはこの電解液中ではリチウムが針状析出しやすく，これが溶媒PCと反応したり，放電時に不均一な溶解を起こして電極から脱離したりするためである。これに対し溶媒に50vol％のDMEを含む系では比較的高い効率が長いサイクルの間維持される。

また，類似の高誘電率をもつ溶媒と低い粘度の溶媒を組み合わせた系で充放電効率が調べられている。その結果，混合溶媒系においては，より高いドナー数をもつ溶媒がLi^+の近傍に集合しているため，リチウムの析出/溶解過程はその影響を受けやすいことが明らかとなった。PC＋DME系やS＋DME（S：スルホラン）系ではリチウムとの化学反応性がより低くかつ高いドナー数をもつDMEがリチウムと選択的に溶媒和イオンを形成するため，リチウムの化学反応によるロスが少ないのに対し，DMSO（ジメチルスルホキシド）やMO（3-メチル-1,3-オキサゾリジン-2-オン）などを含む系では，それら自身高いドナー性を有するためにリチウムの周囲に集まりやすく，かつそれらがリチウムと比較的反応しやすいために，クーロン効率が低くなる結果となる。しかしながら，同じ溶媒を用いても電解質塩（アニオン）の違いによって負極特性が大きく変化することが知られており，リチウムの析出/溶解過程と溶液構造との関係には多くのファクターが影響を及ぼしている。

(3) 電解液中の微量成分の効果

リチウム負極の充放電過程には電解液中の微量成分が大きな影響を及ぼすことがある。高い化学反応性をもった成分，例えば水分や溶存酸素，はリチウムを不活性化するので，その含有量はできるだけ低くすることが望ましいが，ある種の有機物や金属イオンは電極/電解液界面の電気化学的性質を変化させ，リチウムの溶解/析出に都合のよい影響を与える。図4には$LiClO_4$を含むPC溶液に2-メチルフラン（2MeF），2-メチルチオフェン（2MeTp）またはベンゼンを少量添加したときのクーロン効率の変化を示す[11)]。充放電サイクルの繰り返しによる効率の低下は2MeFや2MeTpの添加によりかなり改善される。また，ベンゼンの添加は前二者よりも高い濃度でサイクル効率の改善に効果がある。電極/電解液界面のインピーダンス測定などの実験結果から，これらのクーロン効率改善効果は図5に示すモデルにより説明可能であることがわかった[11)]。2MeFや2MeTpは金属リチウムと適度の反応性をもっており，電極表面にイオン伝導性の保護皮膜を形成し，このことにより充電時に不均一なリチウムの析出が起こりにくくなる。一方，ベンゼンはリチウムと化学反応はしないが，その低い極性のため電極表面に集積（吸着）し，これによって反応性に富む電解液成分と析出リチウムとを隔離する作用を示す。

図6には微量の金属イオン（Al^{3+}またはSn^{2+}）を添加したときの効果を示す[12)]。あわせて図7に走査型振動電極法により明らかにされた，アノード分極におけるリチウムイオン電流の電極上分布を示す[13)]。これらの金属はリチウムのカソード析出時にある種の合金を形成し，これが電極表面の不均一性を緩和する効果をもつと考えられる。これにより図7のように，電極上で

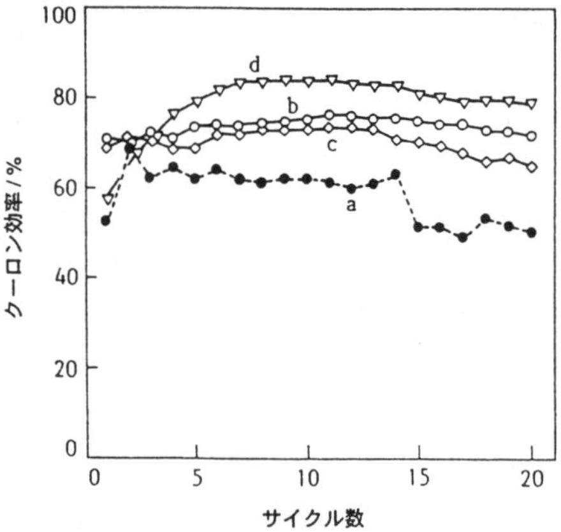

図4　1モル濃度の$LiClO_4$を含むPC中，Ni基板上のリチウム充放電クーロン効率のサイクル依存性

a：PC，b：PC+2MeF（0.5vol%），c：PC+2MeTp（0.5vol%），
d：PC+ベンゼン（5.0vol%），電流密度：1mA cm^{-2}，
充電電気量：0.1C cm^{-2}

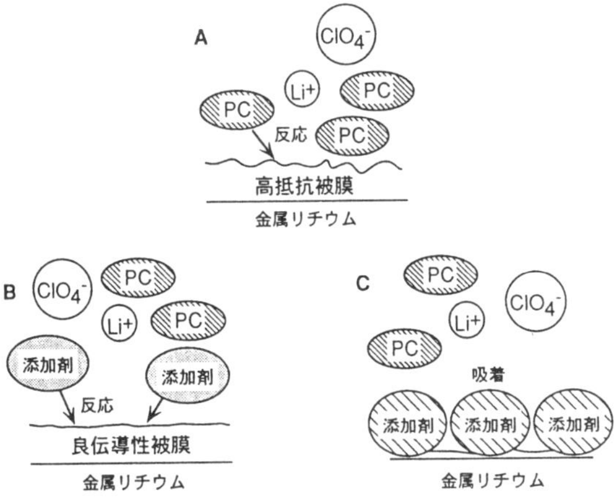

図5　有機添加剤の作用機構

A：添加剤なし，B：2MeFまたは2MeTp添加（反応型），C：ベンゼン添加（吸着型）

のリチウムイオン電流の分布が均一になると判断できる。また，アニオンとして同時に添加されたヨウ化物イオン（I^-）はリチウム表面にイオン伝導性に優れたヨウ化物薄膜を形成し，このことも効率改善に寄与していると考えられる。いずれにしても先の2MeF等の有機化合物とは改善効果のメカニズムが異なるので，それらを同時に添加した場合には重畳効果も期待できる[12]。

類似の界面特性の改善効果は電解液中へ二酸化炭素（CO_2）を溶存させた場合にも観測されている[14, 15]。付け加えればCO_2を含む不活性ガス中で金属リチウムを処理することで同じ効果が得られることがわかり[16]，そのような処理を行えば，リチウム負極の挙動が電解液組成

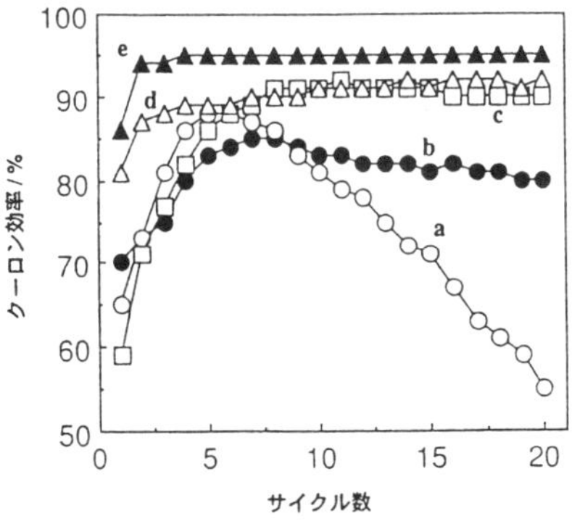

図6　1モル濃度の$LiClO_4$を含むPC中，Ni基板上のリチウム充放電クーロン効率のサイクル依存性

a：PC，b：PC＋LiI（I^- 300ppm），
c：PC＋SnI_2（Sn^{2+} 100ppm），
d：PC＋AlI_3（Al^{3+} 100ppm），
e：PC＋AlI_3（Al^{3+} 100ppm）＋2MeF（0.5vol%），
電流密度：2mA cm^{-2}，充電電気量：0.2C cm^{-2}

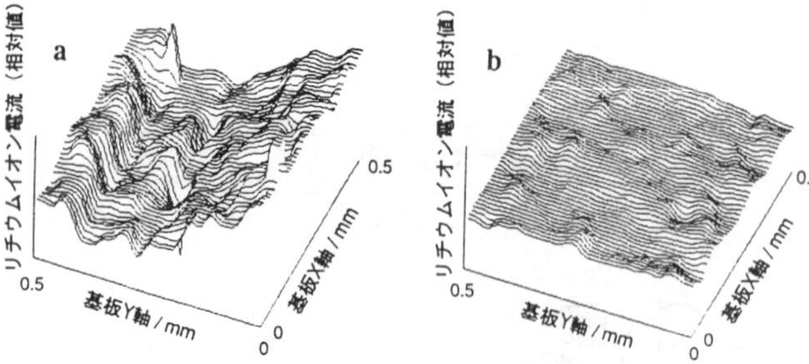

図7　リチウム金属の放電時におけるNi基板（図のX軸-Y軸面）上のリチウムイオン電流（縦軸）の分布（走査型振動電極法を適用）

電解液：PC+2MeTHF/$LiClO_4$（1mol dm^{-3}），充電電流密度：2mA cm^{-2}，
充電電気量：0.2C cm^{-2}，放電電位：25mV vs. Li,
a：添加剤なし，b：AlI_3（Al^{3+} 200ppm）添加

に依存する程度は小さくなると考えられている。

4.2.4　興味深い研究例

これまでに開発された電池（試作および市販品）に用いられている有機電解液の主なものは表1に示すとおりであるが，その後もかなり改良が試みられている。以下では，電解液組成に焦点を当てたここ数年の報告の中から興味深いものを紹介する。

(1)　リチウムイオン電池の電解液

炭素材料負極の充放電特性におよぼす電解液組成の影響については依然として重大な関心が寄せられ，これに関する報告が多い。PCを主成分とする電解液は黒鉛など結晶性の高い炭素上ではカソード分極（充電）時に電気化学的に分解しやすく[17]，リチウムのインターカレーション反応の効率は著しく低い。PCの電気化学的還元分解の機構に対してはいくつか提案されているが，その一例を図8[18]に示す。Aurbachら[19~21]によれば，他のカーボネート溶媒からなる電解液系においても，一次分解生成物としてリチウムアルキルカーボネート（$ROCO_2Li$）が生成し，これが電解液中に微量に含まれる水分（H_2O）などと反応して炭酸リチウム（Li_2CO_3）にまで分解し，黒鉛電極表面に蓄積すると述べている。生成した皮膜の安定性とリチウムイオン透過性は溶媒および電解質塩の種類に依存し，充放電の可逆性は皮膜の性質に左右されると考えられている。これまでのところ，反応性と生成皮膜の表面保護性の点から，天然黒鉛のような高結晶性炭素電極には ECを主成分とする混合溶媒系が適当であるといわれている。共溶媒としてはDMC，ジエチルカーボネート（DEC），エチルメチルカーボネート（EMC）などが多用されているが，これら電解液系においてさえ，その熱的[22,23]および電気化学的安定性[24]は必ずし

$$mPC + Li^+ \longrightarrow [PC_mLi^+] \xrightarrow{1e} [PC_mLi^+]^-\cdot$$

(1) 電気化学反応 $1e, Li^+$ → $(m-1)PC$ + プロピレンガス + Li_2CO_3

$nC, 1e$ ↓

(2) ラジカル停止反応 → リチウムアルキルカーボネート

$[PC_mLi^+C_n^-] \xrightarrow[1e, Li^+]{(3) 化学反応}$ プロピレンガス + Li_2CO_3 + $nC + (m-1)PC$

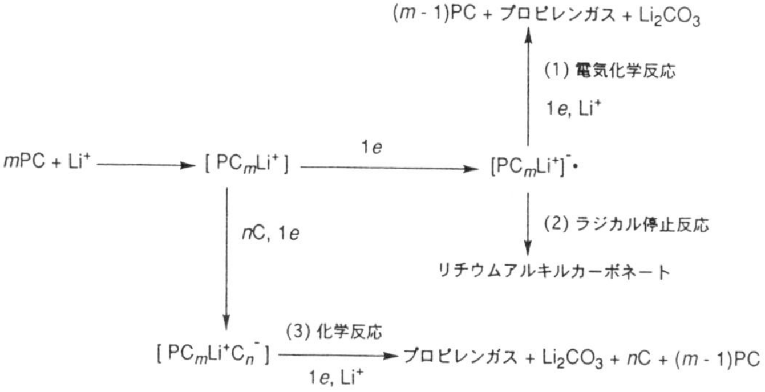

図8 黒鉛電極上におけるPCの電気化学的還元分解の機構

も満足できるものではない。電解液基礎物性に関しては一連の系の伝導度が調べられており（表3）[25]，電解質塩の種類にもよるが，エーテル溶媒を含む系に比べて伝導度が約1/2まで低くなる。このように，現状では炭素電極に対する最適電解液組成が確立されているわけではなく，むしろいろいろな電解液組成で種々の炭素材料の充放電特性が調査されている段階にある。AurbachらはFTIR測定および交流インピーダンス測定を行い，その結果から，$LiAsF_6$/EC+DEC（3：1）電解液が検討した中では黒鉛電極に対して最も優れた充放電特性を与えた理由を論じている[21]。他の炭素材料についても電解質組成の影響が調べられている。たとえば，ピッチベース炭素繊維（PCF）の充放電特性の電解液依存性が調べられており[26]，また，Ohtaら[27]

表3　EC-共溶媒電解液の導電率
（体積比1対1, 25℃）

電解質塩 ($1mol\ dm^{-3}$)	共溶媒	導電率 ($mS\ cm^{-1}$)
$Li(CF_3SO_2)_2N$	-DME	13.3
	-DMC	9.2
	-DEC	6.5
	-MP*	10.8
$LiCF_3SO_3$	-DME	8.3
	-DMC	3.1
	-DEC	2.1
	-MP*	3.7
$LiPF_6$	-DME	16.6
	-DMC	11.2
	-DEC	7.8
	-MP*	13.3

＊プロピオン酸メチル

は種々の炭素材料について電解液組成の影響を系統的に調べている。また，イミド塩であるLi $(CF_3SO_2)_2N$を溶解したECベース電解液系で黒鉛化メソカーボンマイクロビーズ（MCMB）の充放電特性が検討され，高い放電容量が得られることが報告されている[25]。この塩は低結晶性炭素電極に対しても好適なようである[28]。この種のイミド塩系の化合物は電解液系のみならず，高分子電解質系，ならびに常温溶融塩系においても今日ではキーマテリアルとして幅広く用いられている。アルミニウム集電体の腐蝕を避けるためには上述のCF_3基を持つイミドは適当でなく，より長鎖（炭素数が2以上）のフルオロアルキル基が適することも良く知られている。また，電気化学水晶振動子マイクロバランス（EQCM）法を用いて，人造黒鉛へのリチウムインターカレーション過程を検討した結果，図9[29]に示すように，電極質量の変化が電解液溶媒組成に依存することが報告された。さらにInabaらは黒鉛質電極の構造変化やSEIに対する溶媒の影響を，走査型プローブ顕微鏡や熱分解/CG/MSで詳細に検討している[30]。

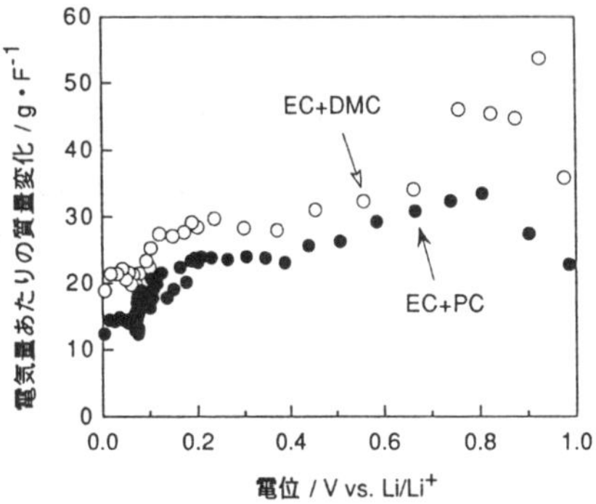

図9　充電中の人造黒鉛の質量変化

電解液：1モル濃度の$LiClO_4$を含む
EC＋DMCまたはEC＋PC,
充電電流密度：0.03mA cm^{-2}

黒鉛電極上の表面反応に関する研究[31,32]のほかに，充放電特性改善に関しては種々の試みが報告されている。Billaudら[33]は黒鉛電極において，$LiClO_4$/EC中で注意深くカソード処理をすることにより安定な表面保護皮膜を形成すると，それ以後は反応性の高い$LiClO_4$/PC中でも可逆な充放電ができることを報告している。一方，Shuら[34]は，比較的反応性の高い$LiClO_4$/PC＋EC電解液においても電解液にクラウンエーテルを添加すると，これが黒鉛電極の充放電可逆性の向上に効果的であることを報告している。また，リチウムイオン電解液用の添加剤として，SO_2が報告されている[35]。これは2.7V以上で黒鉛電極上にLi_2Sなどの保護被膜を与えることにより，PC単独溶媒中でも黒鉛電極の充放電がある程度可能になる。一般的にもSO基を有するエチルメチルスルホン（$EtMeSO_2$）が耐酸化性の高い溶媒であるとの報告があり[36]，この種のスルホン類を高電圧作動リチウムイオン電池の添加剤に使おうとする研究例が最近増えつつある。

電解液溶媒としては，表2に示すもの以外の新しい溶媒も提案されている。脇原ら[37]は部分フッ素化したプロピレンカーボネート（TFPC）が従来PCに比べて結晶性の高い炭素電極上でもカソード分解しにくいことを報告している。PCのメチル基にフッ素を導入することで反応性を抑えることができることは興味深い。コークス系の炭素電極上でもEC＋DEC溶媒を用いたときと同等の放電容量が得られ，またアノード側の酸化電位がECに比べて約0.3V高く，4V級電池での使用にも耐えるものと期待される。このような溶媒の化学修飾による電池特性向上の試みはほかにも報告されている。例えばShuら[38]は人造黒鉛電極の充放電挙動におよぼす溶媒修飾の効果を示した。これによると$LiClO_4$/EC＋PC電解液中ではカソード分極時に0.8V付近で電位の停滞があり，これは黒鉛表面での電解液分解（主としてPCに起因）/皮膜形成/黒鉛組織の剝離等が原因している。これに対して，ECに塩素原子を導入したクロロエチレンカーボネート（chloro-EC）をPCと混合した$LiClO_4$/chloro-EC＋PC中ではそのような副反応が抑制され，放電容量も高くなっている。

有機電解液の組成はリチウムイオン電池の正極特性にも当然影響をおよぼすと考えられる。GuyomardとTarascon[39]は$Li_{1+x}Mn_2O_4$正極上でECベース電解液の挙動を検討しており，電位掃引法で得られたボルタモグラムから，この系には$LiPF_6$/EC＋DMCが最も適した電解液系であり，エーテル溶媒や$Li(CF_3SO_2)_2N$塩を用いた系では耐酸化性に劣ると結論している。ただしこの$Li(CF_3SO_2)_2N$塩については，前述したように現在構造を様々に変化させることにより耐酸化性の改善が進めらている。一方，竹原ら[40~42]は$LiCoO_2$および$LiMn_2O_4$正極や各種集電体材料上でのPCベース電解液の酸化分解挙動を報告している。XPSやIRスペクトル測定の結果から，表4[42]に示すように電解液の酸化分解電位が塩の種類のみならず電極材料にも著しく依存することを明らかにしており，電池設計の上で重要なデータを提示している。

表4　種々の電極上における電解液の酸化分解時のFTIRスペクトル，電極表面の変化，ならびに酸化分解電位

電極	溶媒の分解およびIRスペクトルの特徴（5.0Vまでの電位範囲）	XPS分析による電極表面の状態	電解液の酸化分解電位（vs. Li/Li⁺） $LiClO_4$	$LiPF_6$	$LiAsF_6$	$LiBF_4$	$LiCF_3SO_3$
Pt	変化なし 支持塩に依存せず	変化なし	5.25V	–	5.25V	5.25V	5.25V
Au	変化なし	変化なし	5.2V	–	–	–	–
Ni	PCの環構造の分解 支持塩に依存せず	支持塩に依存して変化 （酸化物，フッ化物）	4.2V	–	4.45V	4.1V	4.5V
SUS	PCの環構造の分解 2種類の生成物	–	4.2V	–	–	–	–
Al	PCの環構造の分解	支持塩に依存して変化 （酸化物，フッ化物） 不働態化	5.0V	6.2V	–	5.6V	–
$LiCoO_2$	PCの分解 エーテル結合	大きな変化なし	4.2V	4.2V	4.2V	4.2V	4.2V

(2) リチウム金属系負極二次電池の電解液

リチウム金属またはそれに類似した負極を用いる電池では，負極/電解液界面の化学が電池の充放電特性におよぼす影響は炭素系負極を用いる場合よりもいっそう深刻である。一般的な意味では優れた電解液用溶媒であるPCもリチウムとの高い反応性およびこれに起因した充電時のリチウムの不均一析出のために，実用電解液には使用できない。現状では，いずれの電解液組成でも実用的な充放電サイクル特性を得るまでには到っていないが，より性能の優れた電解液の開発が目指されている。

Fringantら[43]はPCとECの混合系を高誘電率溶媒とする多成分溶媒系について検討し，低粘度成分としてDMCを含む系が比較的優れたリチウム充放電特性を与えることを報告している。電解質塩としては$LiAsF_6$が最も良い結果を示し，これは多くの研究者も認めるところである。Aurbachらはこれまでの一連の研究で，有機電解液の組成とその中で金属リチウム表面に形成される皮膜の化学，イオン伝導性，充電析出時のリチウムの形態等との関係を詳しく調査してきている[44]。これによると，PC等のアルキルカーボネート溶媒中ではアルキルリチウムカーボネートの生成が認められ，これは不純物と反応してLi_2CO_3やLi_2Oとなる。とくに注目されるのは，混合溶媒系ではどちらかの成分が優先的に反応して表面皮膜を形成する傾向にあることである。Kanamuraら[45, 46]はXPS測定により電解液溶媒およびリチウム塩の種類とリチウム金属表面皮膜組成の関係を詳しく調べ，電極界面の化学的モデル構造を提案している。さらにこの検討を発展させ，フッ化水素処理によるスムースなリチウム金属表面の形成についても報告している[47]。

一方，Tobishimaら[48]は従来より$LiAsF_6$を電解質とするECと2MeTHF（2-メチルテトラヒドロフラン）混合系で優れたリチウムサイクル特性が得られることを報告してきたが，この系の欠点である電解液伝導度の改善を試みている。すなわち，この系に種々の低粘度溶媒を添加して検討した結果[49]，THFを加えた系で充放電のサイクル効率を低下させることなしに伝導度の改善が可能であることを示した。同じ研究グループからは$LiPF_6$を電解質とする場合ではEC+DMC混合溶媒を用いる系が提案されており，低温特性を改善するためにMP（プロピオン酸メチル）を添加したときの特性[50]が調べられている。Aurbachら[51]は$LiAsF_6$/2MeTHFにTHFを混合した系で優れたリチウム特性を見出しており，さらに2MeF（2-メチルフラン）を電解液に添加した系でリチウム表面皮膜の組成変化を観察し，この点から負極特性を考察している。

電解質塩としては従来の無機塩に替わるものとして有機アニオンからなる塩に関心が集まっている。特に前にも述べたイミド塩類は従来の塩と混合して用いる試みもなされている。実用的には集電体材料の腐蝕特性が比較的良好な，炭素数が2以上のイミド塩に関心が寄せられているが，Naoiらは金属リチウム上のLiF保護膜がこの種の塩によって薄く均一になること，ならびにそのメカニズムについて提案している[52]。

電解液への添加剤についても種々検討されている。それらの添加効果のメカニズムについては必ずしも明らかではないが，大別すると，①前記2MeFおよびその類縁体等によるイオン伝導性有機物皮膜の積極的形成[11]　②ベンゼンやデカリンなどの無極性化合物の吸着による低伝導性皮膜形成の抑制[11, 53]　③Al^{3+}等の共析による表面合金の形成[12, 13, 54~56]　④溶存CO_2による保護性の均一無機皮膜の形成[14, 15]。などが挙げられる。これらの中でIshikawa[55, 56]らは金属塩添加剤が使用可能な電解液を明らかにし，イミド塩系電解液で極めて添加効果が高いことを明らかにした。Osakaら[15, 57]は電解液中へのCO_2飽和によるリチウムサイクル特性の効果をインピーダンス測定から解析しており，この手法がリチウム負極のサイクル特性向上に効果的であることを示している。さらに，最近では界面活性剤の添加効果も報告されている[58~60]。

新規溶媒の開発ももちろん重要と考えられ，前述のフッ素化PCやchloro-ECの提案のほかにいくつか提案されている。佐々木ら[61, 62]はシドノン系溶媒（3-プロピルシドノン，3-プロピル-4-メチルシドノンなど）を提案しているが，高い伝導度を確保するためにエーテル系の共溶媒を必要とし，この分野のさらなる展開が期待される。同グループはこのほかにフルオロガンマブチロラクトン[63]さらにはキレート構造を有するアニオンなど[64]，積極的に新規化合物を探索している。基礎物性レベルではブチルアミンが溶媒として適するという報告もある[65]。

一方，電解質設計に計算機化学を活用した研究例が多く報告されるようになった。UeとMori[8]はPC＋EMC混合溶媒系における各種電解質のイオン挙動を調査しているが，イオンの溶媒和挙動を理解する上で，分子モデルシステムによる計算結果を利用している。Blint[66]はモデル溶媒-Li^+イオン系において，エーテルおよびカルボニル由来の酸素とLi^+の間の結合を分子量子力学（MQM）計算により求め，溶媒和イオンの挙動を推測した。Scanlonら[67]は2MeF等の添加効果を理解するために，それら不飽和環状エーテル類とそのアニオンラジカルについて電子親和力と結合強度を*ab initio*計算により求め，分光学の実測結果と対応させて論じた。今後はさらに実用電解液系で計算機化学が効果的に活用されるものと期待される。

以上のように，リチウム二次電池（およびリチウムイオン電池）の電解液に関しては，現段階でもなお材料探索を含めて開発途上にある課題であると位置づけられる。リチウム電池で用いられているような高い濃度で電解質塩を含む非水電解質溶液については，その中での基本的なイオンの挙動についてさえ不明な部分が多い。この点については最近レーザーラマン法[68, 69]で解析が行われるようになった。このような基礎研究も重要であり，様々な角度から高電圧・高速充放電が可能な高性能リチウム二次電池の開発/改良が，今後いっそう進展するものと思われる。

4.3 ポリマー電解質とゲル電解質

液体系の“クラシックな”電解液に代わり，リチウムイオンを溶解できる有機高分子を電池に用いようとする考えは決して新しくはないが，現在最も実用電池系で注目されている電池材料技術の一つである。これを適用したリチウムポリマー電池については第３章第１節で詳しく述べられるので，ここでは簡単に全般的な状況を概括することにする。

4.3.1 ポリマー電解質のメリット

高分子であるポリエチレンオキシド（PEO）とリチウム塩から成る複合体がイオン伝導性を示すことが1970年代に見いだされて以来，リチウム電池に対して高分子電解質を適用する可能性が常に検討されてきた。一般に高分子電解質を適用することによって，①電池の薄膜化　②電池をフレキシブルにできる　③液漏れなどが起こらず信頼性が向上する　④多数積層構造にも有利である　⑤電極活物質の電極間移動が起こりにくく自己放電特性が改善する　⑥セパレータを排することができる。などがメリットとして期待できる。さらに溶液系電荷質では困難である金属リチウムを負極に用いることも不可能でない。この理由は高分子電解質と金属リチウムの界面では不均質なリチウム析出・溶解が低減され，溶液系よりもリチウム充放電のクーロン効率が上がる場合がしばしば見られるからである。

4.3.2 ポリマーの種類と伝導度向上策

高分子の種類としては先に述べたPEOが最も良く知られており，その他ポリアクリロニトリル（PAN）系，ポリビニリデンフルオライド（PVdF）系，ポリメチルメタクリレート（PMMA）系が最も有名である。これらはいずれも様々なバリエーションが検討されているが，PEOでは主鎖構造にEOユニットを持つだけでなく側鎖にもEO構造を持たせたものや主鎖間に架橋構造を導入したもの（図10はその一例[70]），またPMMAと共重合したものなど様々な改良が行われている。このような方策により，単純なPEOでは室温で10^{-6} S/cm程度のイオン伝導度であるのに対し，改良型PEO系では２桁程度伝導度を上昇させることができる。

このような構造改良の背景にあるのは，高分子電解質のイオン伝導度に大きく影響を与えるガラス転移温度（Tg）をできるだけ低くする，という考え方である。低温相の結晶化領域を排し，高温相のアモルファス領域を確保するために高分子主鎖間の相互作用を弱め，構造をアモルファスに保つために架橋構造を導入したものがその典型的な例である。このような架橋構造を持つ材料は熱分析測定において明確なTgが現れない場合もある。

またイオン伝導度を向上させる他の基本的な考え方は，溶液系と同じくイオンキャリア数を増やしつつイオン移動度を如何に向上させるか，という問題である。溶液系と同じく，キャリア数を増やすには高分子電解質中に溶解させた塩をできるだけ解離させる必要がある。これは高分子中の極性基が担うことになるが，高分子電解質中ではイオンに配位した極性基が構造中に束縛さ

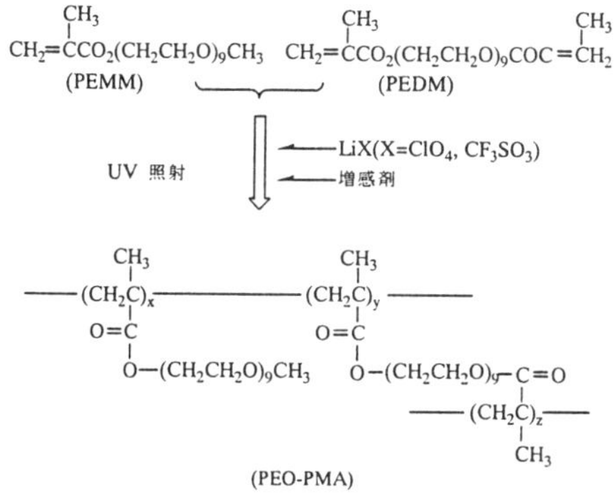

図10　側鎖を持ち，かつ架橋構造を持つポリマーの例

れているので，溶液系のように溶媒和イオンが比較的自由に移動できる状況とは異なる。従ってイオンと極性基の相互作用が強すぎたり，隣接極性基の距離が遠すぎると逆にイオンをトラップすることになりかねない。よって側鎖を導入する場合は極性基の種類はもちろん，その長さ，繰り返し単位の距離などに注意を払って設計しなければならない。

4.3.3　電解質塩の影響

高分子構造のみならず用いる塩の性質も当然イオン伝導挙動に大きく影響を与える。基本的に溶液系で使用できるリチウム塩は高分子電解質で使用する塩の候補となり得る。実際には$LiPF_6$，$Li(CF_3SO_2)_2N$，$Li(C_2F_5SO_2)_2N$などがしばしば使用される。特に後者の2つ，いわゆるイミド塩はアニオンが高分子の可塑化効果を持つと言われており高分子と相性の良い電解質と考えられている。

4.3.4　リチウムイオンの輸率

高分子電解質開発のもう一つの流れとして，現在主流となっている「リチウムイオン電池」に適した材料を目指し「シングルイオン伝導体」，すなわちリチウムイオンのみの伝導体を高分子電解質で実現しようとする動きがある。現在はリチウムイオンの輸率が1に近いものは実現されていないが，様々な試みがなされている[71, 72]。一般的に行われているのは，アニオンをトラップする極性基を高分子に導入するか，あるいはアニオンそのものを高分子構造中に導入しアニオンを束縛することによってリチウムイオンの輸率を向上させようという考え方である。しかしながらリチウムイオンの輸率向上の見返りとして，イオン伝導度そのものが低下することがしばしば起こる。この問題を根本的に解決するのは容易でないように見受けられる。ただしここで引用したWatanabeらは多くのアプローチを行っており，この問題に関心を示す研究者も多くこれからの成果が期待される。

4.3.5　フィラーの影響

最近注目を集めている高分子電解質改良の方策として，Scrosatiら[73]によって提案された電解質中にAl_2O_3などのセラミックフィラーを適当量混合するというアイデアがある。これにより機械的強度の改善，残留水分・不純物の吸着除去といった確かな効果とともに電極界面構造をも改善できる（例えば充放電時の金属リチウム形態を改善できる）と報告されている。セラミックフィラー効果の真の原因は未解明であるが，ごく最近MD計算によってセラミック粒子の効果を明らかにしようという研究があり[74]，理論的なアプローチとして興味深い。

以上のように様々な側面からなお精力的に高分子固体電解質の開発が進められているが，実用化に関しては後述するゲル系電解質に一歩遅れている。それは現在でも室温でのイオン伝導度が完全に満足できる値ではないためであるが，ごく最近のソニーの研究発表[75]にあるように材料のコンポジット化や最適化を進めることで，室温用デバイスとして実用化レベルに達する系が現れると期待される。

4.3.6　ゲル電解質系

これまで述べてきた“ドライ”な高分子電解質をそのまま用いるのではなく，液体溶媒などを含浸させゲル化させることにより弾性を持ち，自立した（セルフスタンディングな）電解質を得ることができる。これがゲル電解質と呼ばれるものである。高分子電解質で例を挙げた高分子材料は基本的にゲル電解質系でも利用できる。このようなゲル系は既にリチウム二次電池系で実用化されており，米国のベルコア（Bell Communications Research社）はビニリデンフルオライド（VdF）とヘキサフルオロプロピレンと（HFP）の共重合体（PVdF-HFP）をマトリックスとしてゲル電解質を開発した。PVdF-HFPはPVdFが機械的強度を主に与え，結晶性の低いHFPが電解液の保持を主に担うというバランスの取れたマトリックス材料である。PVdFのみでもゲル化は可能であるが，加圧により液体成分の浸み出しが起こりやすく溶媒保持能力は高くない。日本でもこのベルコアの技術の流れを汲むもの以外にPEO系マトリックスを利用したゲル電解質材料が開発され，いずれも1999年からこれらを適用した二次電池の生産に入った（負極は炭素材料を利用)。

ゲル電解質系は液体成分を持たない高分子電解質の低い伝導度を，可塑剤導入により改善しようとしたものである。一般的に室温におけるイオン伝導度は10^{-3} S/cm程度かそれ以上であり，実用的な値となっている。これまでのところ負極には炭素材料を用いたものが殆どであるが，ゲル電解質系においては充放電時における金属リチウム負極の充放電形態の改善が多くの研究者により確認されている。したがって金属リチウム負極とも相性の良い電解質系と言える。

4.4 常温溶融塩

4.4.1 常温溶融塩とは

溶融塩は溶媒成分を全く用いず，塩のみで流動状態となりイオン種が可動になる材料である。溶融塩そのものは古くから知られており，ある種の無機系塩を混合して用いれば，高温では溶融状態になる。例えばLiF-NaF-KF，Li_2CO_3-Na_2CO_3-K_2CO_3などの混合比を選べば，350℃から450℃付近で溶融状態となる。また$NaNO_3$-KNO_3-$NaNO_2$系は組成比によっては150℃付近で溶融状態になる。しかしながらこのような無機塩の混合系では常温付近で溶融塩になるものは知られておらず，常温作動の電池に用いることはできなかった。これに対し，有機塩の中には常温で溶融状態になるものが幾つか知られるようになり，この中では常温でイオン種が可動であるので電池用の電解質として使用できる可能性が認められ，最近非常に注目されるようになってきた。このような状況から今日では主に日本とともに米国でも電池用材料として研究が盛んに行われつつある。以下に常温溶融塩の特徴を示す。

4.4.2 常温溶融塩の長所・短所

有機塩系の中には融点が0℃以下のものがあり，常温でイオンが可動である。塩のみで流動状態であるため，イオンキャリア数が極めて多いこと，併せて一般的に粘度も比較的低いことからイオンの移動度も高い。従ってイオン伝導度がのものも非常に高くなる。ならびにイオン種のみであることは沸点が高くなることを意味するので，液体状態の温度範囲が広い特長を持つ。さらに蒸気圧が殆どないため引火性がなく，熱的安定性が良好である。

これに対して問題点もいくつか存在する。この種の常温有機塩は安定電位範囲は比較的広いのであるが，還元側の安定電位範囲が充分ではない。言い換えるとリチウム二次電池の負極に接したときの安定性が問題になっている。金属リチウムを負極に用いたとき，この問題が特に使用に対する制限となる。これを解決するためには有機溶融塩の分子設計を行う必要があるが，今のところ安定電位範囲と分子構造との相関があまり明らかになっておらず，様々な分子構造設計が模索されている状況である。別の解決法としては，作動電位が金属リチウムよりもやや高い負極を用いることが考えられる。具体的には合金系や炭素材料などが考えられるが，言うまでもなく電池全体の端子電圧は負極の作動電位が高い分だけ低下することになる。

そもそも有機塩で常温溶融塩になる系はカチオンがリチウムイオンでなく，有機イオンであるためリチウム塩を添加する必要がある。幸いにも本質的に有機系溶融塩はリチウムイオンを多量に溶解させることができる。しかしながらリチウムイオン以外のカチオン種が共存する系となるため，イオン移動と電極反応においてはイオン選択性が問題になる。

その他の主要な問題点は，溶融塩系は高分子電解質よりも通常の溶媒系電解液にはるかに近い物理的特性（流動性・粘度など）を持つことから，機械的強度が本質的に低いことである。これ

表5　常温溶融塩の長所と短所

長　所		効　果
イオンキャリア数が多い 低粘度	} ─→	イオン伝導度が高い
高沸点	─→	液体温度範囲が広い
蒸気圧が極めて低い	─→	引火性が無い
短　所		**問題点**
還元電位が高い	─→	負極との副反応
カチオン種が複数	─→	イオン選択性の問題
機械的強度が低い	─→	構造材料が必要
吸湿性が高い	─→	シーリングが必要

を解決するために，高分子マトリックスを複合化することが試みられている。適当な高分子を混合する手法，あるいは高分子の構造中に有機溶融塩イオンを結合させる方策などが試みられている。これらの手法により，機械的強度は増加するが，イオン伝導度は低下することになる。それにもかかわらず機械的強度が求められる系ではこのような手法が必須となるので今後の研究の進展が望まれる。

加えて欠点と考えられるのは吸湿性の高い系が多いことであり，空気中の水分の侵入が問題になると思われる。ただしこの性質は溶融塩の構成するイオン種の物性に強く依存することから，分子構造設計によっては全く問題にならなくなる可能性もある。ここで以上述べたような有機溶融塩系の長所と欠点をまとめて表5に示す。

ここで挙げた欠点を克服するために研究が精力的になされているのが現状である。以下に有機溶融塩の構造別に簡単に特徴を紹介する。

4.4.3　塩化アルミニウム混合系

比較的初期の研究として，アルキルピリジニウムカチオンとハライドアニオンから成る塩に塩化アルミニウムを等量比などで混合して常温溶融塩を構成する方法があった。このような系は室温あるいは30℃付近の融点を示す。初期にはこのような塩化アルミニウムを利用した溶融塩系が探索されていたが，良く知られているように塩化アルミニウムは吸湿性が非常に強く，取り扱う際ならびにセルを構成する際には外気に対する遮蔽に大変気を配らなければならない。これが大きな欠点である。塩化アルミニウムを混合して常温あるいはそれ以下で流動状態となる系は上記のアルキルピリジニウム塩以外に，アルキルイミダゾリウム塩などのオニウム塩が利用できる。現在では塩化アルミニウムを用いず，次に示すようにオニウム塩のアニオンを交換することで常温溶融塩を得る方策が有力となり検討が続けられている。

4.4.4　アニオン交換型オニウム塩系

基本的に塩化アルミニウム添加で常温溶融塩になり得る系の多くはオニウム塩を利用しているが，このオニウム塩の多くはもともとハロゲン化オニウム塩である。そこでこのハロゲンイオンを適当なアニオンに交換することで常温溶融塩としての特性を引き出そうとする考えがあり，これが現在の研究の主流である[76~79]。カチオンとしてはアルキルピリジニウム，アルキルイミダゾリウムが代表的なものであるが，アルキルアンモニウムおよび窒素原子を含む環状構造を持つアルキルアンモニウムも検討されている。これらカチオンに対してアニオンは，ビス（トリフルオロメタンスルホニル）イミド，いわゆるTFSIアニオンがしばしば用いられ，その他にBF_4^-，PF_6^-，も用いられる。その他にもトリフルオロメチル硫酸アニオン，酢酸アニオン，トリフルオロ酢酸アニオン，メチドアニオンなどこれ以外にも様々なアニオンが使用できると思われる。

前に述べたようにリチウム電池系の電解質とするためには当然リチウム塩を加える必要があるが，添加するためのリチウム塩としてはLiTFSI，$LiBF_4$，$LiPF_6$がしばしば使われている。リチウム電池の電解質として検討されている，これらイオン種を図11にまとめて示す。このようなイオン種の組み合わせによって，融点やイオン伝導度のみならず，安定電位範囲やイオン輸率なども大きく変化する。現在は最適構造を見いだすために様々な試行錯誤がなされている状況である。リチウムの溶解析出が可能な電位では多くの常温溶融塩は電気化学的にまだ不安定であり，還元側の安定電位領域の広い系を今後見つけだす必要がある。

カチオン：

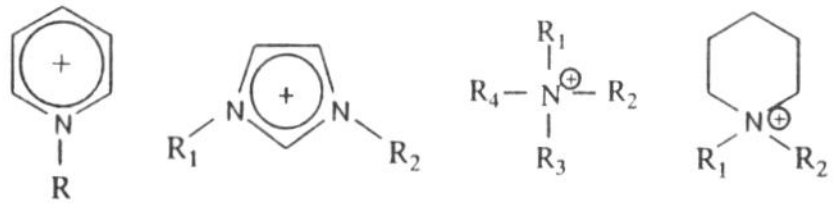

アニオン：

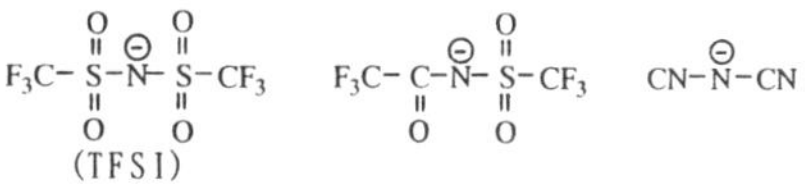

$CF_3SO_3^-$, CH_3COO^-, CF_3COO^-, BF_4^-, PF_6^-

リチウム塩：　$LiBF_4$, $LiPF_6$, LiTFSI

図11　常温溶融塩で用いられるイオン種の例

4.4.5　実用的な電解質への改良

常温溶融塩はイオン伝導度自身は非常に高く，還元側の安定電位やイオン選択性の問題を除けば基礎的にはすぐれた電解質といえる。しかしながら機械的強度が乏しく，実用電池に応用するためには電池電極間の電解質領域の構造を維持するための何らかの支持材料を必要とする。そこで常温溶融塩を液体電解液と同じように捉え，セパレータに含浸させるか，通常の高分子ゲル電解質の作成法と同じように，溶融塩を高分子マトリックスと混合させ，場合によっては可塑剤としてさらに有機溶媒を加え溶融塩含有ゲル電解質を調製することが提案されている。さらには高分子と溶融塩を単に混合するだけではなく，高分子の主鎖や側鎖に溶融塩特性を示すカチオンやアニオンを固定化し，高分子構造材料と溶融塩特性イオンとの分子レベルでの結合を設計することも試みられている。これについては国内では大野ら[80]が精力的に検討を行っており，その概念を図12に示す。どの方策においても常温溶融塩のみの系よりイオン伝導度は低下することが一般的である。しかしながらこのような検討から実用的な提案が将来なされるのではないかと期待される。いずれにしても液体溶媒成分が無くとも高いイオン伝導性を示す常温溶融塩は電池用途によっては将来期待される電解質系と思われる。

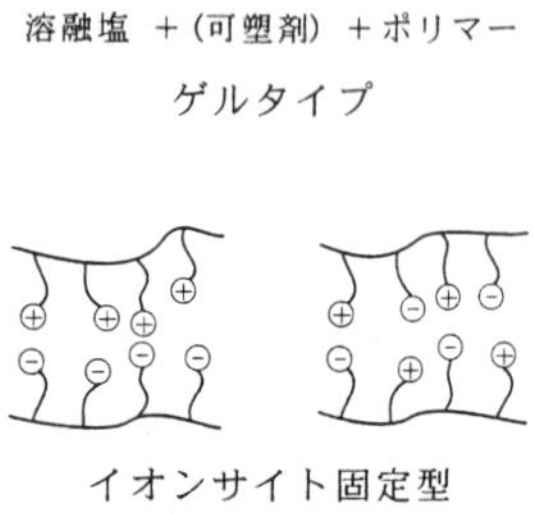

図12　常温溶融塩の機械的強度改善の例

4.5　無機系固体電解質

4.5.1　無機系固体電解質の特徴

無機系の固体電解質は基本的にアニオン性を有する格子点とリチウムイオンから構成されている。一般的にこのような固体構造を形成する無機化合物は不燃性であり，電池としての安全性が高いと言える。また，基本的にリチウムイオンのみが可動であるため，カチオンの輸率が理論的に1であり，リチウムイオン電池にとってはアニオンの移動の影響を受けない理想的な電解質と期待される。さらに無機系固体電解質は，液体電解質系やゲル電解質系のような溶媒成分を含まないことから，これらの電極界面での分解反応などの影響を受けない。したがって長寿命で安定した電池を構成するのに適すると期待される。反面，無機固体電解質は柔軟性に乏しく剛直であるため，電池の種類によっては適さない場合もある。また充放電に伴う電極の体積変化が激しい系では，無機電解質の剛直さが電極と電解質界面の接合性に問題を引き起こすと考えられる。このような「硬さ」を受け入れつつ如何に電池材料として使いこなすか，という点に困難さがあるが，有機材料と複合化するなどいくつかの解決策も検討されつつある。ともかくここ数年，無機系固体電解質も非常に進歩しており，基礎特性としてはリチウム二次電池に適用可能なレベルに達しつつある。最近の開発状況の詳細は後の第3章2節で述べられるが，ここでは材料を分類することにより無機系固体電解質の概要を述べる。

4.5.2 結晶性固体電解質

無機系固体電解質は結晶性のものとアモルファスな材料とに大きく分類することができる。結晶性の材料として歴史的に重要なものはヨウ化リチウム電解質である。これは心臓のペースメーカ用電池の電解質として実用化された。ただしこの電解質の伝導度は10^{-7} S/cm程度でしかなく，通常の二次電池系の電解質にも適さない。ここではリチウム二次電池系への適用可能性がある結晶性電解質を概説する。

(1) NASICON型化合物

NASICONすなわちNa^+ Super Ionic ConductorはGoodenoughら[81)]によって開発された$Na_3Zr_2Si_2PO_{12}$などがこの系の初期研究で有名なものである。これは基本的に$NaZr_2P_3O_{12}$のPをSiで一部置換したものである。このようなNASICON系のNa^+をLi^+で置換することにより，リチウムイオン伝導性化合物を合成することが試みられた。一般的に$LiM_2(PO_4)_3$と書くことのできるリチウムイオン伝導体は，Mは4価のカチオンであり，Zr，Ti，Geなどである。これを5価または3価のカチオンで置き換え，リチウムイオン伝導性を向上させることが幅広く行われている。例えば$LiTi_2(PO_4)_3$の伝導度は10^{-6} S/cm程度であるが，4価のカチオンであるTiを3価のカチオンであるInやAlで一部置換すると10^{-3} S/cmに迫るイオン伝導性が発現する[82)]。これはリチウムイオンのみの伝導度であるから非常に大きな値といってよい。このように3価のカチオンで置換した場合は$Li_{1+x}M_{2-x}M'_x(PO_4)_3$と表せるリチウム格子間型化合物となる。一方5価のカチオンで置換した場合は$Li_{1-x}M_{2-x}A_x(PO_4)_3$と表され，リチウム空孔型化合物である。この系では4価のZrを5価のTaなどで一部置換したものが知られているが，室温での伝導度は10^{-5} S/cm以下でありあまり高くない。

(2) ペロブスカイト型化合物

多結晶体として得られ空孔を有する化合物である。(Li，La，空孔) TiO_3系の化合物では室温で10^{-3} S/cmという高い伝導度が報告されている。ただし粒界抵抗が一桁以上高く，全体としての伝導度は10^{-5} S/cmオーダーである。NASICON型化合物もやはり粒界抵抗が大きく，材料全体の示すイオン伝導度は低くなる。ペロブスカイト系，NASICON系共通のもう一つの問題は希土類イオンを含むために，還元側の安定電位領域があまり広くないことである。つまりリチウム負極との接触により希土類イオンなどが還元されてしまうという問題点を持っている。

(3) ベータ硫酸鉄型イオン伝導体[83]

$Li_3In_2(PO_4)_3$や$Li_3Sc_2(PO_4)_3$は高温でベータ硫酸鉄型の相を持ち，高いイオン伝導性を示す。この相は室温では通常不安定であるが，InやScをNb，Zrなどで一部置換することにより，あるいはIn-Sc系の固溶体は室温でもある程度高いイオン伝導度が得られることが知られている[84]。最近の研究では$Li_{2.6}(In_{0.9}Nb_{0.1})_2(PO_4)_3$をスパッタ法で作成し，500℃から700℃で熱処理を行いイオン伝導度を調査した例があるが，600℃の熱処理を行ったものは30℃で10^{-4} S/cmに近い値が得られている（図13）[85]。ここで結晶質固体電解質の代表的なものを図14[86]に示す。

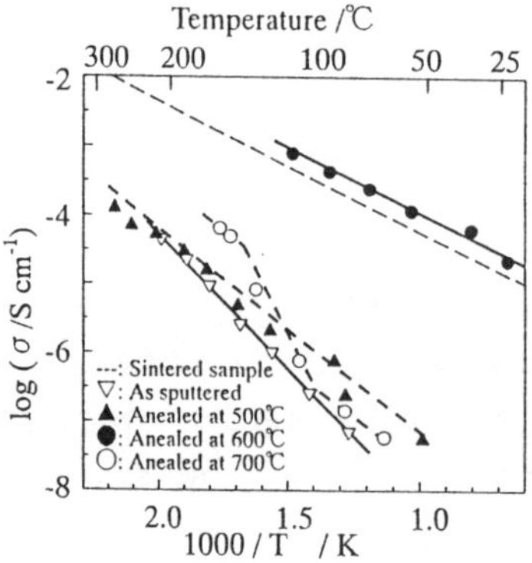

図13　RFスパッタリング法で作製した$Li_{2.6}(In_{0.9}Nb_{0.1})_2(PO_4)_3$薄膜の導電率の温度依存性[85]

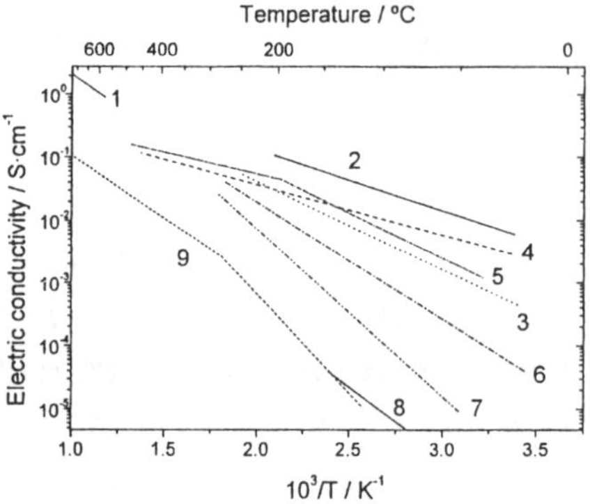

図14　各種結晶質固体電解質のイオン伝導度[86]

1：$\alpha-Li_2SiO_4$，2：Li_3N(H_2 doped)，3：Li_3N，4：Li-β Al_2O_3，5：$Li_{1.3}Al_{0.3}Ti_{1.7}(PO_4)_3$，6：$Li_{3.6}Ge_{0.6}V_{0.4}O_4$，7：$Li_{3.6}P_{0.4}Si_{0.4}O_4$，8：LiI，9：$Li_{0.6}Zr_{1.35}(PO_4)_2$

4.5.3　アモルファス固体電解質[83]

一般的に結晶構造を有する化合物よりも，アモルファスな構造を持つ方がイオン伝導には有利と考えられる。また無機イオン伝導体の場合は結晶性無機電解質の殆どが希土類イオンを含むのに対し，アモルファス無機電解質は希土類イオンを持たないものが多い，従って還元に対し後者の方がより安定である。アモルファスな材料については酸化物系と，硫化物系に大別される。

(1) アモルファス酸化物系

ガラス骨格を形成するSiO_2，B_2O_3，P_2O_5，GeO_2などを用い，これにLi_2Oが加わることによりリチウムイオン伝導性が発現する。ただし室温でのイオン伝導性はあまり高くないので，薄膜化する手法がしばしば採られる。例えばLi_2O-SiO_2-B_2O_3やLi_2O-SiO_2-ZrO_2など，さらにはリンや窒素を含む$Li_{3.6}Si_{0.6}P_{0.4}O_4$，$Li_{3.3}PO_{3.8}N_{0.22}$などがスパッタ法で薄膜アモルファス材料として調製されている。上述のように伝導度は高くなく，10^{-6} S/cmオーダーのものが多いのでこのようなスパッタ法やゾル-ゲル法により薄膜化する必要があり，今のところ実際の電池系への適用には制限がある。

⑵　アモルファス硫化物系

アモルファス酸化物系は化学的・熱的安定性には優れているものの，室温でのイオン伝導度が低いことから酸化物に換えて硫化物を用いることが考えられた。これは硫化物イオンの方が酸化物イオンよりも分極率が大きいため，リチウムイオンとの相互作用が弱まるものと考えられたからである。このような硫化物系ガラスにはLi_2S-GeS_2ならびにLi_2S-B_2S_3などを基本とする材料がある。これらの中で，特に常圧下で容易に合成できるものとしてLi_2S-SiS_2系があり，室温で10^{-4} S/cmオーダーの伝導度が得られる。このようなアモルファス硫化物系材料にさらにLiIをドープするとさらに一桁ほどの伝導度の向上が可能になる。このLiIは反面ガラス骨格の安定性を低下させたり，金属リチウムとの副反応を引き起こすことが判り，ドーパントとしてこれに換わるものが探索された。その結果，最近ではドーパントとしてリン酸リチウム（$LiPO_4$）やケイ酸リチウム（$LiSiO_4$）などの酸素酸リチウム塩を，Li_2S-SiS_2系にドープした系が注目されている。このような系はオキシ硫化物系ガラスと呼ばれ，室温で10^{-3} S/cm以上の非常に高い伝導度を示す。併せてリチウム金属との反応性が低く，電位窓が10V以上もあると言われており非常に有望な電池用材料と見なされている。

このようなオキシ硫化物系は融液急冷で製造するため，電池電解質に用いるには粉砕して電極との接合性を高める必要があった。しかし最近ではメカニカルミリング法が提案され，機械的エネルギーで室温にて合成でき，生成物が微粒子で得られることができるようになった[87]。この例を図15[88]と図16[89]に示す。ミリングを続けることにより，アモルファス構造に変化し，イオン伝導度は10時間程度のミリングで極めて高くなることが判る。

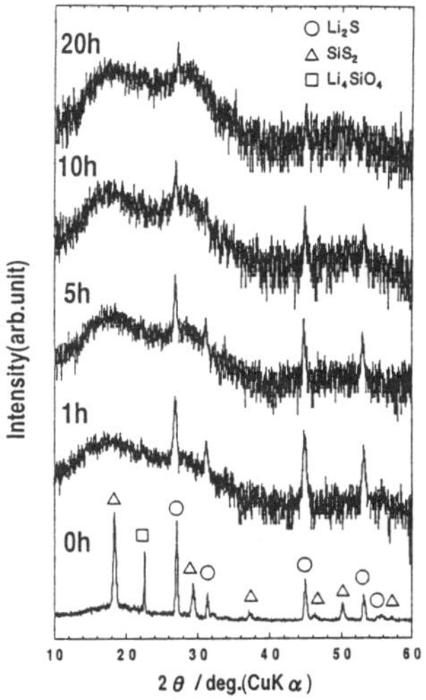

図15　様々な時間メカニカルミリング（MM）処理した95（$0.6Li_2S$・$0.4SiS_2$）・$5Li_4SiO_4$試料のX線回折パターン[88]

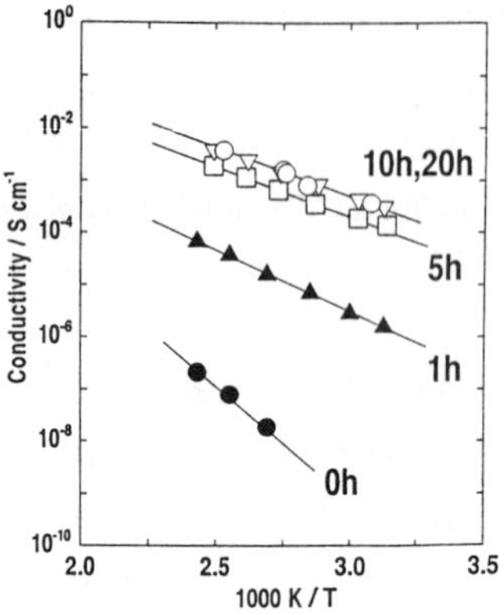

図16　様々な時間MM処理した95（$0.6Li_2S \cdot 0.4SiS_2$）・5Li_4SiO_4試料の導電率の温度依存性[89)]

4.6　電解質の将来展望

以上のように電解質の全領域にわたり概括したが，既に実用電池に応用されている材料系のみならず，溶融塩系や無機固体系などにおいても進歩は顕著であり，いずれも将来型リチウム二次電池の発展に大きく寄与する可能性が十分にある。反面，電解質は述べたように様々な要求，とりわけ相容れない要求にも応える必要があるため，一つの系だけでは全ての要求を満足できない可能性もある。その場合はここで採りあげた全ての系の間で複合化がなされる可能性があるように思える。そもそも最も基本的な溶液電解液系においても矛盾する要求に応えるため，単独溶媒を諦め混合溶媒を用いてきた経緯がある。従って全くコンセプトの異なる様々な系の複合化が試されると，将来のリチウム二次電池に適した画期的な系が生まれる可能性も十分あると考えられる。

文　　献

1）　G.E.Blomgren, "Lithium Batteries", Ch.2, p.13, Academic Press, New York (1983).
2）　松田好晴，日化，1989，1（1989）.
3）　N.Bjerrum, *K.Danske Vidensk.Selk.*, 7, No.9 (1926)；R.A.Robinson *et al.*, "Electrolyte Solutions", p.392, Butterworths, London (1959).
4）　V.Gutmann, "The Donor-Accepter Approarch to Molecular Interactions", Ch.2, Plenum Press, New York (1978).

5） 岡崎敏ほか，溶媒とイオン，谷口印刷出版部，第1章，p.13（1990）.
6） Y.Matsuda *et al.*, *Bull. Chem. Soc. Jpn.*, 59, 1967（1986）.
7） R.A.Robinson *et al.*, "Electrolyte Solutions", p.124, Butterworths, London（1959）.
8） M.Ue *et al.*, *J. Electrochem. Soc.*, 142, 2577（1995）.
9） Y.Matsuda *et al.*, *J. Electrochem. Soc.*, 131, 2821（1984）.
10） 松田好晴ほか，日化，1988, 1459（1988）.
11） M.Morita *et al.*, *Electrochim. Acta*, 37, 119（1992）.
12） M.Ishikawa *et al.*, *J. Electrochem. Soc.*, 141, L159（1994）.
13） M.Ishikawa *et al.*, *J. Power Sources*, 68, 501（1997）.
14） D.Aurbach *et al.*, *J. Electroanal. Chem.*, 282, 73（1990）.
15） T.Osaka *et al.*, *Denki Kagaku*, 62, 451（1994）.
16） T.Fujieda *et al.*, *J. Power Sources*, 52, 197（1994）.
17） J.Yamaki *et al.*, *J. Electroanal. Chem.*, 219, 273（1987）.
18） Z.X.Shu *et al.*, *J. Electrochem. Soc.*, 140, 922（1993）.
19） D.Aurbach *et al.*, *Electrochim. Acta*, 39, 2559（1994）.
20） D.Aurbach *at al.*, *J. Electrochem. Soc.*, 142, 1746（1995）.
21） D.Aurbach *et al.*, *J. Electrochem. Soc.*, 142, 2882（1995）.
22） 森彰一郎ほか，第36回電池討論会講演要旨集，p.321（1995）.
23） 横山恵一，第23回新電池構想部会講演会資料，p.11（1995）.
24） 吉田浩明ほか，第36回電池討論会講演要旨集，p.101（1995）.
25） 石川正司ほか，第36回電池討論会講演要旨集，p.309（1995）；M.Ishikawa *et al.*, *J. Power Sources*, 62, 229（1996）.
26） T.Iijima *et al.*, *Synthetic Metals*, 73, 9（1995）.
27） A.Ohta *et al.*, *J. Power Sorces*, 54, 6（1995）.
28） 石川正司ほか，第37回電池討論会講演要旨集，p.165（1996）.
29） M.Morita *et al.*, *J. Electrochem. Soc.*, 143, L26（1996）.
30） 稲葉稔ほか，電池技術委員会資料12-11,（2000）.
31） D.E.Irish *et al.*, *J. Power Sorces*, 54, 28（1995）.
32） P.Liu *et al.*, *J. Power Sorces*, 56, 81（1995）.
33） D.Billaud *et al.*, *J. Chem. Soc., Chem. Commun.*, 1995, 1867（1995）.
34） Z.X.Shu *et al.*, *J. Electrochem. Soc.*, 140, L101（1993）.
35） Y.Ein-Eli *et al.*, *J. Electrochem. Soc.*, 143, L195（1996）.
36） K.Xu *et al.*, *J. Electrochem. Soc.*, 145, L70（1998）.
37） 脇原將孝ほか，1995電気化学秋季大会講演要旨集，p.162（1995）.
38） Z.X.Shu *et al.*, *J. Electrochem. Soc.*, 142, L161（1995）；Z.X.Shu *et al.*, *J. Electrochem. Soc.*, 143, 2230（1996）.
39） D.Guyomard *et al.*, *J. Power Sources*, 54, 92（1995）.
40） 竹原善一郎ほか，第36回電池討論会講演要旨集，p.303（1995）.
41） 竹原善一郎ほか，第36回電池討論会講演要旨集，p.305（1995）.

42) 金村聖志ほか，第36回電池討論会講演要旨集，p.307 (1995).
43) C.Fringant *et al.*, *Electrochim.Acta*, 40, 513 (1995).
44) D.Aurbach *et al.*, *J.Power Sources*, 54, 76 (1995).
45) K.Kanamura *et al.*, *J.Electrochem.Soc.*, 142, 340 (1995).
46) K.Kanamura *et al.*, *Electrochim.Acta*, 40, 913 (1995).
47) K.Kanamura *et al.*, *J.Electrochem.Soc.*, 143, 2187 (1996).
48) S.Tobishima *et al.*, *Electrochim.Acta*, 30, 1715 (1985).
49) S.Tobishima *et al.*, *Electrochim.Acta*, 40, 537 (1995).
50) 蔦島真一ほか，1995電気化学秋季大会講演要旨集，p.171 (1995).
51) D.Aurbach *et al.*, *J.Electrochem.Soc.*, 142, 687 (1995).
52) K.Naoi *et al.*, *J.Electrochem.Soc.*, 146, 462 (1999).
53) 芳尾真幸ほか，第37回電池討論会講演要旨集，p.59 (1996).
54) 石川正司ほか，第37回電池討論会講演要旨集，p.103 (1996).
55) M.Ishikawa *et al.*, *J.Electroanal.Chem.*, 473, 279 (1999).
56) M.Ishikawa *et al.*, *Electrochemistry*, 67, 1200 (1999).
57) T.Osaka *et al.*, *J.Electrochem.Soc.*, 142, 1057 (1995).
58) T.Hirai *et al.*, *J.Electrochem.Soc.*, 141, 2300 (1994).
59) D.Lemordamt *et al.*, *J.Power Sources*, 58, 189 (1996).
60) K.Naoi *et al.*, *J.Electrochem.Soc.*, 147, 813 (2000).
61) 佐々木幸夫ほか，1996電気化学秋季大会講演要旨集，p.31 (1996).
62) 佐々木幸夫ほか，第36回電池討論会講演要旨集，p.311 (1995).
63) 土屋公司ほか，第42回電池討論会講演要旨集，p.230 (2001).
64) M.Handa *et al.*, *J.Electrochem.Solid-State Lett.*, 2, 60 (1999).
65) G.Herlem *et al.*, *Electrochim.Acta*, 41, 2753 (1996).
66) R.J.Blint, *J.Electrochem.Soc.*, 142, 696 (1995).
67) L.G.Scanlon *et al.*, *Electrochim.Acta*, 40, 13 (1995).
68) M.Morita *et al.*, *J.Chem.Soc., Faraday Trans.*, 94, 3451 (1998).
69) 森田昌行ほか，電池技術，12, 56 (2000).
70) M.Morita *et al.*, *J.Electrochem.Soc.*, 137, 3401 (1990).
71) M.Watanabe *et al.*, *Electrochim.Acta*, 45, 1187 (2000).
72) M.Watanabe *et al.*, *Electrochim.Acta*, 46, 1487 (2001).
73) F.Croce *et al.*, *J.Electrochem.Solid-State Lett.*, 4, A121 (2001).
74) H.Kasemagiほか，第42回電池討論会講演要旨集，p.34 (2001).
75) 安田壽和ほか，第42回電池討論会講演要旨集，p.422 (2001).
76) 中川裕江ほか，第42回電池討論会講演要旨集，p.258 (2001).
77) 林克也ほか，第42回電池討論会講演要旨集，p.260 (2001).
78) 松本一ほか，第42回電池討論会講演要旨集，p.262 (2001).
79) 栄部比夏里ほか，第42回電池討論会講演要旨集，p.264 (2001).
80) 大野弘幸，リチウム二次電池の技術革新と将来展望，エヌティーエス，p.77 (2001).
81) J.B.Goodenough *et al.*, *Mater.Res.Bull.*, 11, 203 (1976).

82) H.Aono *et al.*, *J.Electrochem.Soc.*, 136, 590 (1989).
83) 辰巳砂昌弘, 電気化学および工業物理化学, 69, 793 (2001).
84) T.Suzuki *et al.*, *Key Eng.Mater.*, 169-170, 205 (1999).
85) 辰巳砂昌弘, 理工領域-96P00102学振未来開拓研究推進事業報告書, p.31 (2001).
86) 近藤繁雄, リチウムイオン電池材料の開発と市場, シーエムシー, p.37 (1997).
87) M.Tatsumisago *et al.*, *Solid State Ionics*, 136-137, 483 (2000).
88) 辰巳砂昌弘, 理工領域-96P00102学振未来開拓研究推進事業報告書, p.7 (2001).
89) 辰巳砂昌弘, 理工領域-96P00102学振未来開拓研究推進事業報告書, p.8 (2001).

5　その他の電池用周辺部材

金村聖志*

5.1　セパレーター

5.1.1　既存のセパレーター

リチウムイオン電池の基本的な部品としてセパレーターがある。セパレーターは正極と負極を電気的に絶縁し，電池の自己放電を防止すると共に，電解液を保有する役目を果たしている。どちらかと言えば，脇役的な存在である。もちろん，正極と負極を十分に離した配置をとっている電池を作製する場合には，セパレーターは不要である。しかし，そのようなことをすると，電池の体積当たりに詰め込むことができる電気エネルギーは大きく減少する。したがって，実用電池においては正極と負極は可能な限り近づけて配置するのが普通である。このような場合に，必然的にセパレーターが必要となる。これまでに用いられてきたセパレーターはニッケル・カドミウム電池，鉛蓄電池，ニッケル・水素電池など，電池の種類により異なる。例えば，鉛蓄電池ではガラス繊維でできたマットが使用されるが，ここで説明しようとしているリチウムイオン電池では薄いポリマー（高分子）のシートが用いられる[1]。

リチウムイオン電池に用いられるセパレーターは，もちろん孔のたくさん開いた多孔質なポリマーシートである。実際に開発されたものは孔の開け方や作製方法などに依存して，多くの種類がある。写真1にいくつかのセパレーターのSEM写真を示す。不織布と呼ばれるタイプのものや，微多孔タイプのものがこれまでに開発されてきたが，電池内で用いた場合に，ある程度の機械的な強度と膜の高い均一性を確保することが求められるため，事実上は後者のもの，すなわち微多孔タイプのセパレーターが用いられる傾向にある。両者ともに膜の隙間や孔に電解液を取り込み，イオン伝導性を有する膜として機能する。電気的な絶縁は勿論のことであるが，十分なイオン伝導性を有していないと電池の抵抗が大きくなり電池性能を劣化させる原因となる。特に大きな電流で充放電を行う場合に問題となる。絶縁性のことを考えれば，膜はできる限り緻密な方がよい。一方，イオン伝導性を考えると電解液をより多く含むことができる隙間の多い構造が望まれる。これらはある意味で相反することであり，結果的にこの両者の兼ね合いで実用のセパレーターの構造は決定される。これまでに，提供されているセパレーターの特性として，電解液の浸透度，空孔率，空孔のサイズ，膜厚，化学組成，熱的安定性，機械的な強度などが挙げられる。どのセパレーターも電解液を含浸した状態で0.1 S/cm程度の導電率を有している。少なくともこの程度のイオン伝導性を確保できないと電池に使用できない。また，電池作製のことを考えるとある程度の機械的な強度を有していなければならない。さらには，高温においても，その

＊　Kiyoshi Kanamura　東京都立大学大学院　工学研究科　応用化学専攻　助教授

写真１　代表的なセパレーターの電子顕微鏡写真

形状を保ち安定に存在していることが要求される。だからと言って，分厚いセパレーターを用いることはもちろん問題である。厚ければ厚い程電池のエネルギー密度は減少することになるし，抵抗値も増大する。ある程度の膜厚で使用することが必要となる。セパレーターは基本的に絶縁効果を保てばいいので，本来は薄い程いいのである。より機械的な強度の高い膜が開発されれば，当然その膜厚は減少することになる。

5.1.2　セパレーターの濡れ性

これまでに開発されたセパレーターの化学組成を眺めてみると，セパレーターのほとんどはポリプロピレンやポリエチレン，あるいはこれらの混合した高分子から構成されている。もちろん，これら以外の種々の高分子を用いることもできるが，実際にはこのような汎用高分子を使用してもコストの面で問題となり，これら以外のポリマーを使用するのは困難な状況にある。

これまでに開発されてきたセパレーターは，もちろん炭化水素系の膜であり疎水的な性質が強い材料である。一方，電解液はエチレンカーボネートなどの誘電率の大きな非プロトン性有機溶媒に$LiPF_6$などのリチウム塩を溶解したもので，親水性の液体である。電解液をセパレーター内に保持するには電解液とセパレーター間の濡れが問題となる。少なくとも，電解液がセパレーター内に染み込むにはセパレーターが完全な疎水性では困る。ある程度の親水性が必要である。実際に，セパレーターと電解液の組み合わせによっては，まったく電解液が浸透しない場合もある。一方，その逆にあまりにも濡れすぎるのも実用電池を作製する上で問題となる。適度な濡れ性が必要である。この濡れ性を調整することでセパレーター内に電解液を上手に保持し，余分な電解液の使用を抑えている。電解液ももちろん高価な材料であるから，その使用をできる限り抑制することは大切である。また，電池内に存在する電解液量が多ければ多い程電池が熱暴走した際の発火も激しくなるので，セパレーターの電解液保持能力は実用電池においては大変重要である。いずれにしても，セパレーターは適度に濡れる必要性があり，適切な親水化処理を行うことが重要である。もちろん電解液の種類に依存してセパレーター側の濡れ性を調整することが要求される。実際に，多くのメーカーがいろいろな処理を施したセパレーターを供給している[2)]。セパレーターの濡れ性はポリマー内に含まれる酸素の量に依存していると考えられる。元素分析を用いて酸素の量を定量し，濡れ性の指針とすることもできる。

5.1.3　セパレーターの機械的性質

セパレーターは正極と負極の間に挟んで使用するもので，実際の電池製造工程においては図1に示すような形式で使用される。正極シートと負極シートとセパレーターを機械的に引っ張りながら巻き上げる方法をとる。これによりスパイラル型の電池が作製される。このような操作において最も重要となるのがセパレーターの引っ張り強度である。もし，このような電池製造プロセスの途中でセパレーターが破損すると，正極と負極が直接短絡することになり，電池としては不良品となる。したがって，少なくともセパレーターは引っ張り方向には十分な強度を有していることが重要である。このような目的のために，不織布型のセパレーターよりも微多孔質型のセパレーターが好まれる。実際にセパレーターの引っ張り試験を行うと，確かにある方向には非常に強いが，その方向とたとえば90°異なる方向には弱い場合もある。十分な注意を払わないと，セパレーターは簡単に裂けてしまう。セパレーターの強度はもちろん高い方がいいのであるが，実際にはコストなどの問題があり，単純にはいかない。もう一つの機械的な強度として突刺強度がある[3)]。これまでに開発されたセパレーターの膜厚は25 μm程度であり，厚くても40 μm程度である。このようなセパレーターを用いて電池を製造する場合に，電極から外れた小片によってセパレーター自身が突き破られる可能性がある。したがって，この点についても十分な強度を有していることが要求される。数百g程度の荷重には対抗できる程度の強度が求められる。

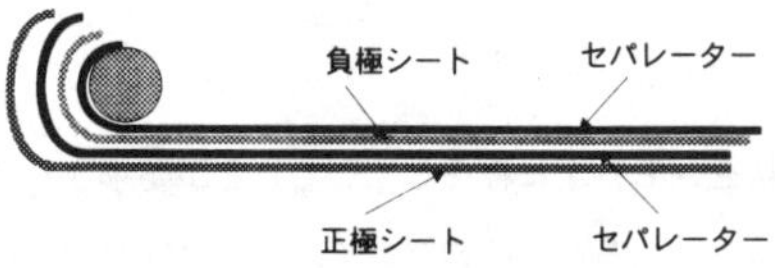

図1　正極，負極，セパレーターの巻き上げ法による電池の製造するプロセス

5.1.4 セパレーターと電池の安全性

リチウムイオン電池ならではのセパレーターの役割として，電池温度上昇時の細孔閉塞が挙げられる。電池の温度が何らかの影響で上昇し，より大きな電流が流れその結果，電池温度がさらに上昇するという悪循環状態に陥ると電池が発火する。このような現象を防御するために，PTC素子が電池には取り付けられている[4]。この素子は，電池温度が上昇した場合に回路を切断し，それ以上電池が放電あるいは充電されることを防ぐものである。このような素子が機能している場合には問題ないが，何らかの要因でこの素子が機能しなかった場合，電池は発火する。そこで，もう一つの安全装置として，電池の中のイオン電流を遮断することが考えられる。すなわち，電解液を含むセパレーターの抵抗を大きくすることが考えられる。その典型的な方法として，セパレーターの孔の閉塞によるイオンの流れの遮断がある。すなわち，温度の上昇に伴ってセパレーターを構成するポリマーが変形し，細孔をポリマー自身が閉塞するというものである。実際にこのようなポリマーが開発され，電池に使用されている。例えば，ポリプロピレン/ポリエチレン/ポリプロピレン3層膜を用いた場合の例を図2に示す[5,6]。電池温度の上昇に伴って，130℃の辺りで，セパレーターの細孔閉塞が起こり，セパレーターの抵抗が上昇していることが分かる。この温度付近で，セパレーターを構成するポリマー成分が溶融し，セパレーター内の細孔が消失しているものと考えられる。セパレーターは高い抵抗を160℃付近まで維持している。その後，抵抗は再び減少し，180℃では1 Ωcm²以下になっている。いずれにしても電池発火を抑制ある

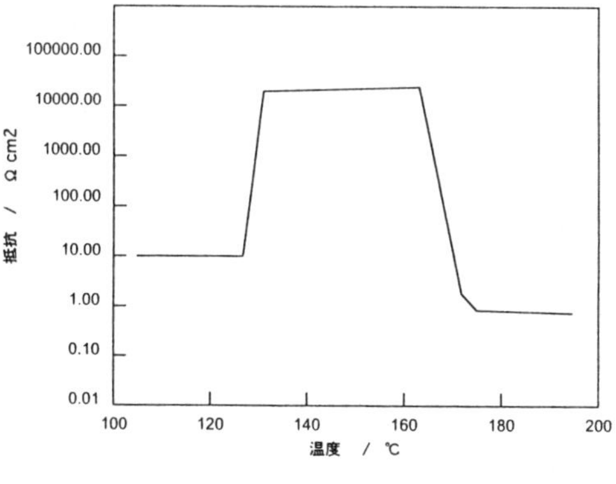

図2 温度上昇に伴うセパレーター抵抗値の変化
（細孔閉塞機能を有するセパレーターを使用した電池）

いは遅延させていることには間違いなく，電池の安全性確保において重要な働きをしていると言える。このような特徴も現在のセパレーターには求められている。できれば，より高い温度領域まで高い抵抗を維持するような努力が必要とされる。

以上が現状のセパレーターであり，リチウムイオン電池において電解液を用いる限り使用しなければいけない電池の必須部品である。このようなセパレーターが今後どのようになるのであろうか。

5.1.5　リチウム金属とセパレーター

リチウム金属を用いた二次電池が10年程前に世の中に登場し，すぐに使用されなくなったことを知っている人も少なくないであろう。現在のリチウム電池はもちろん炭素（黒鉛あるいは非晶質炭素）を使用した電池であり，リチウム金属は使用されていない。リチウム金属は，理論的な放電容量が大きく，炭素の単位重量当たりでは10倍程度にもなる。このように優れた材料を使用することができないのは，リチウム金属を使用した場合に写真2に示したようなデンドライと呼ばれる針状のリチウムが電池の充電時に生成し，それがセパレーターを突き破り正極と短絡を起こしてしまうためである。セパレーターがどれ程の強度を有しているかは，セパレーターの種類に依存するので明確に言及することはできないが，例えば電池製造時にセパレーターに傷が入ったと仮定すると，その傷の箇所では容易にデンドライト状リチウム金属がセパレーターを突き抜けることになるであろう。その結果，急激な自己放電が生じ，電池の発火にいたる可能性が大きい。10年前にリチウム金属を使用した電池が実際に発火したのは，このようなことが原因となっている可能性がある。

写真2　デンドライト状リチウム金属の電子顕微鏡写真

さて，リチウムイオン電池の開発が進む一方で，もちろん携帯機器の開発も進んでいる。このような開発の流れの中で，当然のことであるが，電池に対する要求も厳しくなってきている。より大きなエネルギー密度への期待である。しかし，炭素材料を使用する限り，372mAh/g以上のエネルギー密度を負極活物質に対して期待することは困難な状況になりつつある。このため，いろいろなベクトルでの研究が進められている。このことを実現する一つの近道はリチウム金属を再び登場させることである。このためには，リチウム金属の析出時にデンドライトを生成しないように工夫することと[7]，万が一そのようなものが生成したとしても正極との短絡が起きないように，十分な強度を有するセパレーターを開発することにある。一方，セパレーターは電解液を保持する宿命を負っている。このために必ず細孔や隙間が必要となる。現在のセパレーターでは，1 μm～サブ μmオーダーの細孔が制御されて配置されているが，10nmサイズの細孔で構成されるセパレーターを開発できれば，リチウム金属のデンドライト成長の問題は解決される。なぜなら，リチウム金属の初期過程を観察すると，図3に示したようにその核となる部分の大きさはいくら小さくても約10nm以上であるからである[8]。このような膜を如何にしてコストをかけないで作製するかが問題である。例えば，自然とミクロ相分離構造をとるような物質があれば，容易にnmオーダーで分離し，電解液に濡れやすい部分とそうでない部分を生み出してくれるかも知れない。その結果，ナノ相分離構造を有するセパレーターを合成できる可能性がある。あるいは，小さな孔を開ける技術は現在ではいろいろ進歩しているので，そのような技術を用いてnmオーダーの孔を開けることが可能であるかも知れない。ポーラスアルミナは小さな孔が規則正しく開くことで有名な材料であるが，このような材料を基本としてインプリント法により膜を作製することができるかもしれない[9]。いずれの方法を用いてもよいが，何らかの細孔構造の設計・制御が必要である。

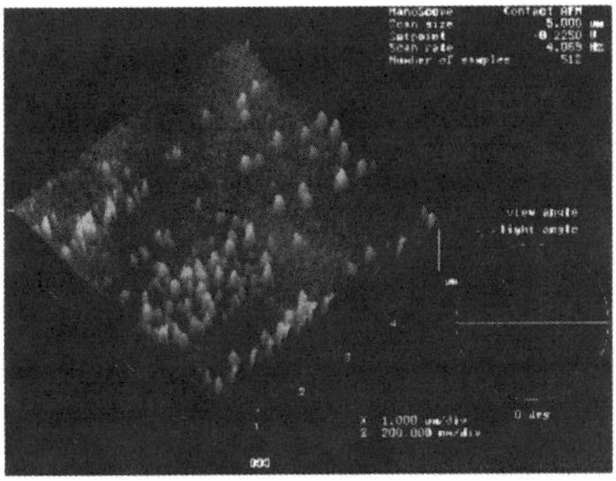

図3　リチウム金属析出時の核発生を示す原子間力顕微鏡イメージ

5.1.6　セパレーター表面の処理

セパレーターは負極活物質あるいは正極活物質に直接接触する。したがって，均一な膜厚が要求される。通常の電極（金属電極）の場合には，この影響は非常に大きい。例えば，写真3にはいろいろなセパレーターを用いて，Ni基板上にリチウム金属を析出させた場合のリチウム金属の形態を，走査型電子顕微鏡を用いて観察した結果を示したものである。ここでは，写真1に示したセパレーターを用いて，リチウムの電析を行ったものである。明らかに，セパレーターの種

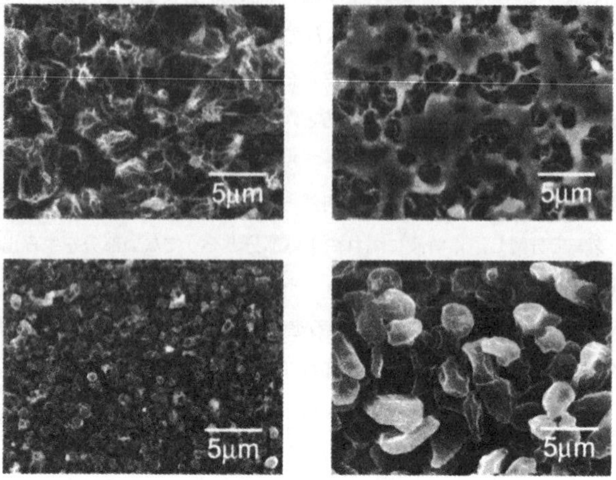

写真3　種々のセパレーターを用いたセルにおいて析出させたリチウム金属の電子顕微鏡写真

類に依存して析出リチウム金属の形状が大きく変化していることが分かる。この実験においては，電解液としてリチウム金属が粒子状で均一に析出するものを選択しており（HFを添加した電解液[10]），通常の析出形態とは完全に異なる。この結果は，リチウム金属析出反応の電流分布や活性サイトにセパレーターのミクロ構造が大きく寄与しているためと思われる。すなわち，電極と接触するセパレーターのミクロな構造は電極反応に大いに関係しているのである。写真3の結果は，基本的にはミクロ構造の違いに伴う電流分布（反応分布）が大きな要因と思われるが，逆に考えるとセパレーターの表面を修飾することで，電極反応に積極的に関与することができる。たとえば，炭素材料やリチウム金属を電極として使用する場合，必ずその表面には固体電解質界面（SEI：Solid Electrolyte Interface）と呼ばれる何らかの皮膜が形成されると考えられている[11, 12]。そして，この被膜が存在することによって炭素やリチウム金属が電解液と直接接触し化学的に反応することを阻害している。炭素あるいはリチウム金属の電極特性を維持する上で大変重要な特徴といえる。このような被膜の生成をセパレーター表面自身が活発に支援することができれば，より安定な電池特性を得ることができる。そこで，図4に示したようにセパレーター表面を処理し，表面皮膜形成を助長する成分をセパレーターから供給しようとするものである。例えば，表面被膜の一成分であるLiFをより容易に生成させるには炭化水素系炭素の表面部分にC-F結合を部分的に導入することで，より容易にLiF層を形成することができる。LiF自身は電解液中の成分が炭素やリチウム金属と反応して生成するので，この反応にセパレーター成分を使

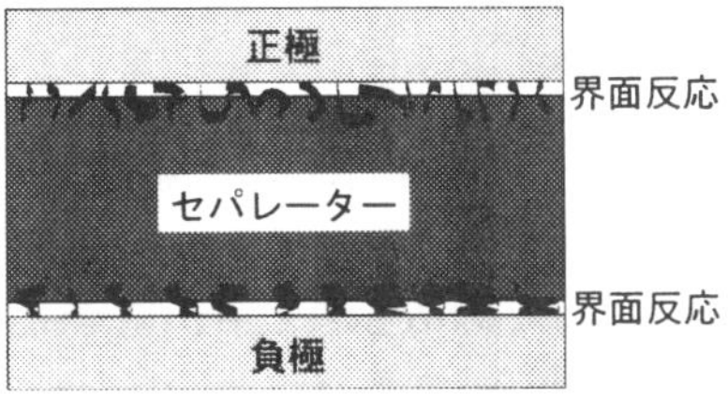

界面反応により正極・負極表面を修飾

図4　セパレーター表面の積極的な反応を利用した機能化

用することで，電解液の劣化を防ぐことができる可能性もある。

セパレーターの構造は既に示したようものであり，その結果写真3のようなリチウム金属の析出形態となる。そこで，このような形態を制御する意味で，図5に示したような表面構造を形成し電流の流れを均一化することが考えられる。この図では細孔径を傾斜化することで，電極部分に接触する部分でのセパレーターによる反応の撹乱をできる限り抑制しようとしたものである。このような試みがセパレーターにおいてなされれば，より優れた電池特性や，これまで使用できなかった材料を使用できるようになる可能性がある。

正極活物質である$LiCoO_2$や$LiMn_2O_4$などの表面にも，何らかの皮膜が形成されていることが，最近になり明らかにされつつある。そして，このような被膜が電解液の酸化分解を抑制し，正極材料の劣化を防止していることが提案されている[13]。この点についても，負極の場合と同様

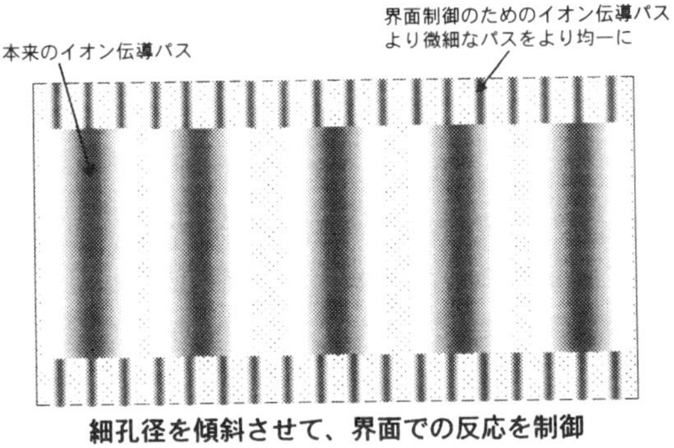

細孔径を傾斜させて、界面での反応を制御

図5　セパレーター表面の微細構造制御による機能化

の議論ができ，セパレーターの表面修飾により正極と電解液との界面制御を考えることができる。

5.1.7　セパレーターの難燃性

電池の安全性を確保するために，安全回路や電解液に対する工夫がなされている。特に電解液はエーテルあるいはエステル結合を有する有機物質であり，簡単に燃焼する。これ以外に，リチウム電池の中で燃焼しうる有機物としてセパレーターが挙げられる。有機電解液に比較すればセパレーターはポリエチレンやポリプロピレンなどの高分子でできているため，燃焼しにくい。しかし，もしセパレーターに難燃性あるいは消火性を持たすことができれば，電池の安全性を向上させることができる。例えば，家屋などの壁紙に使用されている難燃性ポリマーをセパレーターに含有させることができればセパレーターが電池の燃焼を抑制することが予想される[14]。既に述べた細孔閉塞に加えて，セパレーターに難燃性効果を持たせることは，より高い電池の安全性確保において重要である。

5.1.8　セパレーターとゲルあるいは高分子固体電解質

非プロトン性有機溶媒にリチウム塩を溶解した電解液を用いる場合，それを保持し安定に電池内に存在させるためにはセパレーターが必要である。そして，もちろん正極と負極を分離し接触しないようにする働きを担う。しかし，最近になりゲル電解質や高分子固体電解質が開発され，この場合にはこれらの電解質そのものがセパレーターとして機能することになる。この点については別の章にて詳細に紹介されているので，ここでは省略するが，現状では，そのイオン伝導性はかなり類似した値となっているものの，機械的強度などの点においてはセパレーターの方が優れている。また，無機系固体電解質も現在研究が行われているが，この材料もセパレーターとしての機能を有している。特に，機械的強度が高いために非常に安全な電池を構成することができる。この点についても同様に別の章にて議論するが，現状ではイオン伝導性や電極作製プロセッシングの問題点が残されている。

5.1.9　まとめ

セパレーターは正極活物質や負極活物質あるいは電解液に比較してその注目度は低いかもしれない。しかし，電池の中でも比較的コストのかかる部材であり大切である。現状では価格の問題もあり，なかなか思うような改良・改質を行うことは難しいのかもしれない。しかし，セパレーターの工夫によっては，これまでに解決し得なかったことが解決できる可能性もあり，今後の展開が注目される。特に，電気自動車などの大型リチウム電池の開発には，全ての材料が，さらに一段と技術的に進展する必要があるが，セパレーターに関しては他の部材に較べてその進展が少し遅いような感がある。

5.2　導電剤

5.2.1　炭素微粉末

正極活物質や負極活物質が常に導電性の高い材料とは限らない。もし，このような粉末材料をそのまま固めて使用すると，抵抗が大きく全体を上手に利用することはできない。たとえば，実際にこのような電極を作製し抵抗を測定すると，1MΩ以上になる場合もある。そこで，実際の電極を作製する場合には導電性を向上させることを目的として，微粉炭素を少量混合して電極の作製を行っている。この導電剤として用いられるのがカーボンブラックである。アセチレンブラックとケッチェンブラックという炭素粉があり，これが実際のリチウム電池の電極に使用されている。炭素粉末は図6に示したような形状を有しており，その結晶の基本的な骨格は黒鉛構造である。小さな炭素粉は多くの場合，お互いにからみ合って繊維状になっている。基本的な結晶構造はリチウムイオン電池の負極に用いられる黒鉛と同じ構造を有しているが，これらの炭素粉では，その黒鉛構造が微小にしか発達しておらず，小さな結晶となっている。アセチレンブラックとケッチェンブラックの違いは作製方法の違いに起因する黒鉛化度の違いおよびその微細構造の違いである。一般的に，ケッチェンブラックの方がより黒鉛構造が発達している。したがって，炭素粒子としての導電性はケッチェンブラックの方が大きい。どちらも，抵抗は0.5Ω/cm以下であるが，こられを混合した電極の抵抗値は，ケッチェンブラックを導電剤として用いた場合の方が1/2程度，抵抗が小さくなる。これに対して，アセチレンブラックはケッチェンブラックより少し小さく（30nm程度の粒径）微粉炭素が数珠のように繋がった構造を有している。粒子は多少ケチェンブラックの方が大きいようであるが，比表面積はケチェンブラックが800m²/gであるのに対して，アセチレンブラックは100m²/gと小さい。これはケッチェンブラック微粉炭素内部に多くの空隙を有しているためである。両者ともに，正極活物質や負極活物質と強く

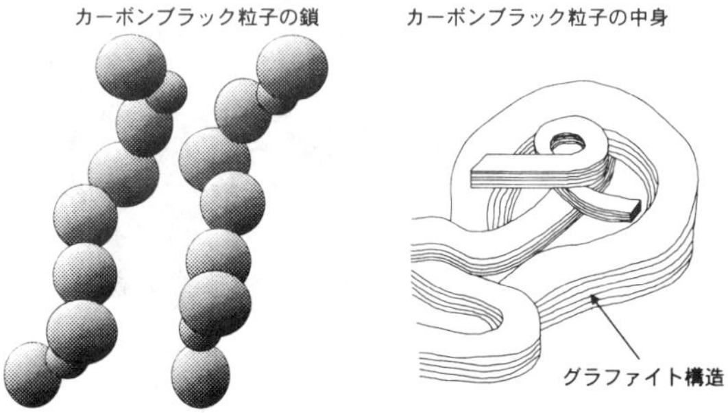

図6　炭素微粉末の構造モデル

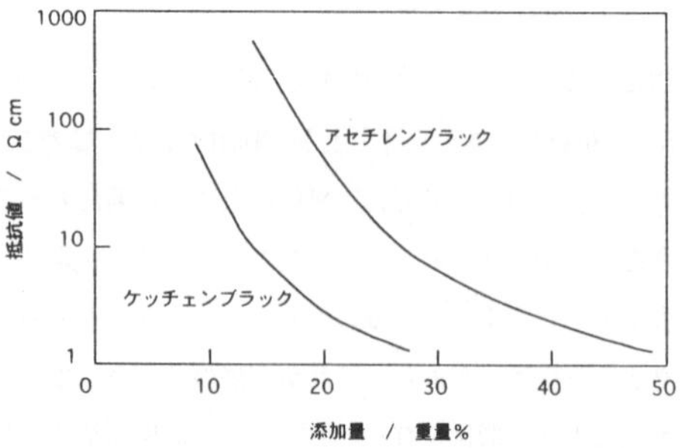

図7　カーボンブラック添加によるコンポジット電極の導電特性の変化

密着し，優れた均一性を生み出す。図7に炭素添加量に対する抵抗値変化の一例を示す[15)]。炭素の添加に伴って大きく抵抗値が減少しており，微粉炭素の添加が効果的であることが分かる。抵抗の低下の様子は微粉炭素の種類に依存しており，電極材料の種類やその粒子の状態に応じて適切な炭素材料を選択することが重要と考えられる。

5.2.2　電極作製と炭素微粉末

いずれにしても，炭素粉末が導電性付与剤として用いられ，図8に示したような電極の状態を実現することが重要な課題となっている。すなわち，炭素と電極材料粉末とバインダーが均一に

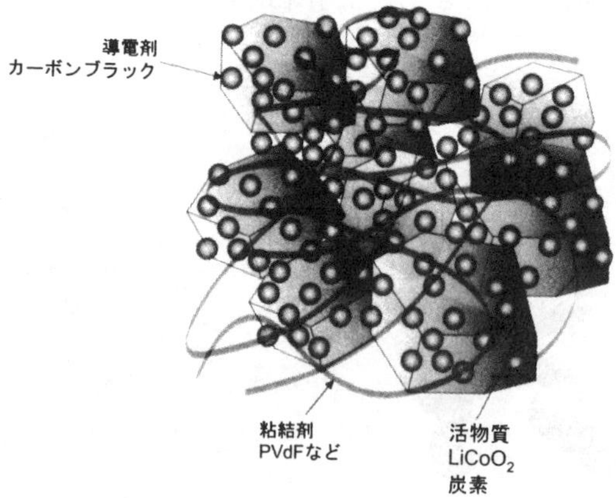

図8　実際の電極に求められる構造のモデル

混合されている状態を実現することが重要である。ここで，重要な課題として，正極活物質あるいは負極活物質とこれらの炭素粉を均一に混合することが挙げられる。$LiCoO_2$とアセチレンブラックを混合する場合を例にとり説明する。$LiCoO_2$の粒子は写真4の電子顕微鏡写真に示されるように，約10 μm～5 μm程度の粒径を有する。これに対してアセチレンブラックやケッチェンブラックは10nm程度の大きさのものである。炭素粉末が凝集し図9（a）のような状態になるとより多くの炭素粉末が必要となる。図9（b）のように炭素が分散して存在する必要性がある。もちろん，既に述べたように炭素粉末自身は元来鎖状に繋がった二次構造をとっているが，この構造がしっかりと保たれ団子状にならないようにすることが重要である。このような混合状態を実現する上で，混合・攪拌の技術が重要となる。最も単純には炭素粉末と$LiCoO_2$を乳鉢で混合することが考えられる。長時間混合すれば，いずれ混合されるであろう。しかし，このような混練方法は現状の電極には適さない。また，何時間も混合することにより電極の特性が悪くなる場合もある。実際のリチウムイオン電池の製造工程における電極作製としては，銅箔およびアルミニウム箔上に塗布する方法がとられている。この場合，*n*-メチルピロリドンと呼ばれる溶液に正極あるいは負極材料と炭素粉末と粘結剤（後で説明）を加えて混合し，インクを作製し，これを集電体上に塗布する。この場合，高粘度の溶液に粉末やポリマーを分散することになる。上手に混合・攪拌することで，

写真4　正極活物質$LiCoO_2$の電子顕微鏡写真

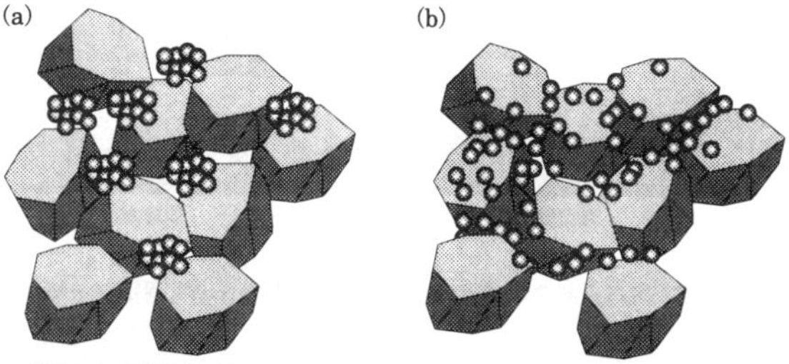

図9　炭素の分散状態が（a）悪い電極と（b）良い電極

乳鉢で混練するよりは，より均一に混合できる。ここで炭素粉末がこの溶液に均一に分散することが重要となる。現在用いられている炭素粉末は比較的均一に分散するため問題なく使用されているが，さらに炭素粉末の表面状態を制御し溶媒になじみ易く，活物質材料に吸着しやすい炭素を作製することが望まれる。

5.2.3　炭素と濡れ性

このようにして作製した電極に電解液が浸透し実際にリチウム電池の電極として機能するわけであるが，この場合に電解液の浸透がうまくいく場合とそうでない場合が考えられる。これは，もちろん最終的に得られた電極の多孔度の問題がまず考えられる。それに加えて，炭素粉末が正極活物質の表面を被覆しており，この濡れ性の問題が挙げられる。炭素粉末は基本的には疎水性の物質であり，水には濡れることはない。用いられる電解液は誘電率の大きな有機溶媒であり，水に対する濡れ性と比較する，濡れの問題は少ないが，炭素の状態によっては濡れない可能性もある。したがって，アセチレンブラックやケッチェンブラックの表面状態を整えて十分な濡れ性を確保することが重要である。例えば図10に示したように，同じ大きさの細孔を有する電極であっても，活物質表面に付着した炭素粉末が電解液を弾いてしまうと，十分な電極性能が得られなくなることが考えられ，電極の実質的意味でのエネルギー密度の低下を招く可能性がある。

微粉炭素は，その構造モデルからも分かるが，粒子内に多くの空洞を有しており，この空洞内に電解液保持しておくことができる。このことも電解液保持の観点からは重要な特性である。セパレーターとよく似た状況であり，適度な濡れ性を必要とすることになる。

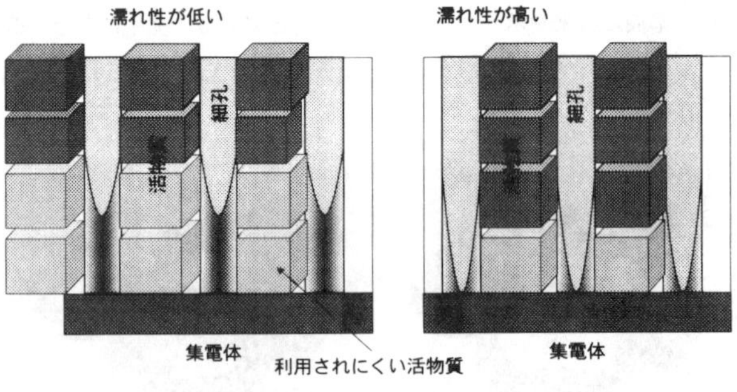

図10　濡れ性に優れた電極と悪い電極を用いた場合の電極構造モデル

5.2.4　炭素粉末の改良

セパレーター同様，導電剤としての炭素に関する研究は多くない。しかし，ホウ素をドープし少しでも炭素の結晶性を向上させたり[16]，炭素粉末の表面状態を制御したりする試みも現在行われており，より優れた導電剤が今後も検討されていくものと思われる。例えば，微粉炭素の構造上重要な部分として鎖状に繋がった構造があるが，この構造をより発達させたものや，粘結剤と炭素を組み合わせて，導電性と粘結力の両者を持ち合わせたものなども考えられている。一方，基本的な特性である導電性以外に，それ自身も電気化学的な反応を起こし，電池の充放電に寄与できるような物質を選択することができれば，電池の性能向上につながる。例えば，導電性ポリマーを使用することが考えられる。実際には，材料コストの問題や特性の問題で，機能性導電性材料の開発は十分には行われていない状況にある。

5.3 粘結剤

5.3.1 電極作製と粘結剤

電極を実際に作製する場合に導電剤とともに必ず用いられるのが粘結剤である。正極活物質$LiCoO_2$や負極活物質黒鉛を実際に電極にする場合，単純に押し固めるわけにはいかない。なぜなら，電極には適度な細孔と柔軟性を必要とするからである。このような場合に，バインダーと呼ばれる粘結剤が用いられる。最もよく用いられるバインダーとしてPVdF（ポリビニリデンフロリド）が挙げられる。これ以外にもテフロンやSBRラテックスなどの粘結剤がある。写真5は実際に塗布法で作製した電極の断面を観察したSEM写真であり，この場合粘結剤をかなり多めに入れた電極を故意に作製したため，SEMレベルで粘結剤の存在が確認された。実際の電極では，ほん僅かにしか添加しないのでSEMで観察されることはまれである。

粘結剤の基本的な働きは，粉体同士をバインドするとともに，集電体である銅箔やアルミニウ

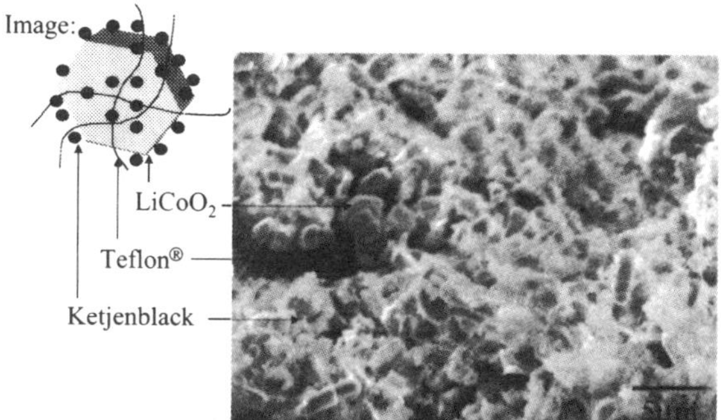

写真5　粘結剤を比較的多く含む電極の電子顕微鏡写真

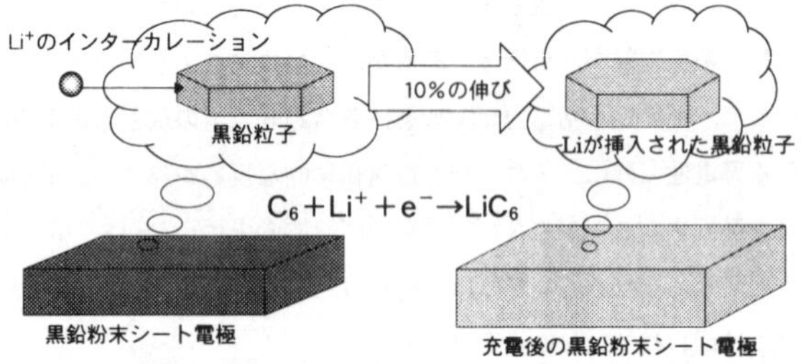

図11　黒鉛負極の充放電反応とそれに伴う構造変化

ム箔に粘結させることにある。しかし，炭素粉末と同様に電解液を浸透させて電極を使用するのであるから，粘結剤による電解液の濡れの問題が生じる。このようなことを改善するには用いるバインダーの中に含まれる極性基をコントロールすることが重要となる。この点は導電剤である炭素粉末の場合と同じである。

粘結剤は，電極を安定化する上でも重要な働きをする。例えば，黒鉛電極は図11に示したようにLi^+の挿入脱離反応が進行するとc軸方向に10%程度膨張する[17]。この結果，電極全体が膨張する。そしてLi^+イオンを黒鉛から脱離させると収縮する。このようなプロセスが電池の充放電に伴って繰り返されるわけであるが，このような変形がおきた場合，活物質あるいは導電剤間の結合が緩み，粒子間の接触抵抗が増大することが予想される。その結果，電極のオーム抵抗が上昇し電池の特性を低下させる可能性がある。電極のこのような特性劣化を防止する上で粘結剤が重要な役割を演じることになる[18]。よりバインドする力の強い粘結剤が求められる。また，粘結剤自身が溶媒を吸収し，大きく膨張することもあり，このような点も考慮することが要求される。さらには，電池製造の工程において電極乾燥が行われるが，この時に，電極の温度は200℃程度になるが，この状態でも粘結が保持されることが必要とされる。このためには，粘結剤として用いられるポリマーの構造制御が重要であるだろうし，より積極的には何らかの官能基をポリマーに付与し，より強く活物質や集電体に結合するように工夫することも考えられるであろう。

さて，PVdFは結晶性のポリマーであり，170℃程度の温度で融解する[19]。この場合に粘結状態は変化し，電極特性に悪い影響を及ぼすことが考えられる。たとえば，融解し，集電体側により多くのPVdFが流れ温度を下げた時に固化すると，集電体と活物質層の間に電気的な絶縁層を形成することになる。このことはもちろん電池作製上大いに問題であり，このようなことにならないようにしなければならない。SBRラテックスの場合には，その溶媒は水であり，PVdFの場合はn-メチルピロリドンであり，おのずとその乾燥工程は異なる。SBRの場合より低い温度での乾燥が可能である。

いろいろな新規活物質材料が今後開発されるとすると，それに適したバインダーの開発も求められることになるであろう。これまでは，PVdFが最もよく用いられてきた粘結剤であるが，最近になり，環境に配慮し水系のディスパージョンであるSBRラテックス粘結剤が用いられるようになってきている。今後さらに高機能化した粘結剤の開発も必要である。

5.3.2 電極作製塗布工程と粘結剤

粘結剤は電極作製工程において重要な役割を演じる。既に述べたように，活物質と導電剤と粘結剤をn-メチルピロリドン溶液に分散しインクを作製し，これを集電体上に塗布乾燥して電極が得られる。ここで，インクを作製する場合に，その粘度を決定するのが溶液中に含まれるPVdFの量である。テフロンやSBRラテックスの場合，その粘度は2～100mPaSであるが，PVdFの場合には100～1000mPaSと比較的粘性が高い。どの粘結剤を用いたとしても電極活物質の比重や嵩比重に合わせてインクの粘度の調整を行う必要がある。このような技術は印刷技術と同じであり，ノウハウの要求される工程である。少なくとも，適切な粘結剤を用いないと優れた電極を得ることはできないので，粘結剤を含んだ溶液の状態には十分に注意を払わなければならない。図12に示したように，正極では90μm程度の厚みを，負極では100μm程度の厚みを有する電極を集電体の両面に作製することになる。この電極の密度や目付けがインクの状態によって影響を受けることは間違いないので，粘結剤を添加しインクの状態を調整することは非常に重要である。

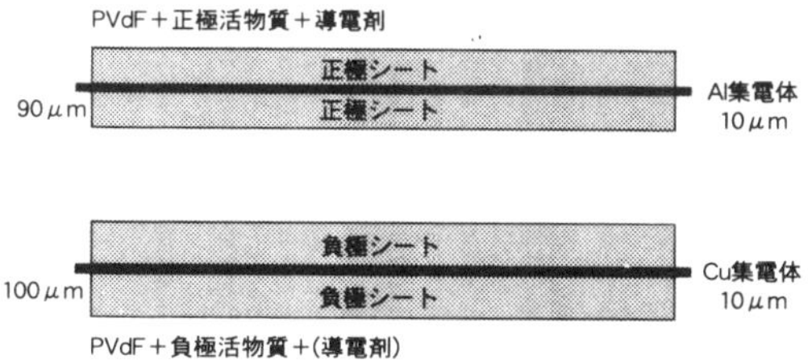

図12 塗布法により作製されるシート電極の概要

5.3.3 粘結剤と界面反応

粘結剤は直接活物質に接触している。もちろん導電剤である炭素の粉末も接触している。炭素は比較的安定で正極においても負極おいても安定に存在し，化学的な変化はほとんど受けない。一方，粘結剤はPVdFやテフロンであり，一般的には安定であるが，非常に強い酸化雰囲気あるいは還元雰囲気となるリチウム電池においてはその状況は異なる。例えば，PVdFおよびテフロンともに，その化学構造の中にC-Fの結合を有しており，この結合はLi金属で容易に還元される。実際に，黒鉛電極のバインダーとしてテフロンを用いると初回充電時に黒鉛の電位がLi金属の電位に近づくに伴って還元され，LiFを生成することが知られている[20]。このような反応は，黒鉛電極の自己放電反応となり電池性能の低下を招く。PVdFを用いても多かれ少なかれ化学的な還元反応が生じることになる。一方，正極側においてはこれらのバインダーは比較的安定に存在し，酸化されることは少ない。このようにバインダー自身の安定性は重要なポイントである。しかし，このような性質を逆手にとって，負極材料表面や正極材料表面に影響を及ぼすように設計することも可能である。現在実用されている黒鉛系炭素については，粘結剤にPVdFを用いているために，LiFが炭素の表面に生成する。このようなLiFの生成は炭素の不可逆容量の要因となる有機電解液の還元反応を抑制する。このように，バインダーとしての役割以外にも電極性能を変化させる可能性があり，今後も検討されるべき材料である。

5.4　集電体

5.4.1　集電体と電極

既に述べたが，集電体としては正極にはアルミニウム箔が負極には銅箔が使用されている。これに正極活物質や負極活物質を塗布・乾燥して電極シートが作製される。写真6に$LiCoO_2$あるいは黒鉛を集電体上に塗布して得られた電極の様子を示す。これらの集電体は，かなり薄い箔で（10～20μm）あるが，機械的な強度は十分にある。もちろん純粋な金属箔であるが，箔の表面状態は塗布する過程において非常に重要である。実際にこれらの箔の表面は処理されており，インク状態の活物質・導電剤・粘結剤を含むn-メチルピロリドン溶液の濡れが良く，溶媒が除去された後には，粘結剤と集電体の間に十分な強度を有する結合ができているようになっている。これらの条件を満たすにはバインダーの改良もさることながら，集電体表面の状態を整えておくことが重要である。

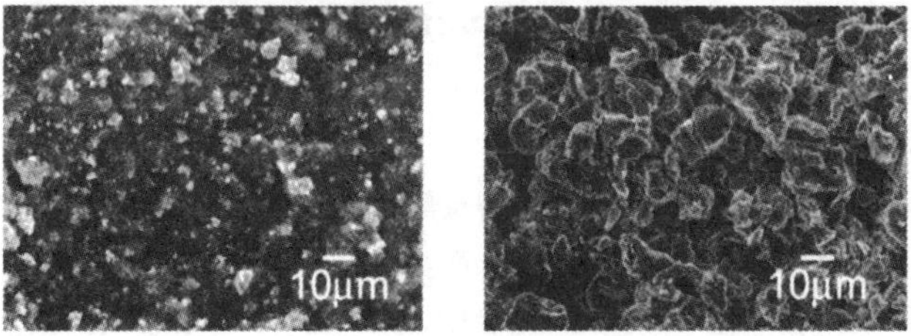

写真6　塗布法により作製した$LiCoO_2$（Al集電体）および黒鉛（Cu集電体）シート電極

5.4.2　負極集電体

負極集電体には銅箔が使用されるが，他の金属箔でも問題はないように思える。しかし，負極集電体の場合，Liと合金を作る材料を用いると集電体自体の安定性が低下する可能性がある。したがって，基本的には炭素電極が機能する電位範囲（3.0V〜0.01V vs. Li/Li^+）において電気化学的に不活性であることが要求される。しかし，ほとんどの金属がLi金属と合金を作る可能性がある。実際には，CuあるいはNiなどの金属が合金を作らない汎用の金属として知られているのみである。Cuが負極集電体として用いられた理由はここにある。還元に対しては基本的に金属は安定であるので，この点において問題はない。

5.4.3　正極集電体

さて，酸化雰囲気となる正極ではどうであろうか。正極集電体としてはアルミニウム金属が用いられる。アルミニウム金属集電体は，熱力学的には本来，正極においては不安定で容易に酸化され電解液中に溶解するはずである。図13に種々の電解液中でのアルミニウム金属のサイクリッ

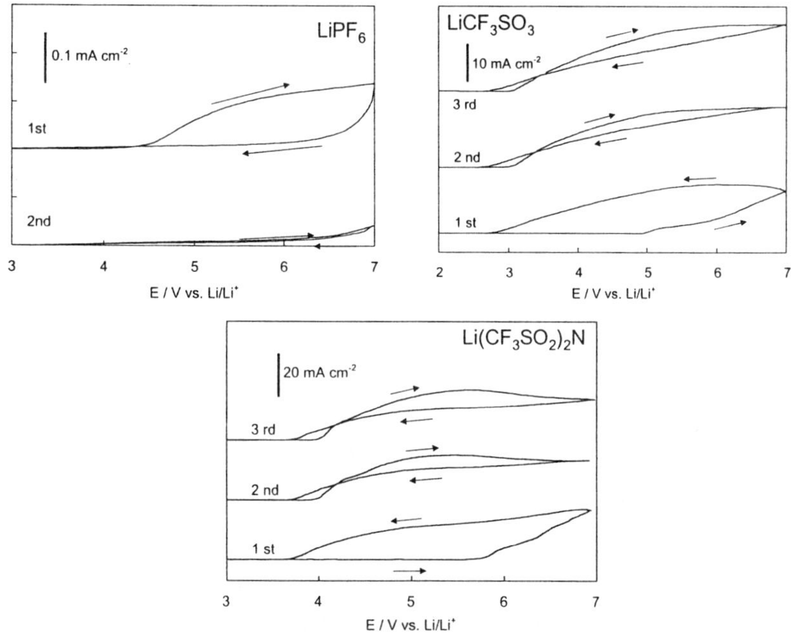

図13　Al電極の種々の電解液中でのサイクリックボルタンメトリー

クボルタモグラムを示す[21]。酸化側に電流が流れる要因のほとんどはAlの陽極酸化に伴う溶出と電解液の酸化反応である。いくつかの電解液では初期のサイクルにおいて酸化電流が観測されるが，2回目以降のサイクルにおいてはほとんど電流が流れていない。いくつかの電解液では酸化電流が観測されAlが溶出していることがわかる。このような違いは溶媒の種類に依存しているというよりは，用いた支持塩の種類に依存している。写真7はAl集電体の溶出が生じた場合のSEM写真である[22]。明らかに孔食が発生していることがわかる。このように，Al集電体は熱力学的には不安定であるが，支持塩の種類に依存して安定に存在する。このような挙動は，Al金属表面に存在する自然酸化被膜の影響である。結局この被膜が安定に存在する限り，Al集電体は安定に存在するが，あくまでも速度論的な問題であり，支持塩が変わるなどによって系の状態が変化すると直ぐにAl集電体の腐食が始まるので注意を要する。

写真7　孔食を起こしたAl電極の電子顕微鏡写真

Al以外の金属としてNiやTiなどが集電体として用いられる。しかし，4.0Vの電圧を有するリチウムイオン電池の場合，少なくともNiを集電体として用いることはできない。Tiはもちろん4.0Vでは使用できるがAl金属に比較して高価である。5.0Vの電圧を有する材料ではどうだろうか。図14に4.7Vで充放電が行える$LiNi_{0.5}Mn_{1.5}O_4$の充放電曲線を示す[23]。(a)ではTiを(b)ではAlを集電体として用いている。基本的な充放電曲線は同様であるが，その可逆性には

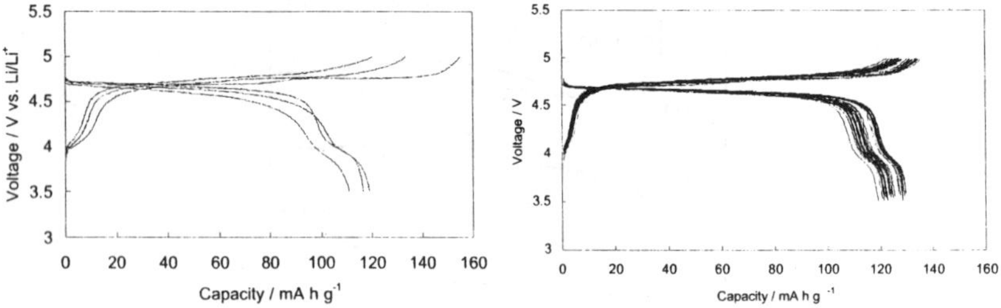

図14　$LiNi_{0.5}Mn_{1.5}O_4$の充放電曲線
(a) Ti集電体，(b) Al集電体

大きな差がある。明らかにAl集電体を用いることにより可逆性が非常に高くなっている。すなわち，Ti集電体も電位が高くなってくると腐食が進行し，十分な集電能力が発揮できなくなるものと推測される。正極集電体としては今後もAl金属箔が使用されるものと考えられる。

5.5　電池のケース

電池の一番外側にある部材が電池ケースである。電池のケースは多くの場合ステンレス鋼である。ケースも集電体と同様に電気化学的に腐食する可能性があり，腐食に強い材料が使用されている。ステンレス鋼を，コイン型，円筒型，角型に整型して使用される。有機系電解液を使用している場合にはステンレス鋼が用いられてきたが，最近はゲル電解質や高分子固体電解質を用いる場合にはプラスチックケースを用いる場合もある。電解液を用いる場合には，溶媒の蒸発などを防止する上でプラスチックケースを用いることはできないが，ゲルあるいは高分子電解質においてはそのような問題はなく，より軽量なプラスチックケースが好まれる。今後，電池のケースも開発される電池に合わせて変化するものと推測される。例えば，無機系固体電解質を用いる場合，ケースそのものは不要であり，単にカバーとして機能する程度のものになる可能性もある。もし，5V系の正極材料を使用するとなると，ステンレスなどを用いることはできない。このような場合にはAlでセルの内部をコーティングする必要がある。いずれにしても，電池用のいろいろな材料が開発され実用化されると，それに合わせて電池ケースを考えることになる。

文　　献

1）電池便覧第3版，松田好晴，竹原善一郎編，丸善（2001).
2）高密度リチウム二次電池，竹原善一郎監修，テクノシステム（1998).
3）M.Ellis ; Batteries International, p.56 (1995).
4）M Stoessl, PCIM Magazine, 6 (1993).
5）R. Spotnitz *et al.*, Twelfth International Seminar on Primary and Secondary Battery Technology and Applications (1995).
6）W.-C.Yu *et al.*, North America Membrane Society Conference, Breckwnridge, Co. (1994).
7）金村聖志，化学工業，11，41-45（1995).
8）金村聖志，白石壮志，*Electrochemistry*，69，8，630-637（2001).
9）Hideki Masuda and Kenji Fukuda, *Science*, 268, 1466 (1995).
10）K.Kanamura *et al.*, *J.Electrochem.Soc.*, 141, 9, L108-L110 (1994).

11)　D.Aurbach, Y.Ein-Eli, O.Chusid, Y.Carmeli, M.Babai and H.Yamin, *J.Electrochem.Soc.*, 141, 603 (1994).
12)　K.Kanamura *et al.*, *J.Electroanal.Chem.*, 333, 127-142 (1992).
13)　K.Kanamura *et al.*, *J.Electroanal.Chem.*, 419, 77-84 (1996).
14)　武田邦彦，他；「ノンハロゲン系難燃材料による難燃化技術」，(エヌ・ティー・エス) (2001).
15)　http://www.m-kagaku.co.jp/business/library/ketjen-bl.htm
16)　石塚芳己，電池技術，12, 187 (2000).
17)　R.Fong *et al.*, *J.Electrochem Soc.*, 137, 2009 (1990).
18)　稲垣道夫，他，；「リチウムイオンに次電池のための負極用炭素材料」(炭素学会編，リアライズ社) (1996).
19)　里川孝臣；フッ素樹脂ハンドブック (日刊工業新聞社), p.359 (1990).
20)　K.Knamaura *et al.*, *Chemistry of Materials*, 19, 8, 1797-1804 (1997).
21)　K.Kanamura *et al.*, *J.Power Sources*, 57, 119-123 (1995).
22)　K Kanamura *et al.*, *J.Electrochem Soc.*, in press.
23)　金村聖志，星川渉，梅垣高士，粉体および粉末冶金，48, 3, 283-287 (2001).

6　用途開発の到達点と今後の展開

吉野　彰*

6.1　リチウムイオン二次電池登場までの研究方向と期待されてきた点

リチウムイオン二次電池が商品化されてちょうど10年になる。このリチウムイオン二次電池のこれまでの研究方向と期待されてきた点について振り返ってみたい。

炭素負極と4V級リチウムイオン含有遷移金属酸化物正極よりなる現在のリチウムイオン二次電池の原型なる組合せが初めて報告されたのは1987年のことであった[1]。

また，この正負極の組合せが見出された背景には，1970年代の終りの白川，MacDiarmid，Heegerらによるポリアセチレンに代表される導電性高分子の研究[2]から派生した炭素負極と同じく1980年初めのJ.B.GoodenoughらによるLiCoO$_2$に代表される4V級リチウムイオン含有遷移金属酸化物正極の発見[3]の二つにあった。リチウムイオン二次電池の商品化が1990年の初めであるので研究の原点から商品化まで約10年かかったことになる。商品化時点での電池容量は円筒型18650サイズで約900mAhであったが，その後図1に示されるように毎年毎年容量アップが図られ10年後の現在では2000mAhにまで到達している。体積エネルギー密度で見ると210Wh/Lから450Wh/Lまで向上したことになる。このようにリチウムイオン二次電池は商品化後，市場のニーズに応じ，ひたすら容量アップの道を歩んできたように見える。しかし果たしてリチウムイオン二次電池に期待されてきた点は容量だけであったであろうか。商品化に至るまで及び商品化後の，このリチウムイオン二次電池に対しカスタマーが何を期待してきたかという点について

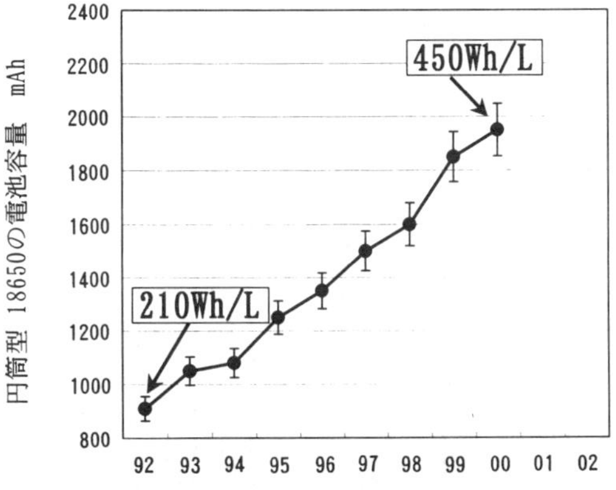

図1　容量アップの推移

*　Akira Yoshino　旭化成(株)　エレクトロニクスカンパニー　電池材料事業開発室　室長

もう一度振り返ってみたい。

まず商品化時の1990年初めの時代背景を振り返ってみる。この当時まだ現在のような携帯電話という商品は実質的には世の中になかった。自動車電話の延長線上のような商品がごくわずか試験的に市販されていたに過ぎない。またノートパソコンについても同様であり，デスクトップパソコンの延長線上のような商品がごくわずか携帯型として市販されていたに過ぎなかった。

リチウムイオン二次電池が世に出るにあたって最も強力に後押しをしたのは8㎜ビデオであった。この当時8㎜ビデオ電源開発者がリチウムイオン二次電池に対して期待していた点をまとめると表1の通りである。やはり最も期待度の高かったのは高容量という点ではあったが，それ以外に残量表示機能，低自己放電率などの他の特性に対しての期待度も大きかったのも事実

表1　8㎜ビデオがリチウムイオン二次電池に期待していた点とその理由

	期待していた点	その理由
1	小型・軽量・長時間駆動 ＝高容量	小型・軽量が売り物の8㎜ビデオの電源が重くては意味がない。 1回の充電で2時間テープを最後まで駆動することが至上命令。
2	残量表示の容易性 ＝傾斜型放電曲線	電源切れで撮影が途中で中断されるクレームが多い。 事前に電池切れアラームを表示したい。 Ni-Cdのような平坦な放電曲線ではできない。
3	低自己放電率	充電後何カ月も放置した後でも充電なしで直ぐに使えるようにしたい。Ni-Cdは自己放電では使えなくなる。
4	メモリー効果のないこと	メモリー効果（Ni-Cd）に対するクレームが多い。

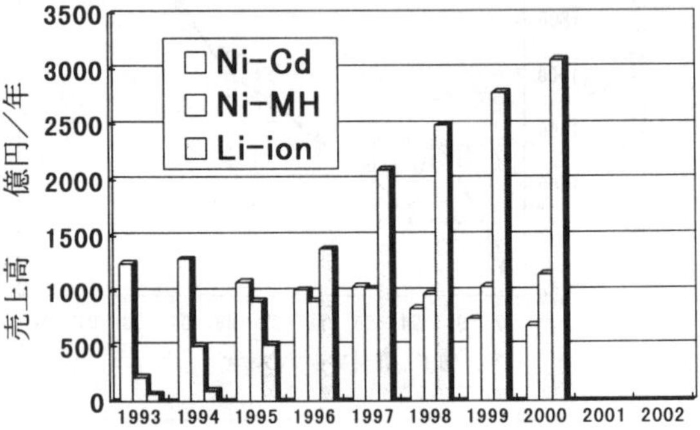

図2　小型二次電池市場規模の推移

である。

携帯電話，ノートパソコン用の電源として市場が顕在化してきたのは1994年後半以降のことであった。図2に示すようにリチウムイオン二次電池の市場は携帯電話，ノートパソコンの急激な立ち上がりに支えられ1995年以降，急速に伸びていくことになる。同様に当時のこれら携帯電話，ノートパソコン電源開発者がリチウムイオン二次電池に対して期待していた点をまとめると表2，表3の通りである。8㎜ビデオの場合と同じく最も期待度の高かったのは高容量という点ではあったが，それ以外に電池形状，起電力，放電曲線，高温特性，並列接続適性，満充電検知特性，高電流効率など多くの他の特性に対しても期待が大きかったことがわかる。

表2　携帯電話がリチウムイオン二次電池に期待していた点とその理由

	期待していた点	その理由
1	小型・軽量・長時間駆動 ＝高容量	小型・軽量が売り物の携帯電話の電源が重くては意味がない。 連続通話時間，待ち受け時間をできるだけ長くしたい。
2	角形形状	小型・軽量と共に電話本体の薄さを売り物にしたい。 円筒形では厚みに限界。
3	単セル使用＝高電圧	電話本体の3V駆動への移行に伴い，単セルで使用できる電池のメリット大。
4	放電曲線平坦性	3Vカットオフで十分な放電容量の出る電池が必要。 特にグラファイト系のメリット大。

表3　ノートパソコンがリチウムイオン二次電池に期待していた点とその理由

	期待していた点	その理由
1	小型・軽量・長時間駆動 ＝高容量	小型・軽量が売り物のノートパソコンの電源が重くては意味がない。1回の充電で新幹線3時間，北米大陸航空機横断4時間の駆動時間を達成したい。
2	高温（60-80℃前後） での充放電特性	CPUの高性能化に伴う発熱問題の発生，高温（60-80℃前後）で充放電しても支障のない電池が必要。 Ni-Cd，Ni-MHでは不可。
3	並列接続可能	パック化時にセルを並列接続し容量を大きくしたい。 Ni-Cd，Ni-MHでは困難（充電終了時の電圧の問題。）
4	満充電検知特性	Ni-Cd，Ni-MHのΔV，ΔTで充電終了点を判断するのは複雑。 容易に終了点を判断できる電池が必要。
5	電流効率が100％	Fuel Gaugeの設計が非常に楽。

6.2 見えてきた容量の限界

以上述べてきたようにリチウムイオン二次電池は商品化後，毎年のように容量アップがなされてきた結果，体積エネルギー密度で約450Wh/L，重量エネルギー密度で約180Wh/kgというレベルにまで到達してしまった。これとともにリチウムイオン二次電池もそろそろ容量限界に近づいたのではとの声が聞こえるようになってきた。そもそもリチウムイオン二次電池の属する有機電解液電池で最初に商品化されたのは金属リチウムを負極活物質とし，二酸化マンガンまたはフッ化カーボンを正極活物質とするリチウム一次電池であった。その後，このリチウム一次電池に匹敵するエネルギー密度を有するリチウム系二次電池を開発しようとの流れが生まれた。主として試みられたのが同じ金属リチウムを負極活物質とする金属リチウム二次電池の開発であった。この開発は長年にわたってなされてきたものの電池特性上の問題，安全性の問題などの課題が解決されないまま商品化されなかった。そこに登場してきたのが炭素材料を負極活物質とするリチウムイオン二次電池であった。こうした商品の歴史を振り返ってみるとリチウム系二次電池が目指してきた最終目標は金属リチウム一次電池並のエネルギー密度を得ることであったと言える。

表4に同じスパイラル電池構造を有する最新のリチウム一次電池とリチウムイオン二次電池のエネルギー密度を示す。この表から明かなことは現在のリチウムイオン二次電池のエネルギー密度はほぼリチウム一次電池に匹敵するところまできているという点である。特に体積エネルギー密度はほぼ同じレベルに達している。確かにこの点はリチウムイオン二次電池がそろそろ容量限界に近づいてきたという見方を裏付ける一つの根拠でもある。しかし，もっと重要なことはリチウムイオン二次電池が容量限界に近づいてきたと言うよりも，有機電解液二次電池またはリチウム系二次電池としての容量限界に近づいてきたという点である。即ち新しい正極材料，負極材料を用いても同じリチウム系二次電池である限り乗り越えるのが困難な限界でもある。

表4　リチウム一次電池とリチウムイオン二次電池のエネルギー密度

電池種類	電池構造	重量エネルギー密度	体積エネルギー密度
金属リチウム一次電池	円筒型スパイラル構造	約250Wh/kg	約500Wh/L
リチウムイオン二次電池	円筒型スパイラル構造	約180Wh/kg	約450Wh/L

6.3 容量の次に目指すもの

6.1で述べたようにリチウムイオン二次電池に対して主として高容量という点にユーザーが期待してきたのは事実ではあるが，表1，表2，表3に示すように高容量以外の点に対する期待も多かった。容量アップの限界がそろそろ見えてきた現在の状況を踏まえ，容量の次に目指すものについて述べてみたい。その前に容量についてやり残されている点を簡単にまとめると以下の通りである。

(1)　前記の通り500Wh/Lに近いレベルにきたというのはあくまで円筒型リチウムイオン二次電池の場合であって，携帯電話向けの角形リチウムイオン二次電池は表5に示すように最新の製品でも未だ350Wh/L程度であり，今後角形を円筒型並のレベルまで容量アップを図ることは残されている。

表5　円筒型と角形リチウムイオン二次電池のエネルギー密度

電池種類	電池形状	重量エネルギー密度	体積エネルギー密度
リチウムイオン二次電池	円筒型	約180Wh/kg	約450Wh/L
リチウムイオン二次電池	角　型	約150Wh/kg	約350Wh/L

(2)　体積エネルギー密度は限界に近いと思われるレベルまで来つつあるが，表4に示すように重量エネルギー密度はまだ更に容量アップできる余地が残っている。

(3)　これまでスパイラル構造を前提にエネルギー密度の限界を議論してきたが表6に示すようにボビン構造型の金属リチウム一次電池では既に700Wh/Lのものが市販されている。勿論このボビン構造の電池の場合，高出力は望めないが電解液の改良，他の蓄電デバイスとの併用等の技術が確立されればこの構造もしくはこれに近い構造での用途展開が期待できる。

表6　電池構造とエネルギー密度

電池種類	電池構造	重量エネルギー密度	体積エネルギー密度
金属リチウム一次電池	円筒型スパイラル構造	約250Wh/kg	約500Wh/L
金属リチウム一次電池	円筒型ボビン構造	約300Wh/kg	約700Wh/L
リチウムイオン二次電池	円筒型スパイラル構造	約180Wh/kg	約450Wh/L

次に容量の次に目指すものについて考えた場合，以下のリチウムイオン二次電池の特性を追求することにより新しい展開が期待できると思われる。

6.3.1　高エネルギー効率

周知の通りリチウムイオン二次電池は充放電効率（Ah効率）が100%であり，この特性を有するのは本格的に市販されている二次電池の中では唯一リチウムイオン二次電池だけである。充電，放電での電圧差を考慮したエネルギー効率（Wh効率）も条件によるが95%前後の高い値を有する。こうした特性はエネルギー蓄積デバイスとして見た場合には重要な特性である。ロードレベリング等の電力貯蔵，電気自動車，ハイブリッド車等でのエネルギー回生等の用途を考えた場合に高エネルギー効率という点はリチウムイオン二次電池が容量の次に目指すべき特性の一つと考えられる。

6.3.2　低自己放電率

リチウムイオン二次電池は他の二次電池に比べ自己放電が小さいのが特徴の一つである。この特性は自己放電による電力ロス分を常に補充し満充電状態に保つトリクル充電モードにおいて省電力化が図れるというメリットにつながる。防災用非常電源やUPS（無停電電源装置）のような用途がこれにあたる。特にUPS（無停電電源装置）はサーバー等の大型の機器に装備されるケースが増えてきており，この満充電に保つために消費される電力と電力ロスに伴う発熱の問題が無視できなくなってきている。省電力化が叫ばれる中でこの低自己放電率はリチウムイオン二次電池が容量の次に目指すべき特性の一つと考えられる。

残念ながら現状のリチウムイオン二次電池は満充電時の保存特性が必ずしも完全ではないが，この保存特性が改良されれば大きな用途展開が期待できる。

6.3.3　高温下での充放電特性

表3に記載の通りもともとリチウムイオン二次電池が他の二次電池に比べて高温下での充放電ができるという特性を有するためにユーザーがリチウムイオン二次電池採用をしてきた経緯がある。

その後この高温下での充放電機能に対するユーザーの要望は更に厳しくなってきている。特にパソコン用途ではCPUの高密度化に基づく発熱問題が大きな課題になってきており，電池に対してより高い温度での耐久性が望まれている。今後車載等の用途展開を図る上でも重要な特性である。

上記の通り現状でのリチウムイオン二次電池の高温特性はまだユーザーに満足されるものではない。この特性もリチウムイオン二次電池が容量の次に目指すべき特性の一つと考えられる。

6.3.4　使い易さ

ご存じの通りリチウムイオン二次電池を使う際には過充電，過放電等による劣化を防ぐために種々の回路等の装着が必要である。これはユーザーがリチウムイオン二次電池に抱いている不満の一つである。またこれの素子，回路の装着はコストアップになるだけでなくパックとしてのエネルギー密度低下の一因にもなっている。具体的にはリチウムイオン二次電池そのものの耐過充電特性，耐過放電特性の改良が必要であるが，この特性の改良は電池の使い易さにつながり，リチウムイオン二次電池が容量の次に目指すべき特性の一つと考えられる。

6.3.5　その他

その他に当然のことながらコストダウン，電池形状の自在性，標準化などリチウムイオン二次電池にとって容量の次に目指すべき特性は多々ある。

6.4　機器メーカーと電池メーカー

リチウムイオン二次電池のユーザー，すなわち機器メーカーからの要望に答えるべくリチウムイオン二次電池メーカーはこの10年間ひたすら容量アップに励んできた。その成果は素晴らしいものである。しかしながら今後は従来と同じ延長線上で容量アップを図っていくのは原理的にも困難な状況にあることを機器メーカーも電池メーカーも共通に認識すべき時期に来たと考えられる。

一方機器メーカーの立場からすると機器本体の高機能化によりますます消費電力が増大し，それに対応するためには電池の高容量化が是非とも必要であるというのも避けて通れない事実である。これを解決していくには従来のように電池メーカー単独での努力による容量アップではなく，機器メーカーと電池メーカーが共同で実質的な容量アップを図っていくことが重要である。すなわち電池の改良技術開発とと電池の使いこなし技術の開発が同時になされていかないと，この問題は無い物ねだりに終わる可能性がある。また同時にリチウムイオン二次電池メーカーとしてはこれまでの容量アップ一辺倒の用途以外に，前述の容量以外に目指すべき特性を生かした新規用途開発に真剣に取り組むべきであると考える。

6.5　おわりに

最後に現在の電池技術でどこまで用途拡大が図れるかという点と他電池，他デバイスとの競合についてまとめてみたい。

6.5.1　現在の電池技術でどこまで用途拡大を図れるか

以上述べた通り今後どこまで用途拡大ができるかについては二つの観点から見ていく必要がある。

一つは現在のリチウムイオン二次電池には容量以外に多くの特徴があり，これらの特徴を生かした新規な用途を拡大していくという道筋である。その一例としては「6.3　容量の次に目指すもの」の項で述べたような用途展開が考えられる。これまでとは異なる中・大型リチウムイオン二次電池，または逆にコイン型等のような超小型リチウムイオン二次電池のような形態が中心になるのかも知れない。

もう一つの道筋は「6.4　機器メーカーと電池メーカー」の項で述べたように，現在の小型民生用リチウムイオン二次電池の用途分野において今後更に実質的な容量アップを図っていき用途拡大を図っていくよいう考え方である。今ここにその具体的な像があるわけではないが一つの考え方を次項に述べてみたい。

6.5.2　他電池，他デバイスとの競合は

図3は種々の蓄電デバイスの位置づけを定性的に示したものであり，この図をもとにこれまで述べてきたことをまとめると同時に他電池，他デバイスとの今後の関係についても述べてみたい。

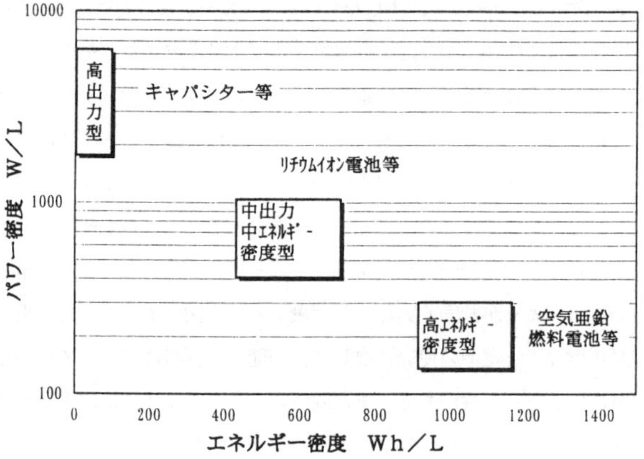

図3　蓄電デバイスの位置づけ

蓄電デバイスは図3にあるように大きく下記3つに分類される。

(1)　キャパシター等の瞬間的には大電流（高出力）を取り出せるが放電できる容量は小さい（低エネルギー密度）蓄電デバイス。

(2)　リチウム系電池に代表される比較的大きな電流（中出力）を取り出され，比較的放電容量の大きい（中エネルギー密度）蓄電デバイス。

(3)　燃料電池，空気亜鉛電池，空気アルミ電池に代表される放電電流は小さい（低出力）が放電容量は非常に大きな（高エネルギー密度）蓄電デバイス。

これらの蓄電デバイスは上記に述べた通り個々異なった特性を有しており，その特性にあった用途分野での棲み分けが行われてきた。図3に示すように本来リチウム系電池はエネルギー密度が概ね500Wh/L前後，パワー密度が500W/L前後の領域をカバーする蓄電デバイスである。これまで金属リチウム一次電池しかこの領域に達していなかったが，前述の通りリチウムイオン二

次電池がついにこの領域に達してしまった。高エネルギー密度かつ高出力を併せ持つ蓄電デバイスは理想的であるが一つの蓄電デバイスにこれを期待するのは難しいことである。従ってリチウムイオン二次電池が今後これまでのようにパワー密度を維持したまま年々容量アップされ数年後に1000Wh/Lの領域に到達することを期待するのは原理的にも困難なことである。

また個々特性の異なるこれらのデバイスは競合するものではない。むしろこれらの異なった特性を互いに補完する形で今後進んでいくべきである。既にこの流れは一部で出てきており，リチウムイオン二次電池とキャパシターの組合せ，燃料電池とリチウムイオン二次電池との組合せなどが検討されている。考えて見れば金属リチウム一次電池の主用途であるカメラ用電源では，まさにストロボを発光させるコンデンサーを充電するために金属リチウム一次電池が使われてきているのである。

これらの複合的な使われ方が今後増えていくと思われ，そのために必要な新しい特性がリチウムイオン二次電池に要求されてくることになるであろう。

文　　献

1）　吉野，実近，中島，特開昭62-90863号公報
2）　H.Shirakawa *et al.*, *J.C.SChem.Commun.*, 578 (1977)
3）　K.Mizushima, J.Goodenough, *Mat.Res.Bull.*, 15, 783 (1980)

第３章　次世代リチウム二次電池の開発動向

～全固体リチウム二次電池を目指して～

第3章　次世代リチウム二次電池の開発動向
～全固体リチウム二次電池を目指して～

1　リチウムポリマー二次電池
－高分子固体電解質とその電気化学界面を中心として－

渡邉正義*

1.1　なぜ高分子固体電解質が必要か

充放電が可能で何回でも使える二次電池の中で，リチウムイオン二次電池[1]の需要が急増してきている。これは携帯電話やノート型パソコンの普及と完全に符合しており，1996年頃からこの二次電池の売上高は二次電池の中でトップである。図1に，リチウムイオン二次電池の構造（模式図）を示す。正極活物質としては，現在市場に出回っているものの多くがコバルト酸リチウムという金属酸化物を用いている。また，負極活物質にはグラファイトのような炭素質材料を用いている。これら電極活物質はイオン伝導性のある電解質溶液の中に浸けられている。リチウムイオン二次電池の大きな特徴の一つは，起電力が非常に高く単セルで約4Vあることである。この高い起電力のため，水系の電解質溶液は使えない。したがって，現在は有機溶媒の中にリチウム塩を溶かしたイオン伝導体である有機電解液が使われている。

図2に，リチウムイオン二次電池の電解液に用いられている代表的な溶媒の例を示す。リチウムイオン電池には，4Vという電圧に耐えるため耐酸化性や耐還元性がある溶媒が必要である。図2には，様々な有機溶媒のLUMOレベルとHOMOレベルの関係を示す。一般にLUMOレベルが高ければ高い程，溶媒の耐還元性は増大し，HOMOレベルが低ければ低い程，溶媒の耐酸化性は増大する。環状の炭酸エステルや鎖状の炭酸エステルは酸化力および還元力の両者に対する耐性のバランスが比較的とれているため，実際のリチウムイオン電池によく使われている。

このようなリチウムイオン電池は，現在量産されている二次電池の中でもっとも高いエネルギー密度（単位重量あるいは単位体積当たりに積め込めるエネルギー量）を持つ。これが，軽くて長持ちする高性能二次電池として携帯電話をはじめとする移動通信機器やノート型パソコン等に広く用いられている理由である。この電池の最大の問題点は，可燃性有機溶媒を用いていることによる安全性の低さと考えられている。事故や誤作動によって，もし電極間のショートや過充電が起きると発火や爆発の危険性があることが指摘されている。特にこの問題は，電気自動車用

---

*　Masayoshi Watanabe　横浜国立大学　大学院工学研究院　機能の創生部門　教授

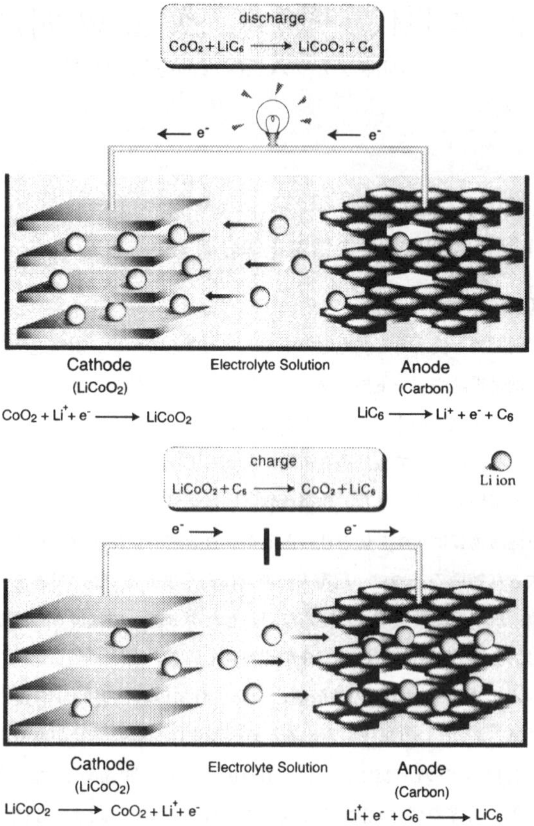

図1　リチウムイオン二次電池の構造の模式図

の電源を初めとする大型電池を目指した場合に深刻であり，これを解決する一つの手法が，有機電解液の代わりに高分子薄膜を電解質として用いることである。これが高分子固体電解質が必要な第1の理由である。

また，負極活物質に現在はグラファイトが用いられているが，エネルギー密度の観点から考えた場合，金属リチウムは究極の負極活物質の一つといえる。この金属リチウムはわずか7gで1F（96485C）の電子を出し入れすることができるが，このような物質は他にない。しかし，私たちが使用できるリチウム系電池で金属リチウムを搭載した二次電池はまだない。その最大の理由は，現在リチウムイオン二次電池で用いられているグラファイトの層間化合物と比べて，

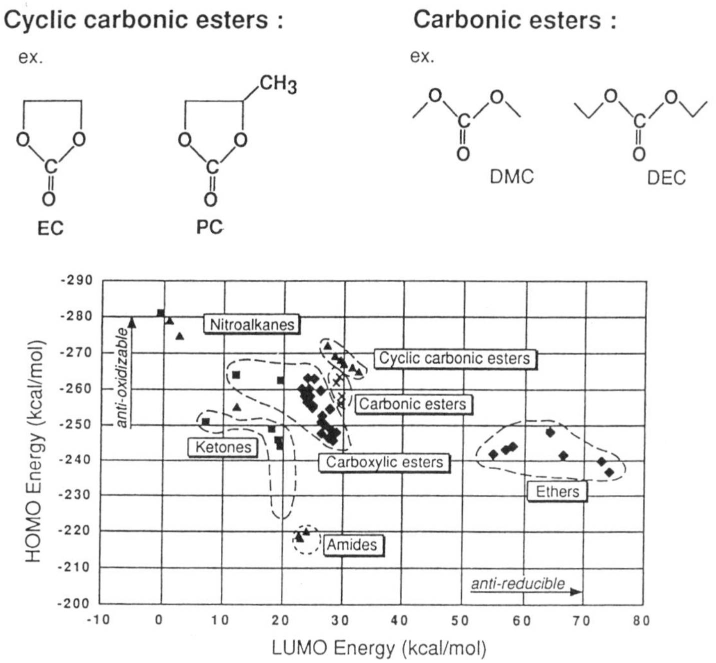

図2　リチウムイオン二次電池の電解液に用いられている代表的溶媒の構造と種々の溶媒のHOMOおよびLUMOエネルギーレベル

反応性が非常に高いためである。さらに充放電にともなうリチウムの析出・溶解によって「デンドライト」と呼ばれる樹枝状のリチウムが成長し電極間をショートさせてしまうことも重大な問題と指摘されている。またデンドライト成長したリチウムの一部がリチウム電極からはがれ落ちるため，繰り返し特性が悪いことも問題となっている。このような高い反応性やショートの危険性があるため，有機溶媒のような蒸気圧が高く可燃性を持つ溶媒と金属リチウムをあわせて使うのは困難だと考えられている。高分子固体電解質，特にエーテル系の高分子は還元安定性が高く（図2参照），また固体膜であるための反応性の低さも手伝って，金属リチウムと非常に安定で可逆性の高い界面を形成する。このため，金属リチウムを用いた二次電池を実現できる可能性がある。これが高分子固体電解質が必要な第2の理由であろう。

さらに電解質に高分子を用いると，大面積の薄膜を比較的容易に（無機化合物等と比較して）作成することができる。また高分子は柔軟性，弾性等を有するため，充放電によって体積変化を起こす活物質に対する適合性も高い。すなわち安定な電気化学的界面を形成する。電解質の蒸気圧がなくなるため電池の外装が簡単になり，非常に薄型で形状自由度の高い電池も実現できる。また，全固体電池となるので，大型・大出力電池の設計も可能となる。これを高分子固体電解質が必要な第3の理由に挙げたい。

図3にポリマーの薄膜を電解質に，負極に金属リチウムを用いたリチウムポリマーバッテリーの構造（模式図）を示す。高分子固体電解質をリチウムポリマーバッテリーに応用するためには以下のような特性が要求される[2)]。

① 高いイオン導電性（$>10^{-4}$ S/cm）

② 電解質と電極活物質との間の迅速で可逆性の高い電気化学反応（低い電荷移動抵抗）

③ 高い電気化学的安定性（広い電位窓）

④ 高いリチウムイオン輸率

⑤ 弾性，柔軟性と力学的強度

⑥ 成形加工性

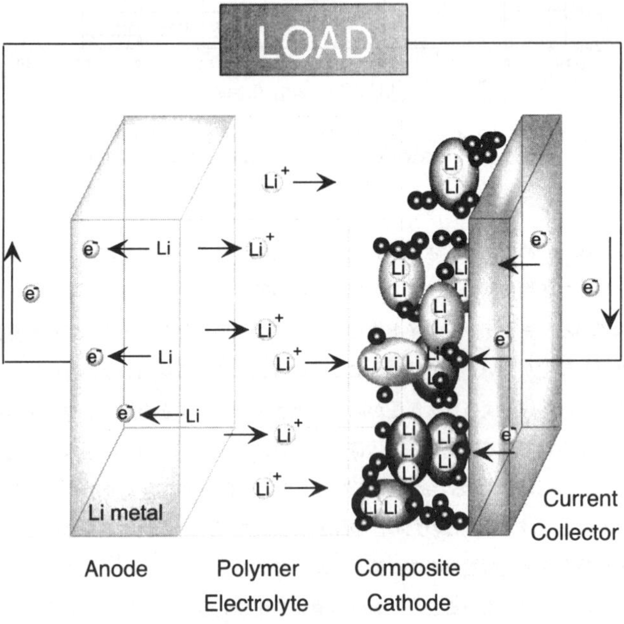

図3　リチウムポリマー二次電池の構造

本稿では，これらの特性を高分子固体電解質に持たせるための分子設計の方法論とリチウムポリマー電池の現状での到達点と今後の展開について述べたい。なお本稿では，高分子中に低分子量溶媒を多量に保持させた高分子ゲル電解質については触れない。

1.2　高分子中のイオン拡散・泳動の特徴

1975年にポリエチレンオキシド（ポリオキシエチレン）にアルカリ金属塩を錯形成させた複合体が比較的高いイオン導電性を持つことが報告された。ポリエチレンオキシドは界面活性剤等に広く用いられ，メチレン－メチレン－酸素という単位の繰り返しからなる汎用高分子である。この高分子を水や有機溶媒の代わりに用いてリチウム塩を溶かした場合，ポリマーを溶媒とした一種の固溶体（薄膜）になる。このポリマー中にリチウム塩が溶ける理由は，クラウンエーテルと金属塩との錯体にみられるようにカチオンにエーテルの酸素が配位することによって錯形成するからである。カチオンとエーテル酸素の孤立電子対がイオン－双極子相互作用をすることにより，リチウム塩のカチオン－アニオン間の相互作用を弱めてポリマー中に溶ける。すなわちポリマー中でもリチウム塩の一部が解離している。イオン伝導性が発現するためにはこの解離したイオンがポリマー中で動く必要がある。エーテル系ポリマー中のメチレンと酸素の間の結合は回転障壁が低く回転しやすいため，ポリマー鎖のコンフォメーション変化は容易に起こる。すなわち，軟らかい構造を持つこの高分子鎖のガラス転移温度（T_g）は室温以下であるため室温付近において常にゆらいでおり，そのゆらぎにあわせてイオンが泳動すると考えられている（図4参照)。例えば，エーテル酸素とメチレンの結合が図4 (a) 中のAB軸を中心にして回転すると，リチウムイオンが局所的に位置を変えるプロセスが生じる。ただし，ゆらいでいるだけではイオン伝導性は発現しない。さらに，あるポリマーの鎖から他のポリマーの鎖に配位子交換するようなプロセスが生じる（図4 (b) 参照)。この二つのプロセスを繰り返すことによって，ポリマー中をイオンが泳動すると考えられている[3, 4]。

ポリマー中のイオンの拡散泳動現象とその他の物質の拡散現象を比べると，その特徴の違いが顕著に現れる。表1に，ヘリウムやアルゴン等の不活性ガスおよび電解質を構成するカチオンとアニオンのゴム状態（$>T_g$）の高分子中での拡散係数を示す[5]。左側のカラムには水中における拡散係数，右側のカラムにはゴム状態のポリマー中における拡散係数を示してある。低分子の化合物は水中で10^{-5} cm^2/s程度の拡散係数を示す。特徴的なのは水中で10^{-5} cm^2/s程度の拡散係数を示す不活性ガスは，ゴム状態のポリマー中でもほとんど低下しないことである。つまり，ポリマー中でも非常に速く拡散するわけである。それに対して，イオンは水中では10^{-5} cm^2/s程度と不活性ガスとほぼ変わらない拡散係数だったが，ゴム状態のポリマー中では25℃になるとほとんど計測できなくなる。温度をかなり上げた状態でも，拡散係数は3～4桁落

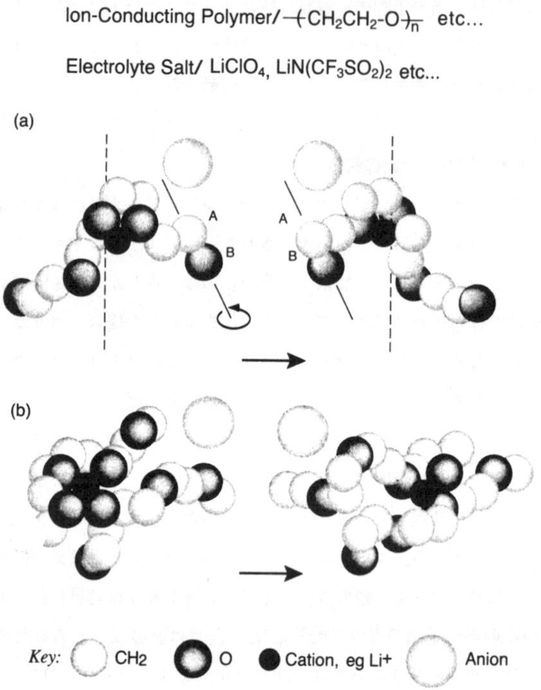

図4　ポリエチレンオキシド（PEO）中でのイオン解離およびイオン輸送の模式図

ちている。

ゴム状態のポリマーは自由体積分率が高く，これが高分子鎖のコンフォメーション変化（ミクロブラウン運動）によって絶えず再配分されている[6]。不活性ガス分子は高分子鎖と非常に弱い相互作用によって溶解しているために，この絶えず再分配されている自由体積中をかなり自由に動き回ることができる。一方，電解質塩が溶解・解離するためにはイオンとポリマーの非常に強い相互作用が必要になる。強い相互作用がない限り溶解していたとしてもイオン対やイオン凝集体の形で存在し，解離することができないわけである。したがって，イオンは自由体積の中を自由に動くのではなく，ポリマーが構造変化することによって協同的に動かされていくのである。例えば，リチウムイオンはヘリウムやアルゴンよりもPauling半径は小さいにも係わらず，より動きにくくなってしまう。このように，ポリマー鎖のコンフォメーション変化と協同的にイオンの移動が起きることが溶媒の存在しないポリマー中でのイオン拡散泳動現象の特徴である。

表1　不活性ガスおよびイオンの水中およびゴム状態の高分子中での拡散係数
（注意書きがない限り25℃における値）

拡散物質	D/cm^2s^{-1}（水中）	D/cm^2s^{-1}（高分子中）
He	6.28×10^{-5}	1.51×10^{-5}（水素化ポリブタジエン）
		2.16×10^{-5}（天然ゴム）
		5.34×10^{-5}（シリコーンゴム）
Ar	2.00×10^{-5}	0.96×10^{-6}（水素化ポリブタジエン）
		1.36×10^{-6}（天然ゴム）
		1.85×10^{-5}（シリコーンゴム）
Li^+	1.03×10^{-5}	7.5×10^{-8}（90℃，$P(EO)_{20}$-$LiClO_4$）
		1×10^{-8}（90℃，$P(EO)_8$-$LiClO_4$）
		8×10^{-9}（90℃，$P(EO)_6$-$LiClO_4$）
		図3参照（$P(EO)_{20}$-$LiCF_3SO_3$）
Na^+	1.33×10^{-5}	4.3×10^{-8}（90℃，$P(EO)_6$-NaSCN）
		5.1×10^{-8}（90℃，$P(EO)_8$-NaSCN）
		5.3×10^{-8}（90℃，$P(EO)_{12}$-NaSCN）
K^+	1.96×10^{-5}	――
Cl^-	2.03×10^{-5}	――
SCN^-	2.31×10^{-5}	6.0×10^{-8}（90℃，$P(EO)_6$-NaSCN）
		6.7×10^{-8}（90℃，$P(EO)_8$-NaSCN）
		1.1×10^{-7}（90℃，$P(EO)_{12}$-NaSCN）

1.3　ポリエーテル型高分子固体電解質の分子設計

1.3.1　高イオン伝導性発現のためのポリエーテルの分子設計

1.2のような事実にもとづいて，図5に示すような多くの分岐を持たせたポリエーテル系高分子の分子設計が行われた[4,7,8]。分岐型の高分子の場合，高分子の結晶化が抑制されT_gは低下する。さらに，側鎖の分子運動は主鎖より速く，また分子運動の速さの温度依存性が小さいことが知られている。このことから，イオン配位能力がある側鎖による速い分子運動とイオン輸送現象を協同的に起こすことが，この分子設計における発想の原点になっている。

図5中の**1**と**2**のポリエーテルは分子量が大きい高分子で100万程度である。この高分子のフィルムを作るためには，アセトニトリルのような溶媒中にこれらポリマーとリチウム塩を溶解させて溶液を作り，溶媒蒸発法で薄膜を得る。プロセスは簡単だが，有機溶剤を使わないと膜はできない。さらに高温での力学的強度を確保するためには何らかの架橋構造の導入が必要となる。一方，**3**と**4**のポリマーは分子量が数百～数千程度で，いわゆる「マクロモノマー」といわれるモノマーである。室温で粘性はあるが液状で，これらの中に溶剤を使わないで直接リチウム塩を溶かすことができる。それを適当な方法で塗布し，熱重合，光重合，あるいは電子線重合によって架橋反応させて膜とする。すなわち，無溶媒系で成形できるものの，膜にするためには重合プロセスが必要となる。力学的性質については，弾性率が同じであっても，高分子量のポリエーテル

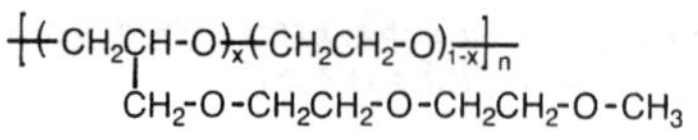

1

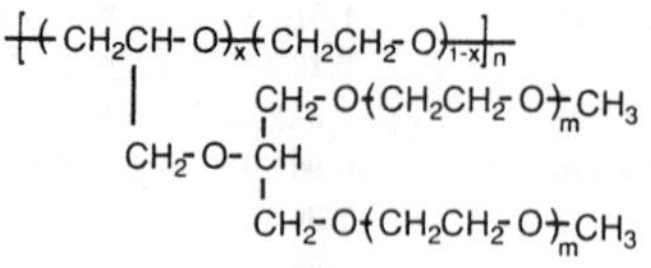

2

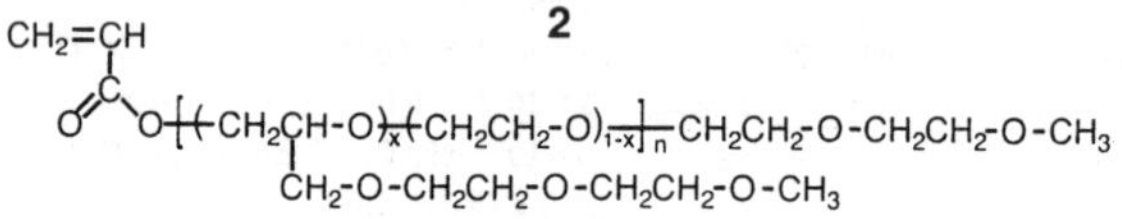

3

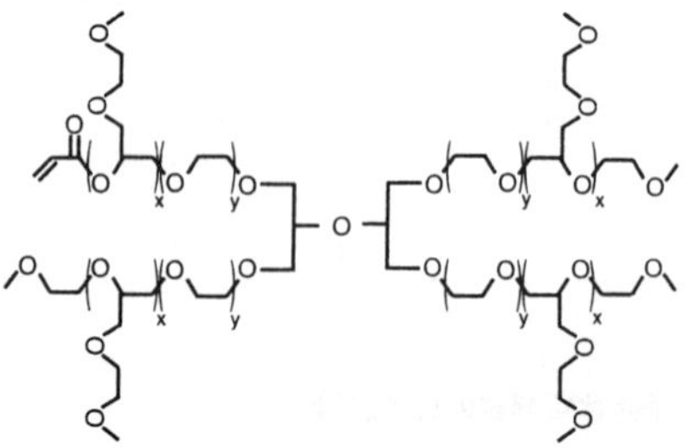

4

図5　高速イオン輸送を可能にする分岐型ポリエーテルの構造

（**1**や**2**）からなる電解質膜は破断伸びが大きく腰のある膜となる。マクロモノマー（**3**や**4**）からの電解質膜は破断伸びが小さくもろい感じを受ける。

図5の**3**のマクロモノマーの分子量を変化させて，その架橋体の導電性を調べた（図6参照）[9]。マクロモノマーの分子量の変化は，網目主鎖構造から出ている分岐側鎖の長さを変えたことに相当する。図6の横軸はマクロモノマーの分子量に対応しており，縦軸はその架橋体中にリチウム塩をドープした固体電解質の導電率およびT_gを示している。最適な分子量のマクロモノマーを使うと室温で10^{-4} S/cmオーダーまで導電率が上がり，また，マクロモノマーの分子量に対し導電率が極大値を持つことを見出した。一方T_gは高分子マトリックスの主鎖の分子運動性を示す一つの指針となるが，マクロモノマーの分子量の変化に対しほとんど変化がなかった。したがって，T_gを変化させなくても，側鎖の構造を変化させることによって導電率が変化し極大を示すことがわかった。このことは，側鎖の分子運動がイオン導電率に反映された例と考えられる。

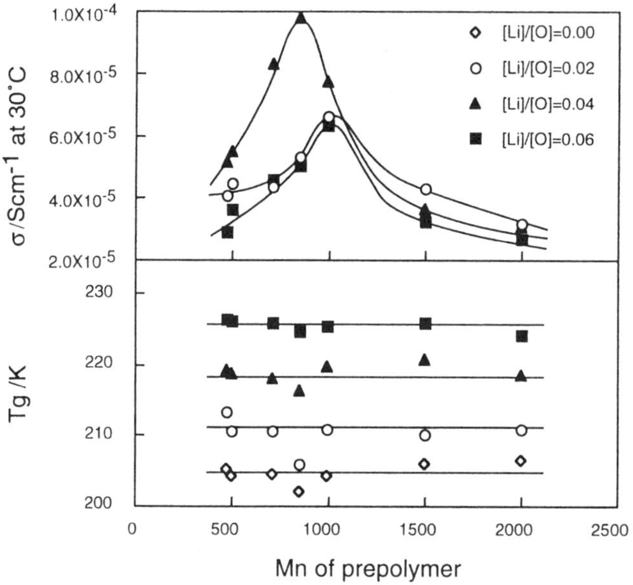

図6　LiTFSIを溶解したマクロモノマー（3）架橋体のイオン導電率（30℃）と T_gのマクロモノマー分子量依存性

図7に，図5の**1**の高分子量ポリマーを用いた結果を示す[10, 11]。基本骨格は**3**のマクロモノマーと同様で，主鎖がエーテル構造で側鎖にも短いエーテル構造があるポリマーである。このポリマーは特殊な重合触媒を利用して二つのモノマーを共重合し，重量平均分子量で100万程度の分子量としたものである。図7（下図）において，横軸は共重合体中の分岐を与えるようなモノマー（MEEGE）の組成，縦軸はできた固体電解質膜の導電率を示している。リチウム塩を溶かした固体電解質膜の導電率をみると，MEEGE組成20～30 mol％で最大値となり，30℃で導電率は 3×10^{-4} S/cmで，60℃になると導電率は10^{-3} S/cmに達することがわかった。60℃の導電率は，ほとんど液体と変わらないレベルである。物性値の詳細を表2に示す。

上記2例でみられたような高イオン伝導性が得られるのは，高分子マトリックスだけでなく溶かして使うリチウム塩にも工夫がなされてきているためである。ここでは電解質膜を作成する時に，リチウムビス（トリフルオロメチルスルフォニル）イミド（LiTFSI）という解離性の高いリチウム塩を用いている。

$$-[(CH_2CH_2O)_x(CH_2CHO)_y]_n-$$
$$|$$
$$CH_2O-(CH_2CH_2O)_{\overline{z}}CH_3$$

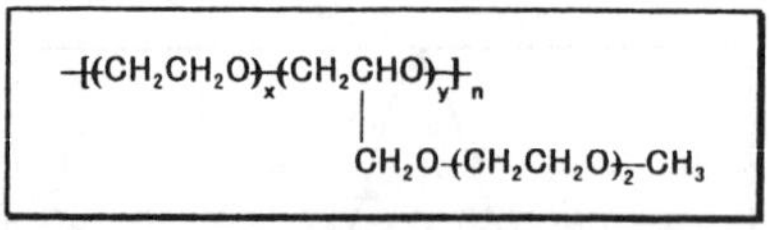

Structure of P(EO/MEEGE= x / y)

◆ **Synthesis of EO/MEEGE Copolymer**

$$H_2C-CH_2 + H_2C-CHCH_2-O-(CH_2CH_2O)_{\overline{z}}-CH_3$$
$$\underset{O}{\underbrace{\quad\quad}} \quad\quad \underset{O}{\underbrace{\quad\quad}}$$

$$\xrightarrow[20℃]{Bu_2SnO/Bu_3PO_4} -[(CH_2CH_2O)_x(CH_2CHO)_y]_n-$$
$$|$$
$$CH_2O-(CH_2CH_2O)_{\overline{z}}-CH_3$$

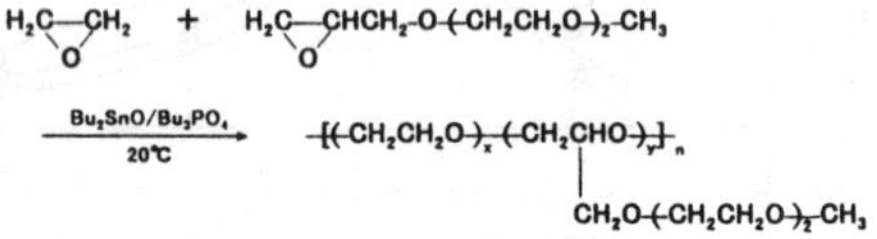

P(EO/MEEGE)

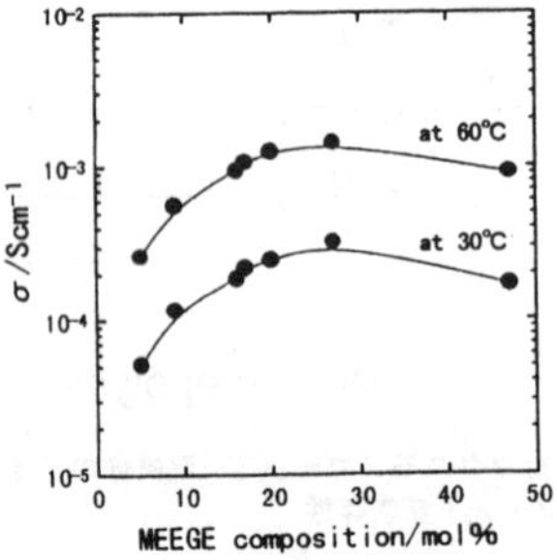

図7 P(EO/MEEGE)の構造,合成方法とLiTFSIを溶解した
固体電解質のイオン導電率のMEEGE組成依存性

表2 LiTFSIを溶解させたP(EO/MEEGE)の特性

Composition[a] [EO]/[MEEGE]	M_w[b]	M_w/M_n[b]	T_g of Polymer Electrolyte (℃) [LiTFSI]/[O]=0.06	Ionic Conductivity/S cm^{-1} 30℃	60℃
95/5	>4×10^6	—	−45	5.1×10^{-5}	2.6×10^{-4}
91/9	1.5×10^6	5.4	−46	1.2×10^{-4}	5.6×10^{-4}
84/16	1.1×10^6	8.5	−51	1.9×10^{-4}	9.4×10^{-4}
83/17	1.3×10^5	5.2	−52	2.2×10^{-4}	1.1×10^{-3}
80/20	9.9×10^4	4.3	−53	2.5×10^{-4}	1.2×10^{-3}
73/27	6.2×10^5	7.0	−57	3.3×10^{-4}	1.4×10^{-3}
53/47	8.2×10^5	6.4	−50	1.7×10^{-4}	9.0×10^{-4}

a)Determined from ^{1}H-NMR, b)Determined from GPC(M_w: weight average mol.wt., M_n: number average mol.wt.)

$$-[(CH_2CH_2O)_x(CH_2CHO)_y]_n-$$
$$|$$
$$CH_2O-(CH_2CH_2O)_{\overline{z}}-CH_3$$

P(EO/MEEGE)

$$Li^\oplus \quad F_3C-\overset{\overset{O}{\|}}{\underset{\underset{O}{\|}}{S}}-\overset{\ominus}{N}-\overset{\overset{O}{\|}}{\underset{\underset{O}{\|}}{S}}-CF_3$$

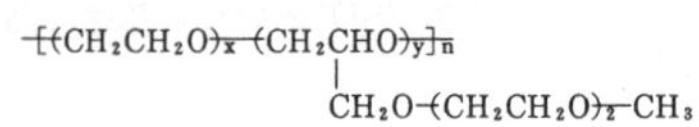

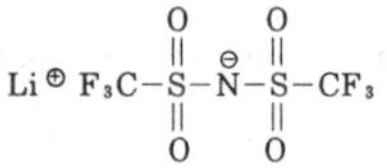

LiTFSI

1.3.2　高リチウムイオン輸率発現のための電解質設計

図5に示すエーテル系の高分子にはイオン伝導性があり，これまでリチウムイオンはエーテル系高分子中でポリマーのコンフォメーション変化と協同的に動くと述べてきた。それではアニオンはどうであろうか？　エーテルのようにルイス塩基性の高い双極子はアニオンとの相互作用が弱く，主にカチオンと相互作用する。このカチオンと双極子の相互作用の強さを表わすパラメータは「ドナーナンバー」と呼ばれている。エーテルという溶媒は誘電率が低い割にドナーナンバーは非常に大きく，先ほど述べたようにリチウムイオンはポリマー鎖と強く相互作用している。一方，アニオンとの相互作用は弱く，アニオンは比較的自由に動くことになる。その結果，このようなポリエーテル系の固体電解質の中ではアニオンの方がカチオンよりも動きやすく，カチオン輸率が0.5以下であることが知られている。しかし，リチウムポリマー電池のように，リチウムイオンだけが行き来する電気化学デバイスに高分子固体電解質を応用する場合，アニオンの動きは濃度分極を生じさせ性能を低下させる。したがって，このようなポリマー系ではカチオンだけが動く電解質が望まれており，その分子設計が期待されている。

図8に，リチウムイオン輸率を増大させるための一つの方法論の概念を示す。前述の高イオン伝導性高分子固体電解質を得るために使ったリチウム塩はLiTFSIであり，図9に示す構造を持つ。このリチウム塩は，アニオンのN上の負電荷が$CF_3SO_2^-$という非常に電子求引性の高い置

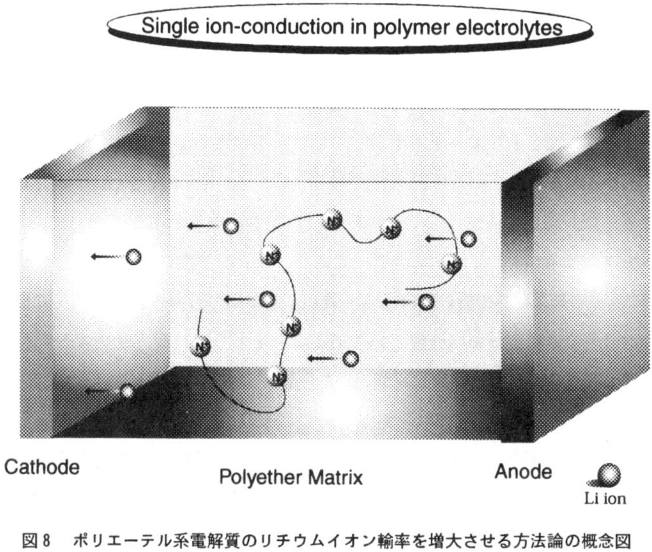

図8　ポリエーテル系電解質のリチウムイオン輸率を増大させる方法論の概念図

Lithium Salts

LiPPI:　$\left[\begin{array}{c}\text{O}\\\|\\\text{C}\\\end{array}-\underset{\underset{\text{CF}_3}{|}}{\text{CF}}-\text{O}-\text{CF}_2-\text{CF}_2-\overset{\overset{\text{O}}{\|}}{\underset{\underset{\text{O}}{\|}}{\text{S}}}-\overset{\text{Li}^+}{\underset{}{\text{N}^-}}\right]_n$

LiTFSI:　$\text{Li}^+\text{CF}_3-\overset{\overset{\text{O}}{\|}}{\underset{\underset{\text{O}}{\|}}{\text{S}}}-\text{N}-\overset{\overset{\text{O}}{\|}}{\underset{\underset{\text{O}}{\|}}{\text{S}}}-\text{CF}_3$

Matrix Polymer

P(EO/MEEGE):　$\left[\left(\underset{\underset{\text{CH}_2\text{OCH}_2\text{CH}_2\text{OCH}_2\text{CH}_2\text{OCH}_3}{|}}{\text{CH}_2\text{CHO}}\right)_{0.09}\left(\text{CH}_2\text{CH}_2\text{O}\right)_{0.91}\right]_n$

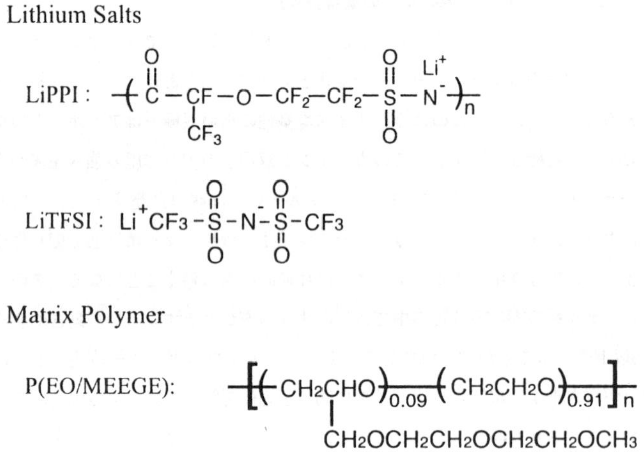

図9　LiPPI, LiTFSIおよびマトリックスポリマーとして用いた
　　　P(EO/MEEGE)の化学構造

換基が付いているために非局在化し，高解離性を与えることが知られている。このような構造のアニオンを高分子化し，輸率が制御された高分子固体電解質を得る研究が行われた[12,13]。すなわち，図9中に示したLiPPIといったポリアニオンのリチウム塩が設計され，これをポリエーテル中に相溶化することにより，リチウムイオンだけが動くような固体電解質ができる（図8）と着想された。アニオンの方を高分子化すれば，ポリマー中で動けなくなるという発想である。

　ポリマーリチウム塩とポリエーテルマトリックスからなる高分子固体電解質を得ようとする場合，最も懸念されるのは，両者の相溶性である。しかし，LiPPIとP(EO/MEEGE)の相溶性は良好であった。図10に一例として動的粘弾性の測定結果を示す[13]。P(EO/MEEGE)にLiPPIを溶解させてもtan δのピークは単一であり，LiPPI濃度の増大とともにピーク温度は上昇していく。この結果は熱分析の結果とも一致し，またLiPPIのガラス転移（67℃）は観測されなかった。このことは本系が均一相溶系であることを示している。ポリエーテルとLiPPIのポリアニオンとは直接の相互作用はないが，Li$^+$を介してポリエーテルとはイオン－双極子相互作用，ポリアニオンとは静電相互作用をすることによって，互いに相溶化していると考えられる。

　図11に，ポリエーテルマトリックス中にLiPPIさらに比較試料として低分子量のリチウム塩であるLiTFSIをドープした固体電解質の導電率の検討結果を示す[13]。導電率の値は先述したような低分子のリチウム塩（LiTFSI）の方が高い。しかし，高分子のリチウム塩（LiPPI）で

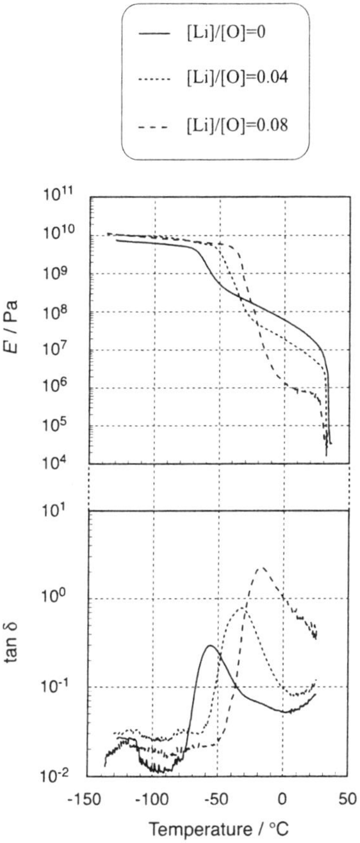

図10 LiPPIを溶解したP(EO/MEEGE)の10Hzにおける貯蔵弾性率(E')と損失正接(tanδ)の温度依存性

も室温で10^{-5} S/cmの導電率を与えることがわかった。一方，金属リチウムを両極に用い，複素インピーダンス測定と直流分極(10mV)を併用して求めたリチウムイオン輸率[2]の結果を表3に示す[13]。リチウムイオン輸率が1であればリチウムイオンはアノードで溶出することにより供給され高分子中を泳動，カソードで析出することにより定常的な電流を与える。一方，アニオンはこのような微小電圧下では放電できないため，この移動が起きるとアノード側に分極し電解質の濃度分極を起こす。表3の結果は，ポリアニオンのリチウム塩を用いることによりリチウムイオン輸率を大幅に増大させ得ることを示している。パルス磁場勾配NMR法で^{7}Li，^{19}F核を

LiTFSI	[Li]/[O]	LiPPI	[Li]/[O]
□	0.02	▨	0.02
○	0.04	⊙	0.04
△	0.06	▲	0.06
◇	0.08	◆	0.08

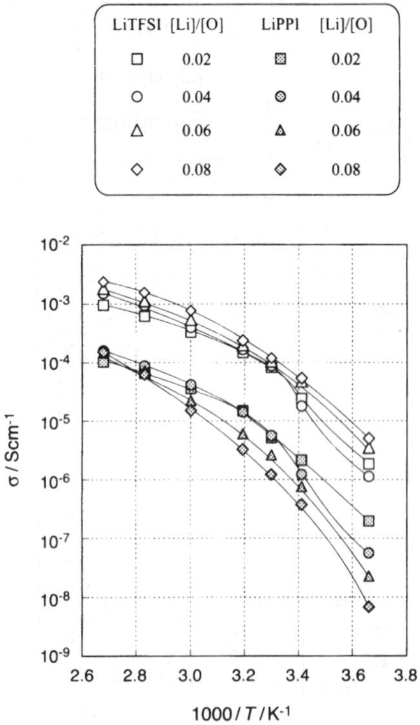

図11　LiTFSIまたはLiPPIを溶解したP(EO/MEEGE)のイオン導電率の温度依存性

表3　LiPPIまたはLiTFSIを溶解させたP(EO/MEEGE)の60℃におけるリチウムイオン輸率（[Li]/[O]＝0.04）

Li salts	LiPPI	LiTFSI
t_{Li^+}	0.75	0.07

プローブとして求めた自己拡散係数には，Li（カチオン）に関しては桁の違う速い成分と遅い成分の2種類の拡散成分が認められた。一方F（ポリアニオン）の拡散は単一成分でありカチオンの遅い拡散成分と一致した。これはポリエーテル中でLiPPIから部分的にLi$^+$が解離して速く拡散し，遅いLiの拡散はポリアニオン鎖から解離していないLi$^+$であるためポリアニオンの拡

散に一致すると結論された。この結果は，リチウムイオン輸率の測定結果（表3）とよく対応した。

以上のように，ポリエーテル系固体電解質のイオン導電率を増大させるためにはポリエーテルに分岐構造を持たせ，さらに高解離性リチウム塩を溶解させることが有効であった。イオン導電率の値は，室温においては有機電解液と比較してまだ1桁程度低いが60℃においては10^{-3} S cm^{-1}に至る。さらにリチウムイオン輸率を増大させるためには高解離性のポリアニオンのリチウム塩を設計することが有効であることを示した。

1.4　高分子固体電解質が形成する電気化学界面

高分子が作る電気化学界面とは，イオン伝導体である高分子固体電解質と酸化還元活性のある電極活物質の間で形成される電気化学反応が起こる界面のことである。この固体/固体界面は通常の電気化学系における液体と固体が作る界面とは大きく異なる。図12に金属リチウムを負極，$LiCoO_2$などのイオン挿入型金属酸化物を電極活物質とする複合材料を正極，ポリエーテルを電

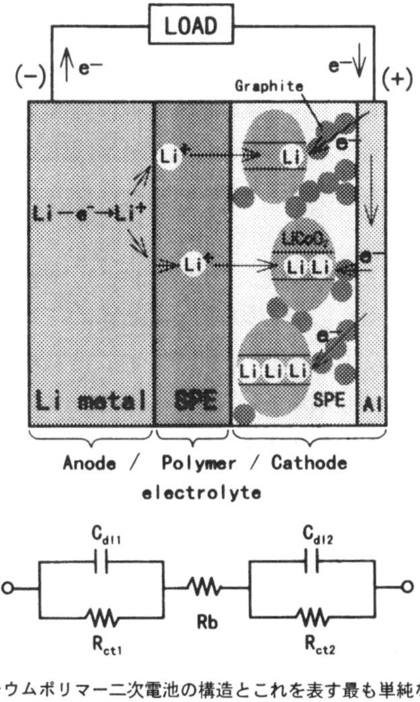

図12　リチウムポリマー二次電池の構造とこれを表す最も単純な等価回路

解質とする電池の構造と，これを表す最も単純な等価回路を示した。この等価回路では電解質のリチウムイオン輸率は１であり充放電に伴う電解質の濃度分極は起きないと仮定されている。この電池の中には２種類の電気化学界面が存在する。

金属リチウムの負極は電子伝導性も高く，溶解析出型の電極である。すなわち，界面では放電することによってリチウムが溶解し，充電することによって再び析出する。溶解・析出によって金属リチウムの体積や形状は変化するが，これは常に金属リチウムとポリマーの界面といえる。重要なことは金属リチウムと接するポリエーテルが安定で，かつこの体積や形状変化に追随して可逆的に変形できるかであろう。高分子固体電解質の弾性や柔軟性はこの点で極めて重要である。

一方，正極の界面の場合，状況はかなり異なる。一般に，このような活物質はイオン挿入・脱離反応の速度が遅いため界面の面積を増大させるため微粉体の形で用いられる。また，電子伝導性の低い物質の場合，導電性のカーボンブラック等と混合し，これを「集電体」と呼ばれる金属箔の上に結着剤とよばれる高分子をバインダーとして塗布した複合電極として用いられることが多い。有機電解液を使った場合，電極活物質部分にイオン伝導性のポリマーを使わなくても，電解液は複合電極層に浸透し，そのために数十～数百μm程度の厚さを持つ複合電極全体にイオン伝導経路が確保される。その結果，活物質は基本的にすべて反応に関与できるわけである。これに対して，固体電解質を使った場合，複合電極中にイオン伝導性ポリマーを用いてイオン伝導経路を確保する構造にしない限り，ほとんど反応は起こらない。高分子を固体電解質として用いる場合，このポリマーを使って複合電極中のイオンの伝導経路を確保した状態を作ることが必要不可欠となる。また，負極の場合と同様に活物質の体積変化に追従するのはこのイオン伝導性ポリマーということになる。

電気化学デバイスを設計する場合，以上述べたことも踏まえ，どのようなことが重要であるかを図12の等価回路を用いて説明する。この電池の内部抵抗を小さくし，高い電流密度での放電や充電を可能にすることは，R_b，R_{ct1}，R_{ct2}の値を小さくすることに帰着する。R_bの値を小さくするには，1.3で説明したように固体電解質をいかに分子設計し導電率を増大させるかということになる。さらにリチウムイオン輸率の値を１に近づけることも電池の分極を防ぐために必要となる。またR_{ct1}およびR_{ct2}の値を小さくするには，電極（複合電極）の電気抵抗を低くし，さらに界面における反応がいかにスムーズにかつ可逆的に進むかが重要になってくる。電解質の導電率（R_b）はセルのトータルインピーダンスを考えるための一つの成分に過ぎず，これと直列に負極界面と正極界面のインピーダンスも入ってくるわけである。次に，いかにこの負極界面と正極界面の抵抗成分や容量成分が制御可能かを述べる。

1.4.1 金属リチウムと高分子固体電解質の界面

初めに金属リチウムとポリマーの界面について説明する。使用した高分子固体電解質は，図13に示すマクロモノマーを用いたエーテル系のネットワークポリマーである[14〜16]。1.3で述べた多分岐型ポリエーテルと同じ発想で架橋に関与していない自由末端の量を制御するため，エーテル系高分子の末端をアクリル変性させたモノアクリレート（MA）とグリセリンにアルキレンオキサイドを付加させ末端をアクリル変性させたトリアクリレート（TA）の混合物を光開始ラジカル重合させ架橋体とした。すなわち，TAだけを使って架橋すると，基本的に自由末端がない架橋体になると考えられる。ところが，MAを加えることによって，架橋に関与していない自由末端の量を増やす事ができる。

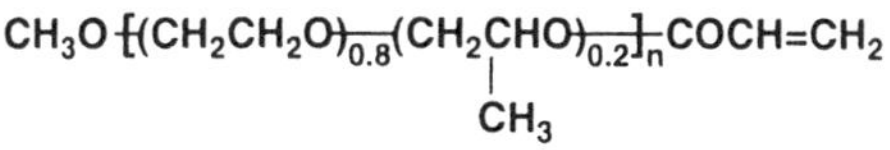

$$CH_3O-[(CH_2CH_2O)_{0.8}(CH_2CHO)_{0.2}]_n-COCH=CH_2$$
$$|$$
$$CH_3$$

MA (Mn=4750)

$$CH_2O-[(CH_2CH_2O)_{0.8}(CH_2CHO)_{0.2}]_n-COCH=CH_2$$
$$|\quad\quad\quad\quad\quad\quad\quad\quad\quad CH_3$$
$$CHO-[(CH_2CH_2O)_{0.8}(CH_2CHO)_{0.2}]_n-COCH=CH_2$$
$$|\quad\quad\quad\quad\quad\quad\quad\quad\quad CH_3$$
$$CH_2O-[(CH_2CH_2O)_{0.8}(CH_2CHO)_{0.2}]_n-COCH=CH_2$$
$$|$$
$$CH_3$$

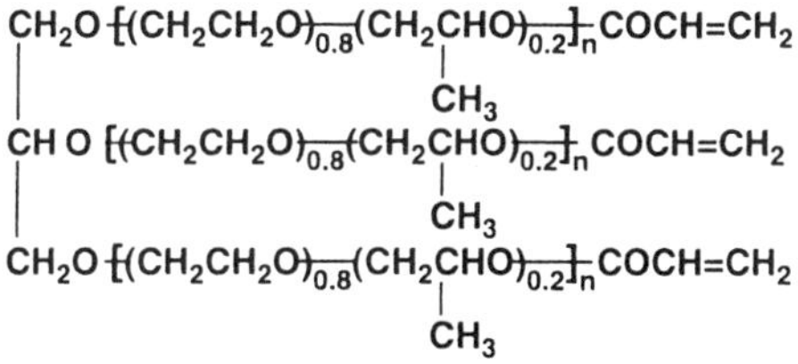

TA (Mn=8160)

図13　マクロモノマーMAとTAの化学構造

図14に示すように，このモデル高分子における金属リチウムとの電気化学界面が交流インピーダンス法により評価された[2]。図14（下）に示すように，ステンレスのような界面でリチウムイオンが放電できないブロッキング電極を用いると界面抵抗は非常に大きく，測定することができない。一方，リチウム電極のように界面で充放電反応，つまり電気化学反応が可能な電極（ノンブロッキング電極）を用いると，界面抵抗値を実際に測定することができ，これは一般に界面で起きる電気化学反応の速度と相関する電荷移動抵抗（R_{ct}）に対応する。抵抗成分のR_{ct}の値は界面で起きる電気化学反応速度（交換電流密度）の逆数に比例することが知られている。

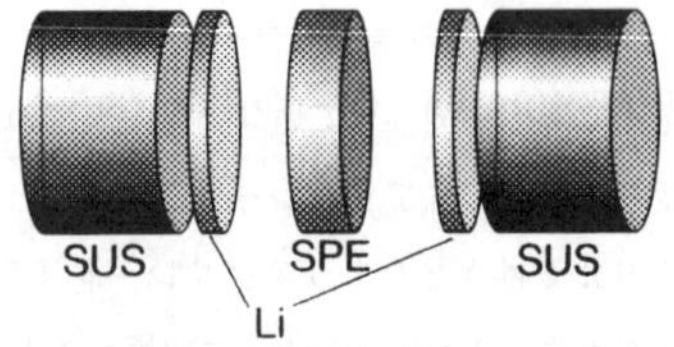

リチウム/固体電解質/リチウムセルの構造

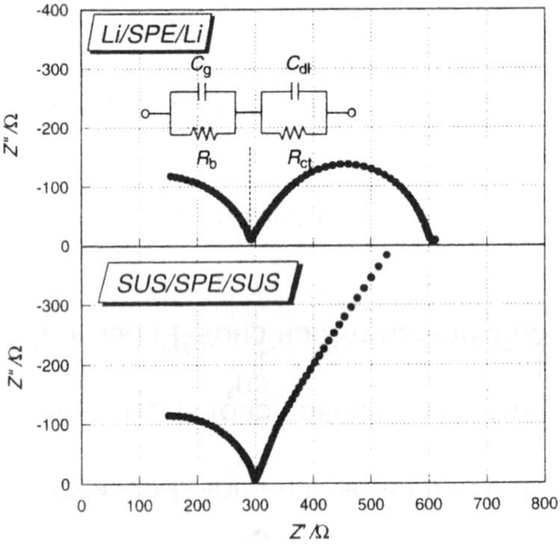

図14　LiTFSIを溶解した固体電解質（[Li] / [O] ＝0.04）の両極をリチウムおよびステンレスとしたセルの複素インピーダンスプロット

高分子固体電解質の導電率と界面での反応速度という二つのパラメータについて考える。図15に示すように[17]，エーテル電解質の導電率は，自由末端基であるMAの組成を増やしていくと上昇する。これは1.3で述べたことからも理解できるであろう。

次に図16に示すように界面の抵抗の経時変化を調べた[17,18]。使用するリチウム塩の種類によって界面の抵抗の経時変化が大きく異なる。図16（A）に示すLiTFSIは典型的な例であるが，例えば過塩酸リチウム塩等も同様の挙動を示す。これらでは導電率に相当するバルクの抵抗（R_b）に時間依存性がなく，同時に界面での抵抗値（R_{ct}）も経時変化しない。図16は約200時間の経時変化を示しているが，ポリエーテル系高分子固体電解質の場合には適当なリチ

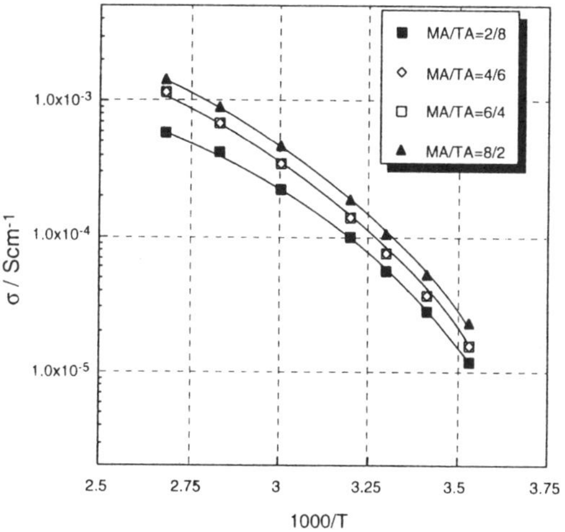

図15　LiTFSIを溶解した固体電解質のイオン導電率の組成依存性

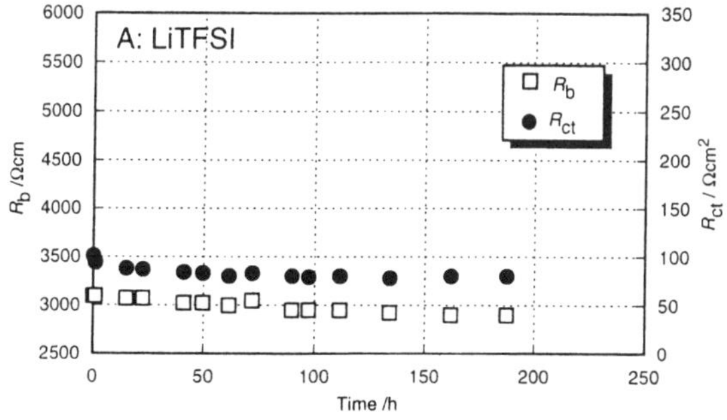

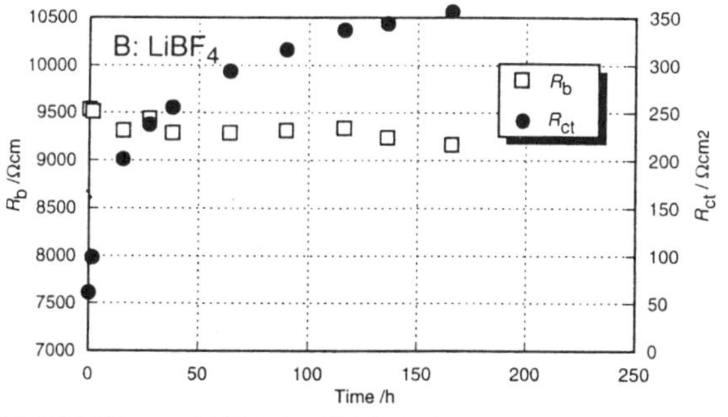

図16　LiTFSIまたは$LiBF_4$を溶解した固体電解質（MA/TA＝6/4）のバルク抵抗値（R_b）およびリチウム電極界面での界面抵抗値（R_{ct}）の60℃における経時変化

ウム塩を用いると6カ月経過しても界面は非常に安定している。一方，$LiBF_4$や$LiPF_6$の場合バルクの抵抗はまったく変化しないが，界面の抵抗は上がっていく。すなわち，このようなリチウム塩では金属リチウムとの界面で反応が起こり，状態が変わり続けているわけである。このとき観測されるR_{ct}値は電荷移動抵抗とは呼べず，界面に生成した生成物（LiFなどが主成分であることが知られておりSEI：solid electrolyte interfaceと呼ばれる）の抵抗に相当する[18]。

界面が安定な系でみてみると，非常に興味深いことがわかってくる。前述したように，バルクの抵抗値は自由末端基の含量を増やすと減少し，導電率は上がる。図17に示すように，バルクと同様に界面の抵抗値も自由末端基の含量を増やすと減少する[17]。このことはイオン伝導性高分子であるポリエーテルの構造を制御することによって，界面での電気化学反応の速度を増大させ得ることを示すものである。図17はArrheniusプロットで描いているが，活性化エネルギーには変化がなく（約65kJ/mol），反応の頻度因子が変わることによってこの系のR_{ct}が変わっていることがわかる。この現象の理由はまだ完全には解明されていない。現在のところ，この活性化エネルギーの値にはLi^+の界面での溶解・析出反応にともなうポリエーテル鎖の溶媒和，脱溶媒和のエネルギーが大きく関与し，分岐構造の増大によってこの界面電子移動反応の頻度が増大するためと考えている。

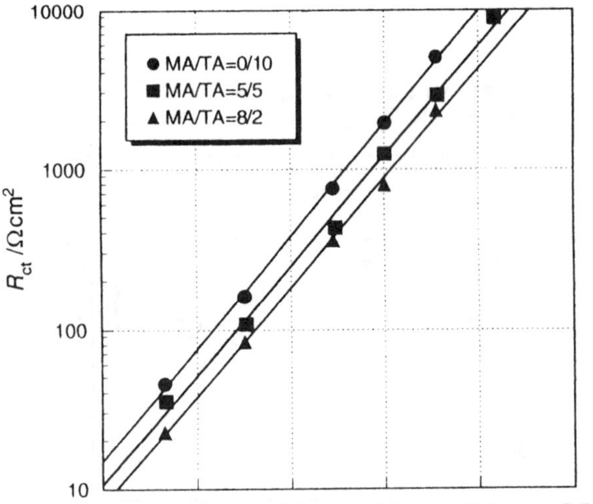

図17　LiTFSIを溶解した固体電解質のリチウム界面での電荷移動抵抗の温度依存性

このように，ポリエーテル系の高分子の分岐構造を制御することは，導電率を増大させるだけでなく，金属リチウムとの界面の電気化学反応の速度にも影響を及ぼすことがわかった。図18に，高分子固体電解質の導電率と金属リチウムとの界面抵抗の値の関係を示す[17]。界面で化学反応が起きてしまう$LiBF_4$では導電率と界面抵抗の間に一定の相関がない。一方，安定な界面を形成するLiTFSIの系をみると，自由末端基の量を増やすと導電率が上がるだけでなく，界面の抵抗値が下がることがわかる。電解質ポリマーの構造を変えることによって電気化学反応の速度が変わるという現象は，電気化学界面の設計に大きなヒントを与えてくれる。

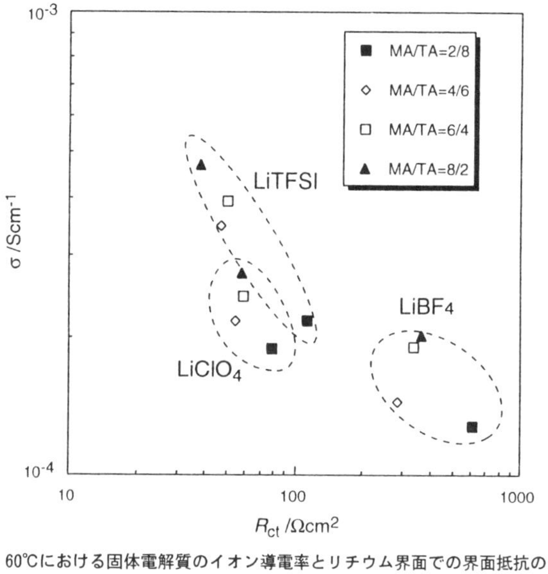

図18　60℃における固体電解質のイオン導電率とリチウム界面での界面抵抗の関係

1.4.2　複合正極と高分子固体電解質の界面

複合正極と高分子固体電解質の界面の情報を得るためには，図12のような電池を作成し，リチウム電極に対する正極の電位を制御して（種々の充放電状態を実現）インピーダンスを測定する必要がある。これは金属酸化物の構造や電子状態が電位によって変化するからである。図19に，図5で紹介した高分子量分岐型ポリエーテル（**1**）に過塩素酸リチウムをドープした固体電解質を用い，負極に金属リチウム，正極に活物質を$LiCoO_2$，導電剤をグラファイト，バインダーを電解質と同様な高分子として作成した複合正極を用いた電池の，充放電曲線および種々の平衡電位におけるインピーダンスの測定結果を示す[11]。電解質バルクの抵抗値は充放電の電位に係わ

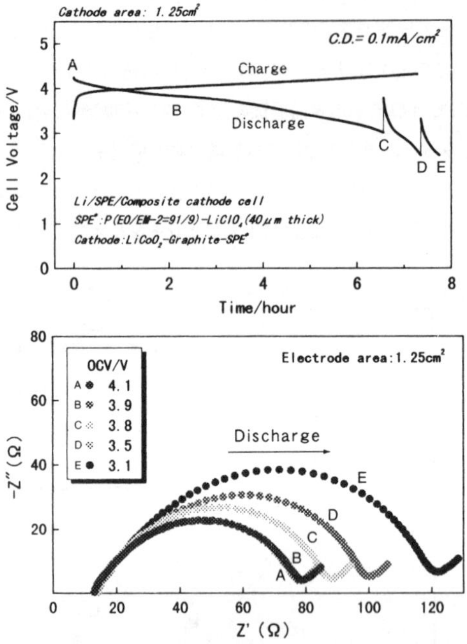

図19　リチウムポリマー電池の充放電曲線（上図）と種々の平衡電位（vs. Li/Li^+）における複素インピーダンスプロット（下図）

らず約15Ωと一定だった。一方，電極界面のインピーダンスは放電につれて増大する傾向を示した。この界面インピーダンスは正極界面と負極界面のインピーダンスの混合になっていると考えられる。そこで，リチウム界面のインピーダンスを対称セルで測定することによって電解質，負極界面，正極界面のインピーダンスの分離を試みた。リチウム/高分子固体電解質の界面のインピーダンスは，ここに示すような充放電の初期状態では対称セルで測定される値と変わらないと仮定された。

図20に，リチウム/高分子固体電解質/$LiCoO_2$セルにおける抵抗成分（電解質，正極界面，負極界面）を実際に分離した結果を示す[11]。セルの面積は1.25cm²，電解質の厚さは40μm，この時の電解質のバルク抵抗値は約15Ωであり，リチウム/高分子固体電解質の界面インピーダンスは約35Ωである。それに対して，正極界面のインピーダンスは$LiCoO_2$の電極電位に大きく依存し，もっとも充電したときに低くなる。また，もっとも放電したときに高くなり，25～75Ωの間で変化した。したがって，セル全体のインピーダンスに対して正極界面の抵抗がもっとも大

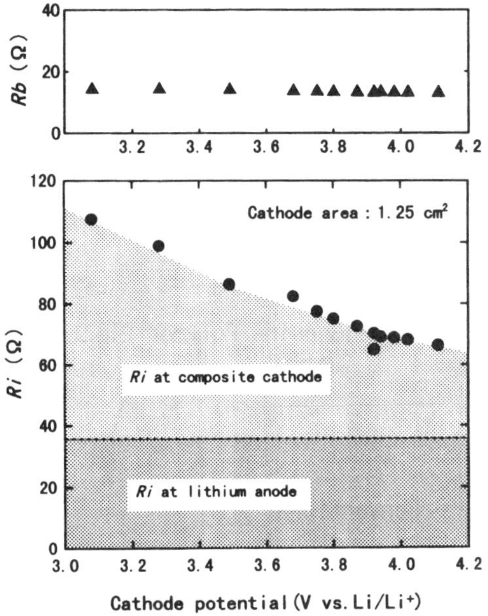

図20　リチウム/高分子固体電解質/$LiCoO_2$セルにおける抵抗成分の分離結果

きくかつ電位依存性もあることがわかった。ただし，正極は前述したような複合材料で，構成物質それぞれの物性，組成，粒子形状，界面の状態（濡れ性や接着性）など様々な因子に大きく影響を受ける。これらの系統的検討により大きく低減できると期待される。

1.5　リチウムポリマー二次電池の到達点

リチウムポリマー二次電池は，現在のところ研究開発段階であるが，安全で形状自由度の高い完全固体型バッテリーとして大きな期待が寄せられている。また，現在市販されているリチウムイオン電池のエネルギー密度を凌ぐ電池としてリチウムメタルを使った二次電池を実現するためにも高分子固体電解質は不可欠と考えられている。特に有望と考えられているのは，電気自動車用電源や定置用電源といった大型電池への応用である。

大学研究室レベルの試験であるが，1.4.2で説明したセルを用いて低いレートの充放電を100回以上行うことができた。世界レベルでは金属リチウムとポリマーを使うことによって，1000回以上の充放電が可能であるという報告が多くある。いずれも加温状態（40～100℃程度）での結果であるが，金属リチウムを用いてこのような繰り返し特性が得られるのは，電解質に高分子を用

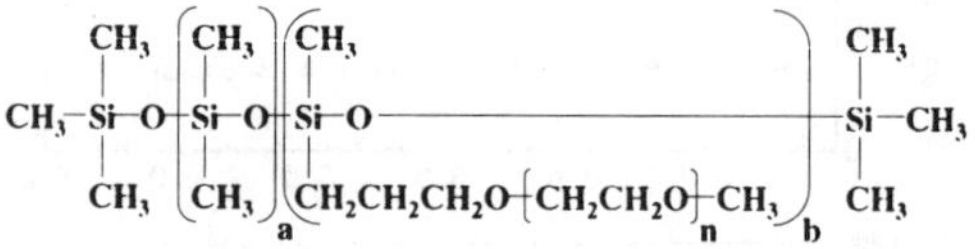

ポリエーテル変性ポリジメチルシロキサンの化学構造

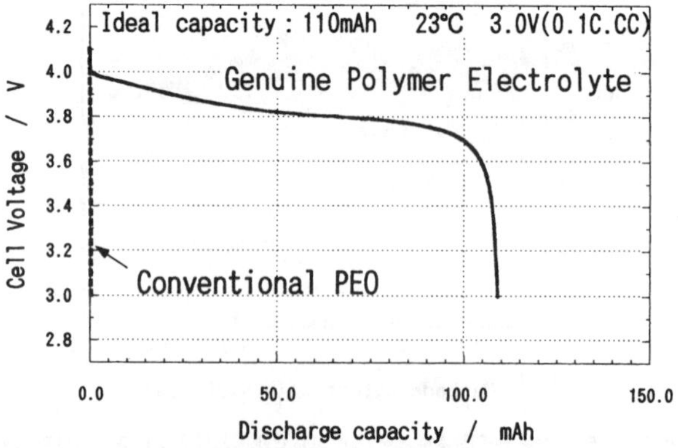

Li/固体電解質/$LiCoO_2$電池の放電曲線

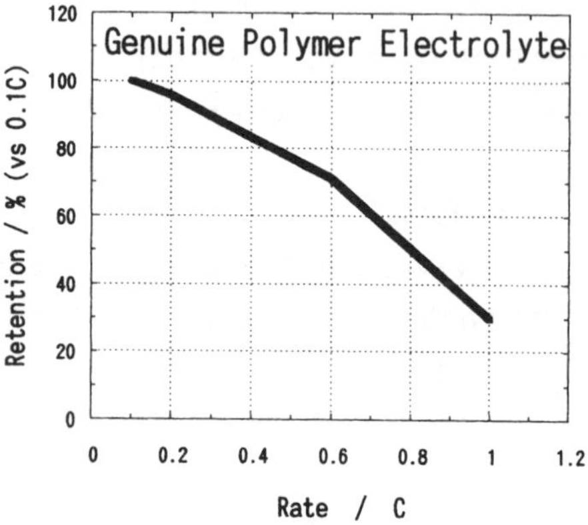

Li/固体電解質/$LiCoO_2$電池のレート特性

図21　室温（23℃）で充放電可能なリチウムポリマー二次電池の特性

いた場合だけである。1000回以上の充放電が可能であるということは，リチウムポリマー二次電池の原理は確立されていると言える。問題点は，応用目的にあうだけの充放電電流密度が得られるかという点に集約される。これまでの電池試験の結果が加温状態に限定されているのも，高分子固体電解質の導電率が室温では有機電解液と比べて低く，また負極，正極界面の電荷移動反応の速度も小さいためである。また，図19の放電曲線後期に放電を中止すると起電力が上昇する現象が確認される。これはリチウムイオン輸率が低い電解質を用いているために生じる電解質の濃度分極が主な原因と考えられる。

最近，図21（上図）に示すようなポリエーテル変性ポリシロキサンをポリエーテル架橋体に複合化したsemi-IPN（interpenetrating polymer network，相互進入高分子網目）構造を有する電解質が高い導電率（25℃で 2×10^{-4} S/cm）と力学的強度をかね備え，室温で充放電可能なリチウムポリマー二次電池が実現できることが報告された[19]。負極には金属リチウム，正極活物質には$LiCoO_2$が用いられている。図20（中図）のように低放電レートでは正極利用率は100％であり300Wh/Lの体積エネルギー密度を達成している。110mAhの容量の1時間放電（1C放電）でも30％の容量を維持している（下図）。

1.6　リチウムポリマー二次電池の今後の展開

図22にリチウムポリマー二次電池の利点と欠点となる可能性を示した。今後の課題はいかに欠点となる可能性を克服するかに掛かっている。これには科学的な側面と技術的な側面があろう。特に科学的側面を注視した固体電解質とその電気化学界面に関する今後の研究課題をまとめる。

イオン伝導の場となる高分子，特にエーテル系高分子の分子設計に関しては，これまで膨大な研究がなされた。これからの課題は，高イオン導電率と力学的強度を併せ持つ高分子をポリマーアロイの手法や無機系のナノパーティクルの複合化などのナノサイエンス，ナノテクノロジーを駆使して実現して行く必要があろう。より高イオン導電率の高分子固体電解質を実現するためにはリチウム塩の分子設計がより重要になってくると予測する。たとえば1.3.2で紹介したように，リチウムイオン輸率の高い固体電解質を実現するのにリチウム塩の高分子化は極めて有効であった。また，高分子中のイオン拡散係数は液体中と比較してどうしても低くなるため，リチウムイオン濃度を高くしても会合が起きにくく高いリチウムイオンの活量が維持できるような電解質設計も重要であろう。

電極/電解質の固体界面の設計には多くの基礎研究の課題が残されている。金属リチウムとポリエーテルの界面は静的には安定である。本稿で高分子の構造によって電極反応速度が変化することを示したが，この関係の解明は重要であると考えられる。溶解・析出反応というダイナミッ

リチウムポリマー電池

＜利点として期待できる点＞

(1) 薄型電池が実現できる。

(2) 電池の形状自由度が増す。

(3) 容器も含めた場合エネルギー密度の増大が期待できる。

(4) 電極／電解質界面を事実上消失（融着、圧着、重合等の手法により）させることにより界面に高い圧力を加えなくても高効率な充放電反応が実現できる。

(5) 安全性が増す。将来的には保護回路を簡素化あるいは除去できる。

(6) 電池製造の生産性を飛躍的に向上できる可能性がある。

(7) (5)、(6)の理由から大型電池に適する。

＜欠点となる可能性＞

(1) 充放電のレート特性の低下。

(2) 低温特性の低下。

(3) エネルギー密度の低下。

図22　リチウムポリマー二次電池の利点と欠点になる可能性

クな変化が起きる充放電反応の固体/固体界面の解明はまだ何も手が着けられていない状況である[20]。複合正極と高分子の界面はさらに未解明である。金属リチウム界面でみられた，高分子構造による電極反応速度の変化が正極でも認められるのかは興味深い課題である。複合正極と高分子の界面はまさにナノサイエンス，ナノテクノロジーの宝庫と考えている。難しい課題であるが，着実に進めていかなければならない。

現在，高分子を用いた電解質（現在実用化に至っているのは溶液を主成分とするゲルであるが）の研究の進展によって，「電池は湿式デバイス」の常識が少しずつ変化してきている。ここで述べたリチウムポリマー二次電池は次世代を担う真の全固体リチウム電池であり，また最も現実味のあるデバイスであると確信している。

文　献

1） 芳尾真幸，小沢昭弥，リチウムイオン二次電池，日刊工業新聞社（1996）.
2） 渡邉正義，導電性高分子，緒方直哉編，講談社，pp.30-50，pp.95-150（1990）.
3） 渡邉正義，熱測定，24，12-21（1997）.
4） 渡邉正義，化学と教育，49，334-337（2001）.
5） 渡邉正義，日本ゴム協会誌，70，477-484（1997）.
6） A.Uedono *et al.*, *J.Polym.Sci.*, *Part B, Polym.Phys.*, 36，1919-1925（1998）.
7） 西本淳，渡邉正義，高分子，47，829（1998）.
8） M.Watanabe *et al.*, *Solid State Ionics*, in press.
9） A.Nishimoto *et al.*, *Macromolecules*, 32，1541-1548（1999）.
10） A.Nishimoto *et al.*, *Electrochim.Acta*, 43，1177-1184（1998）.
11） M.Watanabe *et al.*, *J.Power Sources*, 81-82，786-789（1999）.
12） M.Watanabe *et al.*, *Electrochim.Acta*, 46，1487-1491（2001）.
13） H.Tokuda *et al.*, *Macromolecules*, in press.
14） M.Watanabe, A.Nishimoto, *Solid State Ionics*, 79，306-312（1995）.
15） M.Kono *et al.*, *J.Electrochem.Soc.*, 145，1521-1527（1998）.
16） M.Kono *et al.*, *J.Electrochem.Soc.*, 146，1626-1632（1999）.
17） A.Nishimoto, Ph.D.Dissertation, Yokohama National University（1999）.
18） I.Ismail *et al.*, *Electrochim.Acta*, 46，1595-1603（2001）.
19） 安田壽和ほか，第42回電池討論会要旨集，pp.422-423（2001）.
20） O.Chusid *et al.*, *J.Power Sources*, 97-98，632-636（2001）.

2　リチウムセラミック二次電池

高田和典[*1]，近藤繁雄[*2]，渡辺　遵[*3]

2.1　はじめに

通常の電解質は，溶媒中に支持塩を溶解させたものであり，支持塩がイオン解離することによりイオン伝導性を発現する。このような液体の電解質に対して，固体中においてイオンが比較的高速で移動する物質が存在し，電子伝導性を持たないものは固体電解質と呼ばれる。液体の電解質に代えてこのような固体電解質を用いると，固体物質のみより構成される電池を作製することができる。

固体電解質は，無機物質を主とするもの，有機物質を主とするものに大別される。後者を代表するものは高分子固体電解質（ポリマー電解質）であり，前者は酸化物などのセラミックである。本書において高分子固体電解質に関しては別に記述するので，ここではリチウムイオン伝導性の無機固体電解質（セラミック固体電解質），ならびにそれを用いたリチウムセラミック二次電池について総説する。

2.2　なぜセラミック電解質か

これまで見出されてきた固体電解質のイオン伝導度は，一般的に液体電解質に比べて低い。リチウムイオン伝導性の固体電解質のうちで，最もイオン伝導性の高いもののイオン伝導度は10^{-3} S/cm台であるのに対し，リチウム電池に用いられる液体電解質の伝導度は10^{-2}S/cm台のものが数多く知られている。電池の出力電流を大きなものにする，あるいは電池を急速に充電するためには，現状では液体電解質を用いた電池のほうが有利である。それにもかかわらず，固体電池の出現が期待され，精力的に研究が進められている背景には，固体電解質を用いることで従来の液体電解質を用いた電池にない特長が期待されることがある。

2.2.1　不燃性

「リチウムイオン電池」は，正極にリチウムコバルト酸化物（$LiCoO_2$），負極に黒鉛などの炭素材料を用いる電池であり，充電時には，CoO_2層間からのリチウムイオン（Li^+）の脱離反応と，黒鉛層間へのリチウムイオンの挿入反応

＊1　Kazunori Takada　(独)物質・材料研究機構　物質研究所　コンビナトリアルプロジェクト　特別研究員
＊2　Shigeo Kondo　(独)物質・材料研究機構　物質研究所　コンビナトリアルプロジェクト　特別研究員
＊3　Mamoru Watanabe　(独)物質・材料研究機構　物質研究所　所長

正極：$LiCoO_2 \rightarrow Li_{1-x}CoO_2 + xLi^+ + xe^-$　(1)

負極：$6C + xLi^+ + xe^- \rightarrow C_6Li_x$　(2)

が生じ，放電時には逆の反応が生じる。この反応において，電子（e^-）は外部回路を通じて流れ，リチウムイオンは電解質中を流れる。したがって，これらの電池反応を生じさせるためには電解質中ではリチウムイオンが流れればよいことになり，液体電解質としてはリチウム塩の溶液を用いることになる。しかしながら，すべてのリチウム塩溶液がリチウムイオン電池の電解質として使用可能であるというわけではない。たとえば，水酸化リチウム水溶液を用いた場合には，下記の理由によりリチウムイオン電池を作製することができない。

水に水酸化リチウムを溶解した電解質中では，水酸化リチウムがイオン解離することにより生じたリチウムイオンが移動する。しかしながら，この水溶液中にはそのほかに水酸化リチウムのイオン解離により生じた水酸化物イオン，さらに水の電離により生じた水素イオンと水酸化物イオンが共存し，各イオンがそれぞれ移動することができる。そのため，この電解質に対して上記の電極材料を用いた場合には，負極ではリチウムイオンのインターカレーション反応の代わりに水素イオンが還元され水素ガスが発生する。すなわち，水の電気分解が生じる。水溶液を電解質として用いた場合には，水の分解電圧（1.2V）を超えた電池を作製することができないため，水の分解電圧をはるかに上回る高い起電力を発生するリチウム電池では，支持塩の溶媒として水ではなく有機溶媒が用いられる。

このような有機溶媒には，高い伝導度を得るために高い誘電率と低い粘度が求められる。プロピレンカーボネートやエチレンカーボネートなどの環状エステルは高い誘電率を持つ反面，粘度が高い。そのためリチウム電池の電解質には，これら環状エステルに，誘電率は低いものの粘度が低いジメチルカーボネートなどの鎖状エステル，あるいは1,2-ジメトキシエタンなどのエーテル類を混合したものが用いられる。しかしながら，これらの有機溶媒は言うまでもなく可燃性の物質である。表1には，リチウム電池用電解質に用いられるいくつかの有機溶媒の引火点と自然発火温度を示したが，特にエーテル類では引火点が極めて低く，安全性をいかに確保するかがリチウム電池における大きな課題である。電解質として固体電解質を用いると，リチウム電池がすべて不燃性の材料より構成されることになり，電池の安全性はきわめて高いものとなる。これがリチウムセラミック二次電池の第一の特長である。

2.2.2　副反応の抑制

固体電解質が液体電解質，ポリマー電解質と大きく異なる点は，単一のイオン種のみが拡散する点である。すなわち，リチウムイオン伝導性固体電解質中においては，アニオン性を帯びた不動の副格子間をリチウムイオンのみが移動するのみであり，その他の物質は移動しない。これが，セラミック固体電解質の第二の特長である。この現象は，下記に述べるようにセラミック電池に

表1　リチウム電池に用いられる有機溶媒の沸点，引火点，自然発火温度[1]

有機溶媒	沸点/℃	引火点/℃	自然発火温度/℃
ギ酸メチル	32	−19	−
ジメチルエーテル	−24	−41	−
ジメチルスルホキシド	−	−	215
1,3-ジオキソラン	−	2	−
エチルメチルエーテル	11	−37	190
ジエチルエーテル	36	−45	180
1,2-ジメトキシエタン	−	<21	−

好ましい特徴を与える。

水溶液電解質を用いた場合，高電圧のリチウム電池を構成することができないことは既に述べたが，その原因は，水素イオンの還元反応が生じることである。このような電解質の分解反応など，本来の電池反応以外に電池内で生じる反応は，一般的に副反応と呼ばれ，副反応は，サイクル寿命，保存寿命などに悪影響を及ぼすことがあり，一般的には回避しなければならない現象である。副反応の原因について先の例をさらに一般的に言えば，水酸化リチウム水溶液中には本来の電池反応に関与するリチウムイオン以外に，水素イオン，水酸化物イオン，さらには水分子が存在すること，さらにこれらがすべて電解質中を移動することができるため，これらが電気化学反応の場である電極上へ移動し，そこで電気化学反応を起こすことが原因であるということができる。このように複数種の物質が拡散する電解質においては，もっとも還元されやすいものが還元される電位から，最も酸化されやすいものが酸化される電位までが，電解質が安定に存在する電位範囲ということになる。

この点において，セラミック固体電解質とポリマー電解質を比較すると，セラミック電解質におけるリチウムイオンの輸率（全伝導度に対するリチウムイオンの伝導度の割合）が1であるのに対して，ポリマー電解質におけるリチウムイオン輸率は，濃度，温度により大きく変化するが，ポリエチレンオキシド系のものでは0〜0.7の範囲である。すなわち，ポリマー電解質においては，リチウムイオン以外にSCN^-，ClO_4^-，$CF_3SO_3^-$などの対アニオンも移動するため，固体電解質の分解電圧（耐酸化性）はこれらアニオンの酸化反応によっても制限される。さらに，液体電解質においては，対アニオンのほかに溶媒分子が移動するため，溶媒分子の電気化学的安定性によっても電解質の分解電圧は制限を受ける。それに対して，セラミック固体電解質においては，移動するアニオンが存在しないため，このような分解反応が継続して起こることがなく，一般的に高い分解電圧（高い電気化学的な安定性）を示す。このように，固体電解質を用いると，電池中の副反応が抑制され，高い信頼性を有する電池系を構成することができる。

2.2.3　その他の特長

リチウムセラミック電池の特長は，これら安全性に優れること，信頼性が高いことに加えて，蒸着法等による薄膜化が可能であること，電解質の沸騰や凍結による作動温度域の制限が緩和されること，積層化が容易となることなどがあげられ，これらのことから，固体電池は電池の究極の姿であると目されている。

2.3　リチウムイオン伝導性固体電解質

2.3.1　結晶質固体電解質

代表的な結晶質固体電解質のイオン伝導度を図1に示す。これまでに数多くの結晶質固体電解質が見出されてきたが，ここでは代表的な例として窒化リチウム，ヨウ化リチウム，さらに10^{-3} S/cmを超えるイオン伝導性が観測され，今日最も精力的に研究されている固体電解質としてNASICON型構造ならびにペロブスカイト型構造をもつ酸化物，最後に最近高いイオン伝導性が確認されたLISICON型硫化物について述べる。

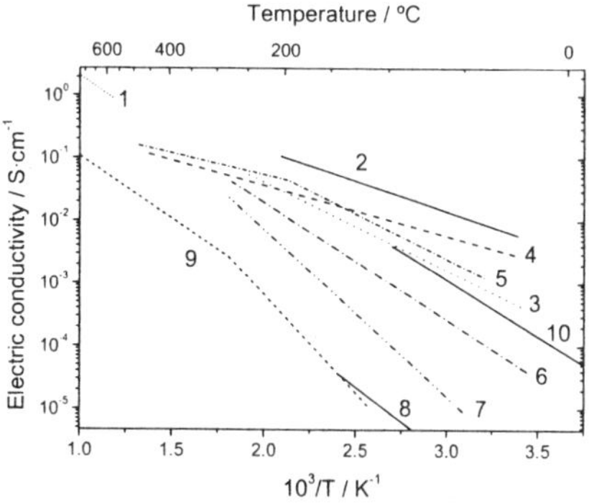

図1　結晶質固体電解質の電気伝導度

1：α-Li_2SO_4，2：Li_3N (H_2ドープ)，3：Li_3N，
4：Li-βAl_2O_3，5：$Li_{1.3}Al_{0.3}Ti_{1.7}(PO_4)_3$，
6：$Li_{3.6}Ge_{0.6}V_{0.4}O_4$，7：$Li_{3.6}P_{0.4}Si_{0.4}O_4$，
8：LiI，9：$Li_{0.6}Zr_{1.35}(PO_4)_2$。

2.3.2　ヨウ化リチウムと窒化リチウム

ヨウ化リチウム（LiI）は，イオン伝導性が5.5×10^{-7}S/cmと低いものの[2]，後に述べるように心臓ペースメーカー用電池の固体電解質として実用化された化合物である。この化合物では，絶縁体であるアルミナ（Al_2O_3）と混合することでイオン伝導性が向上するという興味深い現象が見られた[3]。このイオン伝導性の向上は，LiI/Al_2O_3界面において高イオン伝導層が形成されることによると説明されており，今日物質界面のナノ領域でのイオン伝導現象が積極的に研究されるにいたった草分け的な固体電解質である。さらにLiIは，後に記述するように，非晶質固体電解質のイオン伝導性を向上させる添加剤としてきわめて効果的である。

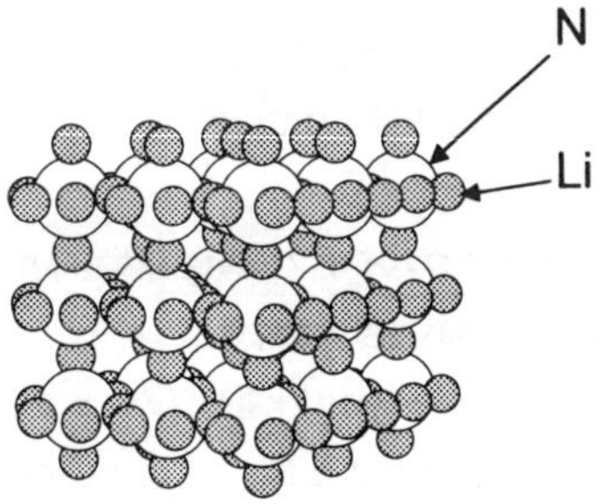

図2　Li_3Nの結晶構造

窒化リチウム（Li_3N）は，図2に示した六方晶の層状結晶構造を有する化合物であり，Li_2Nの層間に存在するリチウムイオンが伝導に寄与する。そのため，イオン伝導性に強い異方性を示し，c軸に垂直な方向で1.2×10^{-3}S/cmの高いイオン伝導性を示すが，c軸に平行な方向でのイオン伝導度は1×10^{-5}S/cmである[4]。この化合物はこのように高いイオン伝導性を示すものの，分解電圧が0.445Vと低く，この固体電解質を用いた場合，理論的にはこの電圧以上の高電圧を発生する電池を構成することはできない。この化合物を元に，低い分解電圧を向上させる数々の研究が行われた。その結果，逆蛍石型の構造を有するLi_3N-LiClは，Li_3Nとほぼ同等のイオン伝導性を有し，分解電圧は約2Vであると報告されている[5]。化合物また3Li_3N-KIでは，イオン伝導度を1.0×10^{-4}S/cmに保ったまま分解電圧を約2.5Vまで引き上げることができることが報告されており[6]，この固体電解質を用いたC/3Li_3N-KI/$LiTiS_2$電池は約2Vの起電力を発生する。

また，イオン伝導性をさらに向上させる取り組みとしては，Li_3Nは水素中で結晶を作製し，水素を導入することでイオン伝導度が30倍にも向上することが報告されている[7]。また，リン化リチウム（Li_3P），ヒ素化リチウム（Li_3As）もLi_3Nと同構造を有する化合物である。Li_3Asは半金属的であり，電子伝導性を有するが，Li_3PはLi_3Nに比べて高いイオン伝導性を示すことが見出されている[8]。

2.3.3　酸化物

酸化物系のリチウムイオン伝導性固体電解質として高いイオン伝導性を示すものとしては，NASICON型構造のもの，ペロブスカイト型構造のものが見出されてきた。

NASICON（Na Super Ionic Conductor）[9]は，$Na_{1+x}Zr_2Si_xP_{3-x}O_{12}$であらわされる複合酸化物であり，高いナトリウムイオン伝導性を示す固体電解質として1976年に見出された。この物質の結晶構造は一般的にNASICON型構造と呼ばれ，同構造で優れたリチウムイオン伝導性を示す固体電解質の探索が行われた結果，$LiTi_2(PO_4)_3$[10]，$LiZr_2(PO_4)_3$[11]，$LiGe_2(PO_4)_3$[12]などが見出された。$LiTi_2(PO_4)_3$は図3で示したNASICON型構造を有する化合物である。焼結体において観測されるイオン伝導度は，10^{-6}S/cmときわめて低いものであるが，

Ti^{4+}の一部をAl^{3+}，Sc^{3+}などの＋3価のイオンで置換する[13]，あるいはLi_3PO_4やLi_3BO_3などを添加する[14]ことにより10^{-3}S/cmのイオン伝導性が発現することが報告されている。

ペロブスカイト型構造（図4）を持つ固体電解質としては，(La, Li) TiO_3，(Pr, Li) TiO_3，(Nd, Li) TiO_3，(Sm, Li) TiO_3などが知られている[15]。ペロブスカイト構造を持つ化合物は基本的にはABO_3の組成を有しており，これら固体電解質においてはランタノイドとリチウムがAサイトを占める。ランタノイドとリチウムの組成比が1：1の時にはAサイトがすべて占有されているが，$(Ln_{0.5+x}Li_{0.5-3x})TiO_3$の適当な組成を選ぶとAサイトに空孔サイトが生じ，リチウムイオンはこの空孔サイトを通じて伝導できるようになり，Ln＝La，x～0.07におけるイオン伝導度は1.0×10^{-3}S/cmの値が報告されている[16]。

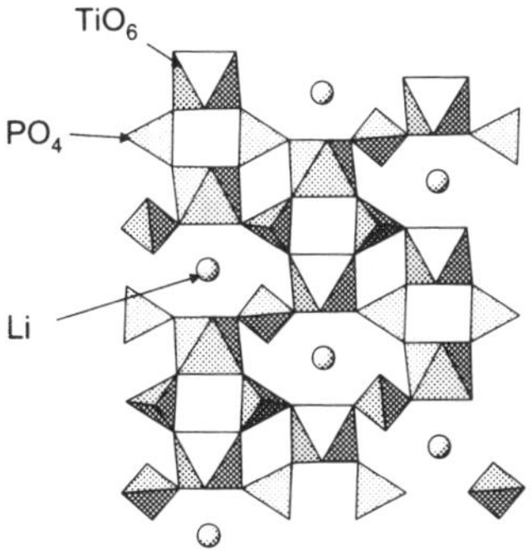

図3　$LiTi_2(PO_4)_3$のNASICON型構造

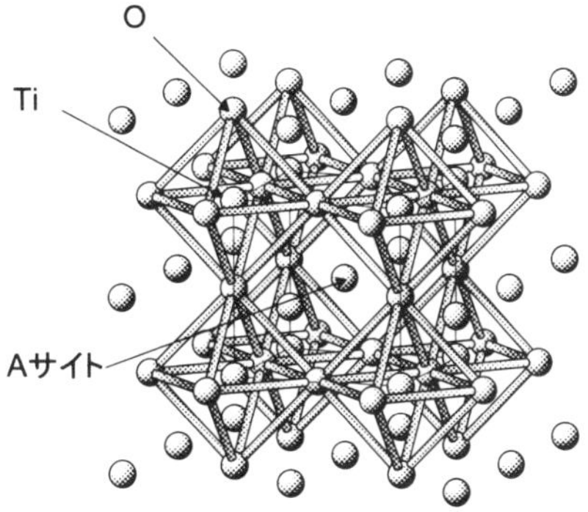

図4　ペロブスカイト型構造

リチウム電池には，高電圧を発生するため，酸化力の高い正極活物質と還元力の高い負極活物質が用いられる。電解質はこれら活物質と接触する必要があり，そのために高い耐酸化性，耐還元性を併せ持つ必要がある。これら2種類の酸化物固体電解質は，いずれも10^{-3}S/cmの高いイオン伝導性を示すが，耐還元性に課題を有している。たとえば，$LiTi_2(PO_4)_3$はリチウム基準で約2.5Vでリチウムイオンが構造中に挿入されるとともにTi^{4+}の還元反応が生じる[17]。したがって，これらの固体電解質がセラミック電池中において還元力の高い負極活物質と接触した場合には，還元反応によって生じたTi^{3+}による電子伝導性が生じ，電解質として作用しなくなる。

この問題を避けるために，還元力のさほど高くない（電位があまり卑ではない）負極活物質を用いたリチウムセラミック電池の提案がなされており[18,19]，固体電解質に$Li_{1.3}Al_{0.3}Ti_{1.7}(PO_4)_3$を，正極活物質に$LiMn_2O_4$を用いたセラミック電池は，負極活物質に$Li_4Ti_5O_{12}$を用いることで，図5に示したように充放電サイクルに対して安定に作動することが報告されている[19]。

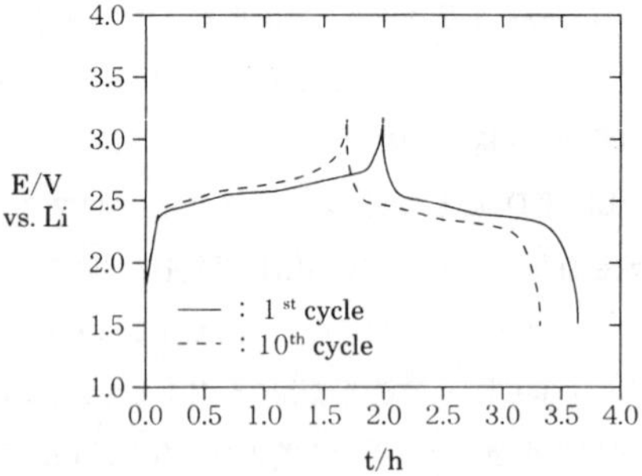

図5　$Li_4Ti_5O_{12}/Li_{1.3}Al_{0.3}Ti_{1.7}(PO_4)_3/LiMn_2O_4$ 電池の充放電曲線[19]

2.3.4　硫化物

硫化物イオンは，酸化物イオンに比べ分極率が大きく，リチウムイオンを捕捉する作用が小さなことから，酸化物に比べて高いイオン伝導性が期待される。実際に，非晶質系においては，後に記載するように酸化物に比べ硫化物は高いイオン伝導性を示す。それに反し結晶質の物質については，電子-リチウムイオン混合伝導体としてLi_xTiS_2をはじめとする種々の物質が見出されてきたが，電子の移動しないリチウムイオン伝導性の硫化物系固体電解質は，これまでLi_3PS_4[20]，Li_2SiS_3，Li_4SiS_4[21]などごく少数のものが知られているのみであり，その伝導度も10^{-8}～10^{-6}S/cm以下の極めて低いもののみであった。近年，Li_2S-GeS_2，Li_2S-GeS_2-ZnS系などの種々の硫化物において高いイオン伝導性が見出された[22]。中でも$Li_{4-x}Ge_{1-x}P_xS_4$は，2.2×10^{-3}S/cmというきわめて高いイオン伝導性と優れた電気化学的安定性を示すことが報告された[23]。これらは，1978年に見出された$Li_{14}Zn(GeO_4)_4$をはじめとする一連のLISICON（Li superionic conductor）と呼ばれるリチウムイオン伝導性固体電解質[24]と同型である。

2.3.5　非晶質固体電解質

非晶質のリチウムイオン伝導性固体電解質（ガラス）は，これまで主に酸化物，硫化物のものが研究されてきた。非晶質は，結晶質に比べて乱れた構造をもっている。その結果，可動イオンはこの乱れた構造中のさまざまなサイトを通じて伝導するため，結晶質に比べて高いイオン伝導性を示すことが多い。たとえば，結晶質のLi_2SiS_3，Li_4SiS_4の室温におけるイオン伝導度はおのおの2×10^{-6}S/cm，5×10^{-8}S/cmであり[21]，Li_3PS_4のイオン伝導度は3×10^{-7}S/cmである[20]のに対して，これらに対応する非晶質のLi_2S-SiS_2系ガラス，Li_2S-P_2S_5系ガラスでは10^{-4}S/cm台のイオン伝導性が観測されている。

非晶質固体電解質の構造は，網目形成剤（glass network former）と網目修飾剤（glass

network modifier）より構成される。酸化物系の非晶質固体電解質の場合，網目形成剤としてはSiO_2，B_2O_3，P_2O_5などが知られており，これらはガラスの骨格を形成する。また，網目修飾剤はガラスにリチウムイオン伝導性を付与するもので，酸化リチウム（Li_2O）が一般に用いられる。このような材料のイオン伝導性は網目修飾酸化物であるLi_2Oの含有量が増えると向上する。しかし，同時に生じる非架橋酸素がリチウムイオンを捕捉するようになり，逆に高濃度のLi_2O組成ではイオン伝導性が低下する。その結果，酸化物系ガラスにおけるイオン伝導度は，室温で10^{-6}S/cm程度にとどまっている。

1980年代に，10^{-4}～10^{-3}S/cmの高いイオン伝導性を示す硫化物ガラスが相次いで発見された。これらのガラスは，ガラス骨格修飾剤としてLi_2Sを，ガラス骨格形成剤としてSiS_2[25]，B_2S_3[26]，P_2S_5[27]を用いたものである。これらの硫化物の組み合わせで得られるイオン伝導性は10^{-4}S/cmであるが，さらにハロゲン化リチウム，特にヨウ化リチウム（LiI）を加えることで，図6に示したように10^{-3}S/cm台のイオン伝導性を得ることができる。これらガラス中で，LiIはミクロドメインを形成しており，これらのガラス中でガラス骨格に対しては可塑剤として作用するため，ガラス骨格構造の安定性を低下させる。そのため，LiIの添加によりガラス転移温度は，$0.67Li_2S$-$0.33P_2S_5$ガラスで200℃から120℃に[27]，$0.60Li_2S$-$0.40SiS_2$ガラスでは334℃から306℃[28]に低下する。

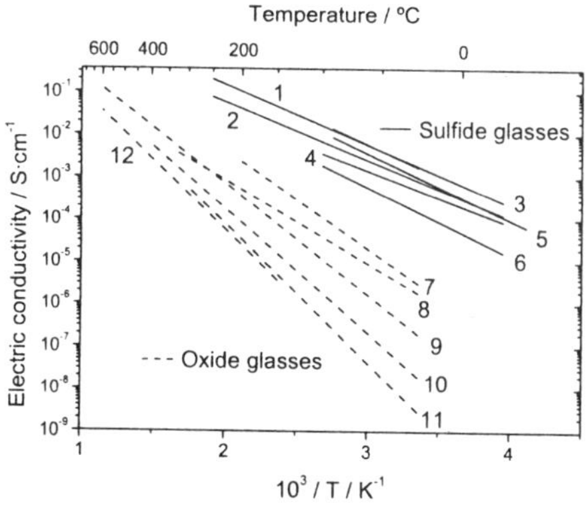

図6　非晶質固体電解質のイオン伝導度

1：$44LiI$-$30Li_2S$-$26B_2S_3$，2：$30LiI$-$42Li_2S$-$28SiS_2$，
3：$40LiI$-$36Li_2S$-$24SiS_2$，4：$60Li_2S$-$40SiS_2$，
5：$44LiI$-$30Li_2S$-$26P_2S_5$，6：$60Li_2S$-$40GeS_2$，
7：$30LiI$-$41Li_2O$-$29P_2O_5$，8：LiW_2O_7，
9：$4.9LiI$-$31.4Li_2O$-$61B_2O_3$，
10：$35.3Li_2O$-$17.6Li_2SO_4$-$47.1SiS_2$，11：$33.3Li_2O$-$66.7SiO_2$，
12：$40Li_2O$-$35B_2O_3$-$25LiNbO_3$。

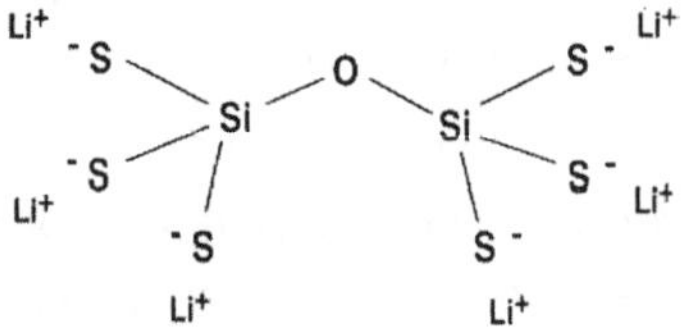

図7　オキシ硫化物ガラスの構造ユニット[33)]

またLiIを添加すると，ヨウ化物イオンの酸化反応が生じやすいことにより，固体電解質の耐酸化性が制限される可能性がある。これらの問題を解決し，Li_2S-SiS_2ガラスのイオン伝導性を向上させるためのLiIに代わる添加剤として，リン酸リチウム（Li_3PO_4）が提案された[29)]。さらに，Li_3PO_4以外にも，Li_4SiO_4，Li_2SO_4を添加した場合も同様のイオン伝導性の向上が観測され[30)]，これら一連のオキシ硫化物ガラスは，図7に示した構造をもつことが^{29}Si MAS-NMR[31)]，ならびにXPSの結果[32)]から示唆された。この構造においては，Siの架橋サイトを酸化物イオンが占め，非架橋サイトを硫化物イオンが占めている。すなわちオキシ硫化物ガラスは，架橋サイトを酸化物イオンが占めるためガラス構造が安定なものとなり，リチウムイオンとの相互作用の大きな非架橋サイトを硫化物イオンが占めることになるためイオン伝導性が高くなる，固体電解質として好適な構造を有している。

硫化物ガラスの合成については，融液を急冷する方法が一般的にとられる。網目修飾剤であるLi_2Sの含有量が高いほど可動のリチウムイオン濃度が高くなるため，イオン伝導性は高くなるが，網目形成剤の含有量が小さくなるためガラス化は困難となる。網目形成剤の含有量の小さな範囲でのガラス化を可能とするためには，冷却速度を高くすることが効果的であり，Li_2S-SiS_2系ガラスの場合には急冷法として双ローラー法を採用することによりLi_2Sの含有量が高い組成域でのガラス化が可能となり，高いイオン伝導性が発現されること[28)]が報告されている。

双ローラー法では，原材料混合物を高温で溶融し，融液をローラー間に通すことで急冷する。この方法は，沸点の高いLi_2S-SiS_2系の合成では好ましい効果を与えた一方，融液を開放系にさらす必要があるため，網目形成剤として沸点の低いP_2S_5を用いた系の合成には適していない。高温での融液状態を経ずに非晶質電解質を合成する方法として，メカニカルミリング法が近年提唱された。この方法では，原材料の混合物を遊星型ボールミル中で数時間から数十時間混合することで高温状態を経ることなく非晶質固体電解質を得ることができ，Li_4SiO_4-Li_2S-SiS_2系[34)]，Li_2S-P_2S_5系[35)]などで，融液急冷法による非晶質電解質とほぼ同等の10^{-4}S/cmを超えるイオン伝導性が報告されている。

2.4　リチウムセラミック電池

2.4.1　リチウム/ヨウ素電池

1980年以降10^{-3}S/cm台のイオン伝導度をもつリチウムイオン伝導性固体電解質が相次いで報告されたものの，それ以前には10^{-6}S/cm前後の極めて低いものしか知られていなかった。しかしながら，セラミック電池として最初に，しかも現時点において唯一ともいえる実用化された電池系は，イオン伝導性のあまり高くないLiIをリチウムイオン伝導性固体電解質に用いたものである。

この電池は，正極にポリビニルピリジン-ヨウ素錯体を，負極に金属リチウムを用いたものである。この正極と負極を直接接触させると，接触面でヨウ化リチウム（LiI）が生成し，固体電解質層として作用する。通常の電池において正極と負極が接触（内部短絡）すると，その間を電流が流れ，外部回路には電流が流れない。それに対して，この電池系においては固体電解質層が正負極の接触により自動的に形成されるため，電池の内部短絡が起こることはなく，極めて信頼性の高い電池となる。ヨウ化リチウムのイオン伝導性が低いため，取り出すことのできる電流値も10μA/cm^{2}程度と小さいものの，この高い信頼性を生かし心臓ペースメーカー用の電池として現在も使われている。

2.4.2 薄膜電池

リチウムイオン伝導性固体電解質の低いイオン伝導性を補う方法として，電解質層を蒸着法などにより薄膜状に形成し，電池の内部インピーダンスを低減する研究も盛んに行われている。表2には，これまでに報告された薄膜リチウムセラミック電池の主なものを挙げたが，1983年には既に固体電解質に$Li_{3.6}Si_{0.6}P_{0.4}O_4$のスパッタ蒸着膜を用い，正極に$TiS_2$，負極に金属リチウムを用いた薄膜電池の報告がなされている。この電池では2000サイクルものサイクル寿命が確認された[36)]。

リチウムセラミック電池が優れたサイクル特性を示す電池として，電解質に$LiI-Li_3PO_4-P_2S_5$を用いた薄膜電池[37)]が挙げられる。この電池は，正極の充電深度がほぼ100％の深い充放電にお

表2 種々の薄膜リチウム電池

固体電解質 （作製方法）	正極活物質 （作製方法）	負極活物質 （作製方法）	参考文献
$Li_{3.6}Si_{0.6}P_{0.4}O_4$ （rfスパッタ）	TiS_2 （CVD）	Li （真空蒸着）	36）
$Li_2O-V_2O_5-SiO_2$ （rfスパッタ）	MnO_x （真空蒸着）	Li （真空蒸着）	41）
$LiI-Li_3PO_4-P_2S_5$ （rfスパッタ）	TiS_2 （rfスパッタ）	Li （真空蒸着）	37）
Lipon （rfスパッタ）	V_2O_5 （dcスパッタ）	Li （真空蒸着）	39）
Lipon （rfスパッタ）	$LiMn_2O_4$ （rfスパッタ）	Li （真空蒸着）	40）
Lipon （rfスパッタ）	$Li_xMn_{0.44}Ni_{0.44}O_2$ （rfスパッタ）	Li （真空蒸着）	42）

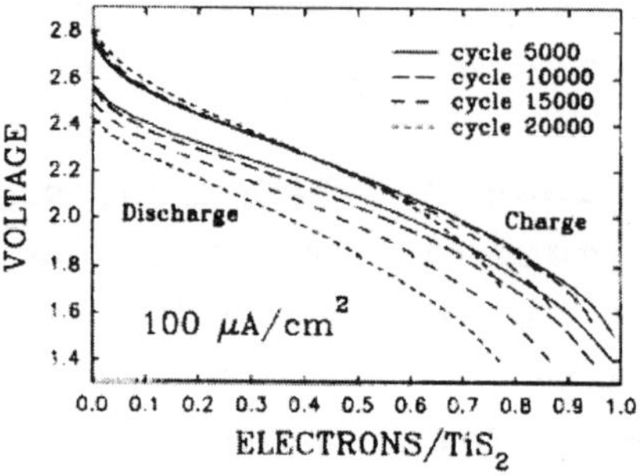

図8　Li/LiI-Li_3PO_4-P_2S_5/TiS_2薄膜電池の充放電曲線[38)]

いても，図8に示したように20000サイクル以上の充放電が可能であり[38)]，セラミック固体電解質を用いた電池ではいかに副反応が小さく，きわめて優れた信頼性を持つものであるかを顕著に示す好例である。

先に示した2つの薄膜電池の起電力は，正極活物質にTiS_2を用いているため，約2Vのものであった。特に，LiI-Li_3PO_4-P_2S_5を用いた薄膜電池では電解質にヨウ化物イオンが含まれているため，高電圧の正極を用いた場合にはヨウ化物イオンの酸化反応が起こる可能性がある。リチウムイオン電池なみの4Vを発生する電池に使用することのできる薄膜電解質として，Lipon薄膜が提案されている。Li_3PO_4を窒素雰囲気中でスパッタ蒸着すると，Li_3PO_4に窒素が取り込まれイオン伝導性を示すようになる。このようにして得られた$Li_{3.3}PO_{3.8}N_{0.22}$（Lipon）薄膜を固体電解質層に用いた薄膜電池としては，正極にV_2O_5[39)]，$LiMn_2O_4$[40)]などが報告されており，後者ではLiponのイオン伝導度が2×10^{-6}S/cmと低いものの，薄膜化により電池の内部インピーダンスが低くなり，80μA/cm^2での放電が可能となっている。

2.4.3　硫化物ガラスを固体電解質として用いたリチウムセラミック電池

セラミック電池では性能低下につながる副反応が抑えられるため，以上のようにサイクル特性等に優れた特性を示す。しかしながら現状では，リチウムセラミック電池は基本電池系の研究段階であり，総合的な電池特性が調べられた例は数少ない。ここでは，同一の電池において電池特性を総合的に調べた例として，筆者らが行った研究[43, 44)]を紹介したい。

図9～12に示した図は，固体電解質としてLi_3PO_4-Li_2S-SiS_2系ガラス，正極活物質にコバルト酸リチウム（$LiCoO_2$），負極活物質にインジウムを用いた電池に関するものである。図9は，この電池の充放電サイクル挙動を示したもので，100サイクル以上にわたって充放電効率はほぼ100%で，100サイクル経過後も殆ど容量低下は観測されなかった。図10には種々の電流密度で放電した際の放電曲線を示した。この電池に固体電解質として用いられたガラスのイオン伝導度は

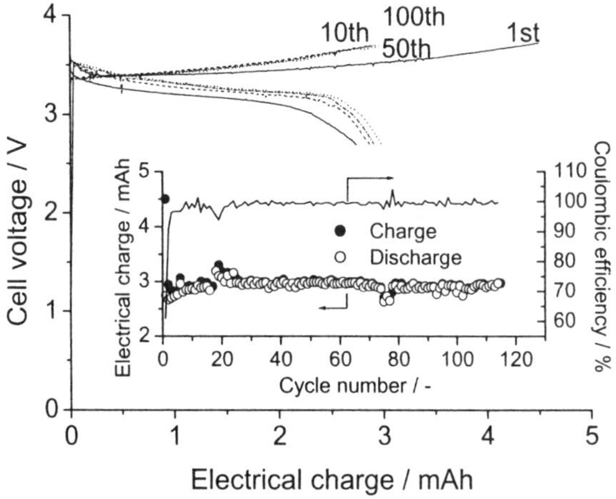

図9　$In/Li_3PO_4-Li_2S-SiS_2/LiCoO_2$電池の充放電サイクル特性

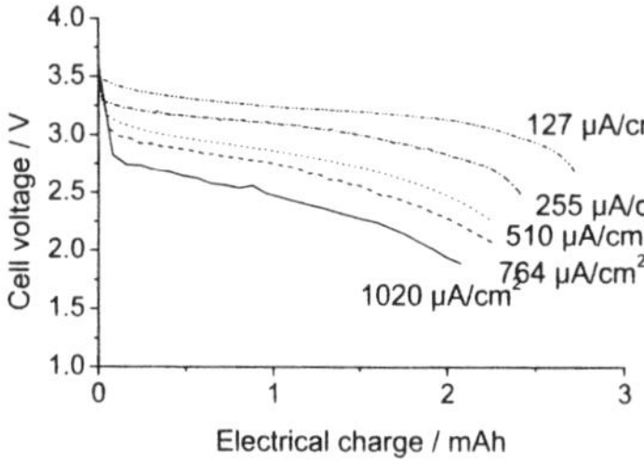

図10　$In/Li_3PO_4-Li_2S-SiS_2/LiCoO_2$電池の放電曲線

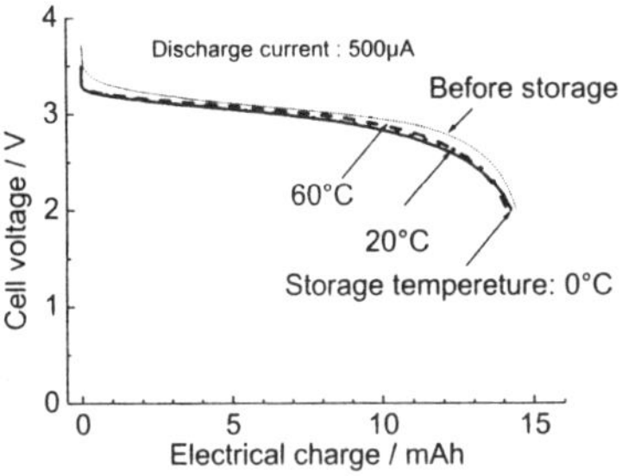

図11　保存試験における$In/Li_3PO_4-Li_2S-SiS_2/LiCoO_2$電池の放電曲線

1.8×10^{-3}S/cmときわめて高く[45)]，そのため1mA/cm²に近い放電が可能であることがわかる。

この電池の保存特性を図11ならびに図12に示した。図11は充電後の電池を表示の温度で2カ月間保存した後の放電曲線である。保存後も容量の低下はまったく観測されず，この電池系が極めて自己放電の少ない電池であることがわかる。さらに電池を3.7Vで連続充電した後の放電挙動が図12である。従来の電池では連続的に電圧を印加すると，充電反応と同時に電解質の分解反応が競合して起こり，電池の性能低下を引き起こす場合がある。それに対して，この電池系では連続充電後も容量低下がまったく観測されておらず，電池内で副反応がほとんど生じていないもの

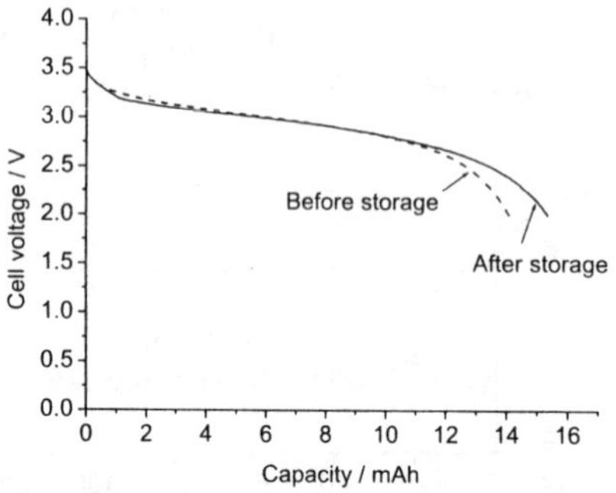

図12　連続電圧印加試験における$In/Li_3PO_4-Li_2S-SiS_2/LiCoO_2$電池の放電曲線

と考えられる。

ここで示したように，セラミック電池はサイクル特性をはじめとする電池諸特性にきわめて優れた特性を示すものである。しかしながら，薄膜状の電極を用いた電池で得られる容量はきわめて小さなものであり，汎用的な電池としての展開が困難であること，また$In/LiCoO_2$系で示したような粉末成型によって作製された電池においては，電解質層の薄膜化・大面積化が困難であることなどの理由により，現在のところ実用化には至っていない。

2.5　セラミック固体電解質が拓く新しい電池の可能性

これまで述べてきた例は，固体電池が液体電解質を用いた電池の欠点を補い，高い信頼性を持つことを示すものである。ここでは，固体電池が液体電解質系の欠点を補うのみならず，新しい電池系を提供する可能性を示す2つの例について述べたい。

セラミック電池においては，副反応が効果的に抑制されることを示してきた。副反応のひとつに，電極活物質の溶解反応が挙げられる。リチウムイオン電池の開発においては，コバルトが希少で高価な元素であることから，正極活物質である$LiCoO_2$を代替する新しい電極活物質の探索が進められており，$LiNiO_2$，$LiMn_2O_4$が次世代正極活物質の候補材料として期待されている。しかしながら$LiMn_2O_4$を用いた場合には，高温保存特性，サイクル寿命等を解決する必要性がある。この高温保存時の性能低下，充放電サイクルにともなう容量低下は，活物質からマンガンが液体電解質中に溶出することが原因であると考えられている。それに対して，固体電解質中ではリチウムイオンのみが拡散するため，このような溶解反応が抑制されるものと期待される。ここでは，さらに一歩進めて，セラミック電池中においては，きわめて溶解性の高い物質でさえも電極活物質として作用することを示す。

はじめに述べたように液体電解質は，支持塩を溶媒中でイオン解離させることによりイオン伝導性を発現している。すなわち，液体電解質に用いられる溶媒は，イオン結合性の物質をイオン解離させる作用を有していなければならない。このことは逆に，液体電解質を用いた場合イオン結合性の高い物質は溶媒中に溶解することを意味する。Li_2FeCl_4は，逆スピネル型の結晶構造を有しリチウムイオン伝導性が確認されている[46]。さらに，レドックス種として作用すると考えられるFe^{2+}イオンを含むことから，この材料では電気化学的な酸化により

$$Li_2FeCl_4 \rightarrow Li_{2-x}FeCl_4 + xLi^+ + xe^- \quad (3)$$

の反応が起こり，電池活物質として作用するものと考えられる。しかしながら，Li_2FeCl_4はイオン結合性の高い物質であるため，通常の液体電解質を用いて電池を実際に作製すると，この物質が電解質中に溶解し，電池として作用させることができない。それに対して，電解質に固体電解質を用いると，このような溶解反応は生じず，図13に示したように（3）式の反応，すなわちリチウムイオンの脱離反応がリチウム基準で約3.5Vで進行する[47]。この例は，固体電解質を用いることによりイオン結合性の物質を電極活物質として作用させることが可能であることを示すものであり，まったく新しい電池系の登場を期待させるものである。

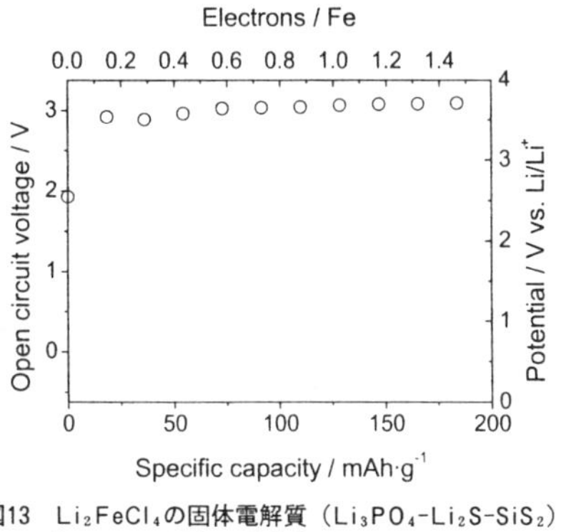

図13　Li_2FeCl_4の固体電解質（Li_3PO_4-Li_2S-SiS_2）中における電気量滴定曲線

二硫化鉄（FeS_2）は熱電池の正極活物質として長く研究されてきた物質である[48]。この物質の還元反応は，

$$FeS_2 + 4Li^+ + 4e^- \rightarrow Fe + 2Li_2S \quad (4)$$

であらわされる4電子反応であり，そのため理論容量は894mAh/gにも達する。しかしながら還元生成物である金属鉄はリチウムイオン伝導性電解質中では不活性であるため，この反応は繰

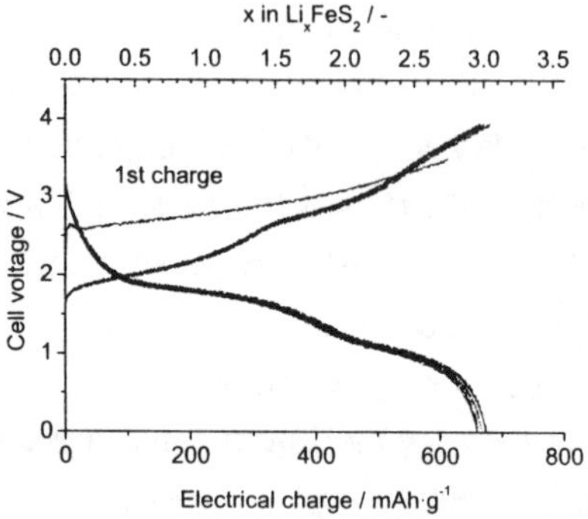

図14　FeS_2/Li_3PO_4-Li_2S-$SiS_2/LiCoO_2$電池の充放電サイクル特性

り返し起こすことができないとされてきた。それに対して，電解質として固体電解質を，負極活物質にFeS_2あるいはLi_2FeS_2を，正極活物質に$LiCoO_2$を用いた場合，図14で示したように，繰り返しの充放電が可能であった[49]。固体電解質中におけるLi_2FeS_2の還元生成物の^{57}Feメスバウアー分光を行うと，通常のα-Feで現れる6重項の吸収は現れず，図15で示した超常磁性状態のFeに対応する吸収が見られる。この現象は，還元生成物である鉄がナノスケールの粒子を形成していることを示唆するものであり，本来，電気化学的に不活性な金属鉄が再び電気化学的に酸化される理由は，還元生成物である鉄がこのようなナノスケールの粒子として存在するためであると考えられる[50]。この例は，液体電解質中では二次電池の活物質としては作用しない物質が，固体電解質中では二次電池の活物質となりうることを示す好適な例である。

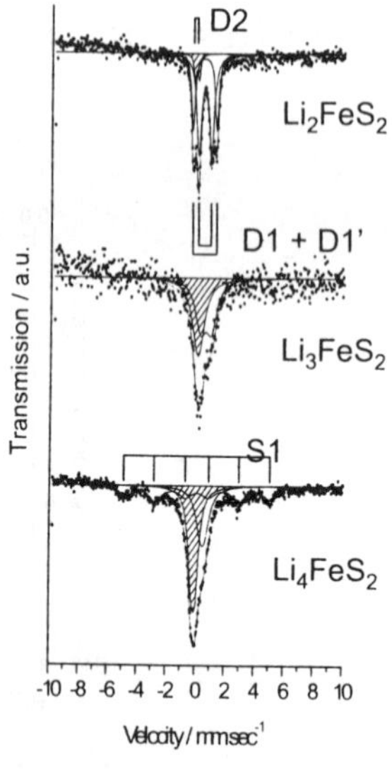

図15　Li_2FeS_2の還元生成物の^{57}Feメスバウアースペクトル

2.6　リチウムセラミック二次電池を実用化するための技術

リチウムイオン伝導性固体電解質を用いたセラミック電池は，以上のように優れた特性を示す。本稿の最後に，実用化に向けて今後解決しなければならない課題について述べたい。

まず，実用化を達成するためには加工性の向上が重要な課題となっている。電池中においてエネルギーを蓄える部材は，言うまでもなく電極活物質であり，電解質は正負極間のイオン伝導を担うのみの役割である。したがって，電池のエネルギー密度を高めるためには，電池中において電解質層の占める体積をできるだけ小さくする，すなわち電解質層の厚さを薄くする必要がある。また，電解質層の抵抗は厚さに比例し，面積に反比例するため，電池の内部抵抗を減じ，電池を大電流での作動させるためにも，電解質層は薄く，しかも大面積である必要がある。そのため，リチウムイオン電池の電解質層に用いられるセパレータは通常数十μmの薄いものとなっている。また，ポリマー電解質の場合もポリマー電解質の溶液を薄くキャストし，溶媒を蒸発させることで，比較的簡単に薄型・大面積のものに加工することができる。しかしながら，無機のセラミック固体電解質は一般的に粉末状の物質であり，そのままでは薄膜・大面積に加工することが困難である。セラミック固体電解質の加工性を向上させる方法として，近年高分子材料との複合化技術の研究が進められている。

このような試みの例としては，Li_3PO_4-Li_2S-SiS_2系リチウムイオン伝導性ガラスとポリスチレンを複合化したもの[51]，Li_4SiO_4-Li_2S-SiS_2系ガラスとポリエチレンオキシドを用いたポリマー電解質（$LiClO_4$-PEO）を複合化したもの[52]などが報告されており，前者は8×10^{-4}S/cmの高いイオン伝導性を示す。

本稿でも述べたように，数々の研究の結果，数多くの優れた性能を有するリチウムセラミック電池の構成材料が見出されてきた。実用化に際してのもうひとつの課題は，これらの材料間をいかにうまく接続するかという点である。電池の基本構成は，負極活物質/電解質/正極活物質であるが，電解質が液体の場合にはこれらの界面は固相/液相界面であり，両者は良好に接続される。また，電極活物質粒子間の接続についても，電極内に液体電解質が染み込むことにより良好なイオン伝導の接続を得ることができる。それに対して，リチウムセラミック電池では，構成材料がすべて固体であり，これら固体粒子間のイオン伝導をいかに確保するかが大きな課題である。

NASICON型リチウムイオン電解質$LiTi_2(PO_4)_3$のイオン伝導性については，すでに触れたように，$LiTi_2(PO_4)_3$の焼結体において観測されるイオン伝導度が10^{-6}S/cmであるのに対し，Ti^{4+}の一部をAl^{3+}，Sc^{3+}などの＋3価のイオンで置換した置換体では10^{-3}S/cmのイオン伝導性が発現する。しかしながら，$LiTi_2(PO_4)_3$の本質的なバルクのイオン伝導性は，図16に示したように焼結体において観測されるものに比べ2桁近く高いことが複素インピーダンス解析の結果より示唆されている[53]。また，図17に示したようにAl^{3+}による置換を行った場合にも^{7}Li NMRスペクトルにはほとんど変化がなく[54]，分子力学による計算結果においてもAl^{3+}置換を行った場合にリチウムイオン伝導の活性化エネルギーはほとんど変化しないこと[55]が報告されている。これらの結果から，Al^{3+}による置換は$LiTi_2(PO_4)_3$バルクのイオン伝導性にほとんど影響を与えておらず，$LiTi_2(PO_4)_3$バルクのイオン伝導度はAl^{3+}置換体と同等の高いものであることがわかる。すなわち，$LiTi_2(PO_4)_3$において＋３価イオンの置換あるいはリチウム塩の添加によりイオン伝導性が向上するメカニズムは，$LiTi_2(PO_4)_3$焼結体中の粒界の抵抗が高いためであり，これらの置換，添加によるイオン伝導性の向上は，焼結性の向上により粒界のイオン伝導性が向上するものとして説明される。この例で明らかなように，粒子内におけるイオン伝導性が良好な場合にも，セラミック電池を構成する際には粒子間のイオン伝導性をいかに高めるかが重要な技術となっている。

粒子間の接合性を高めるひとつの方法は，焼

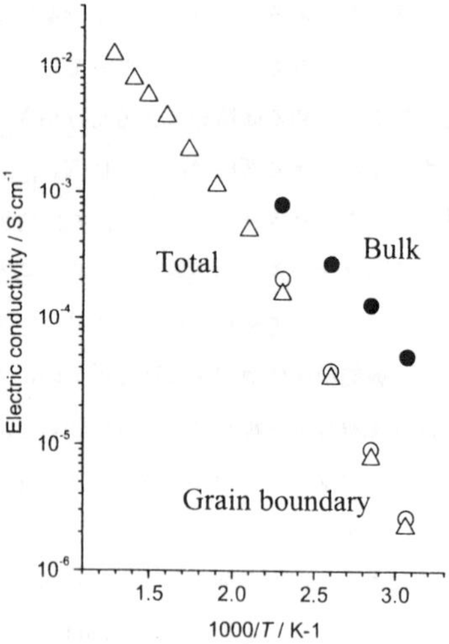

図16　$LiTi_2(PO_4)_3$のイオン伝導度

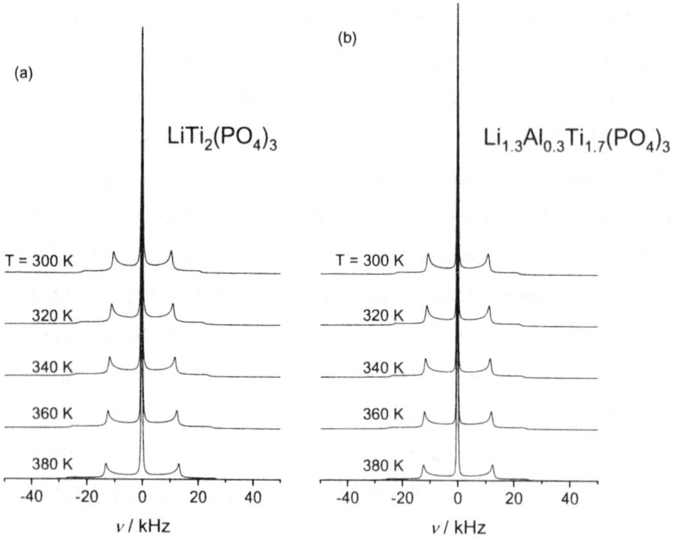

図17　$LiTi_2(PO_4)_3$ならびに$LiTi_2(PO_4)_3$の^7Li NMRスペクトル

結温度を高めるなど高いエネルギーを与えることである。スパークプラズマ焼結[56]は，加圧状態の粉末粒子間に電気放電を起こし，粒子間の接合性を高める方法である。この方法を用い，$LiTi_2(PO_4)_3$を焼結した場合には，通常の高温焼結に比べ焼結体のイオン伝導性が2桁向上することが報告されている[57]。一方で，このような高いエネルギーを与える方法では，セラミック電池に好ましくない影響を与えることが懸念される。副数種の物質を混合し，高いエネルギーを与えることは，我々が物質を合成する際に用いる方法である。すなわち，固体電解質粒子間，電極活物質粒子間の接合性は向上するものの，活物質/固体電解質間においても化学反応が進行し，不純物相が生成する懸念がある。実際に，スパークプラズマ焼結法によりリチウムセラミック電池を作製した場合には，固体電解質である$LiTi_2(PO_4)_3$と，正極活物質である$LiCoO_2$との間で化学反応が進行し，$CoTiO_3$，Co_2TiO_4，$LiCoPO_4$が生成することが報告されている[57]。

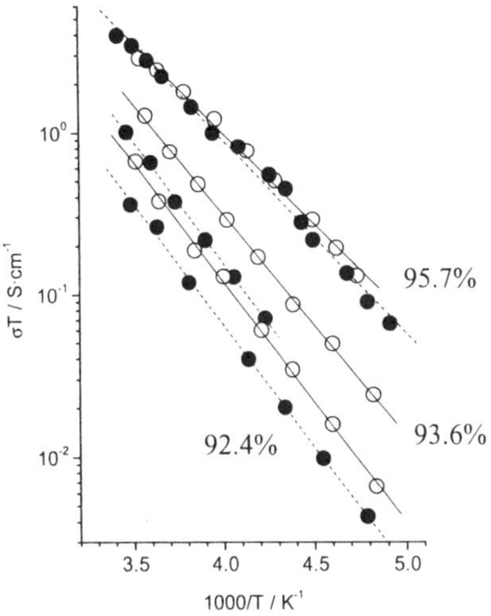

図18　$AgI-Ag_2O-P_2O_5$のイオン伝導度[58]

○，●は，各々バルク体，粉末成型体のイオン伝導度を，図中の数字は粉末成型体における充塡密度（体積分率）を示す。

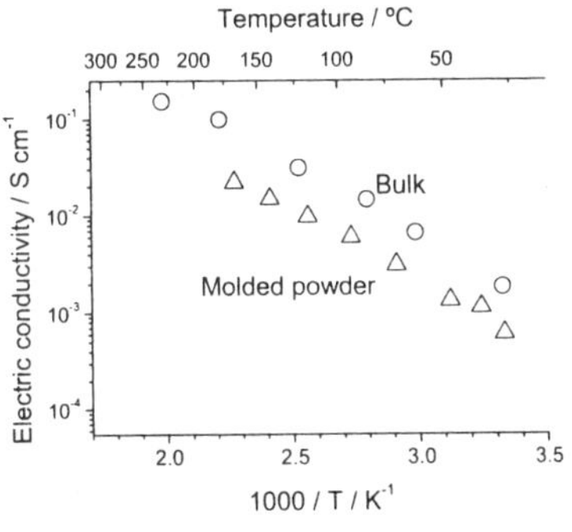

図19　Li_3PO_4-Li_2S-SiS_2のイオン伝導度

銀イオン伝導性ガラスの粉末を成型すると，成型体内部に空隙が存在するために図18に示したようにイオン伝導性は均質なバルク体に比べわずかに低下するものの，伝導の活性化エネルギーは変化しない[58]。この現象は，粒界においてもバルク内部と同等の速さでイオンが移動することを示すものであり，リチウムイオン伝導性ガラスにおいても同様の結果[59]が得られている（図19）。このように，非晶質材料の多くは，粒子間のイオン伝導に対する接合性が高く，さらに非晶質固体電解質粒子と結晶質固体電解質粒子の界面抵抗も小さなことが示唆されており[54]，非晶質固体電解質は基本的に粒子間の接合性の高い材料であるということができる。このようにこのような粒子間の接合性のよい材料を用いると，電極活物質/固体電解質間の化学反応が進行しにくい低温でリチウムセラミック電池を構成することができることから，物質内部におけるイオン伝導のみならず，粒子間でのイオン伝導接合性がよい材料の開発は，リチウムセラミック電池を実現する上で重要な位置付けにある。

2.7　おわりに

本稿の最初にも述べたことであるが，リチウム電池の歴史は，安全性を含めた信頼性の改良の歴史であるとも言える。有機溶媒電解質を用いた最初の市販リチウム電池は，一次電池であるフッ化黒鉛リチウム電池に始まった。金属リチウムを負極に用いたリチウム電池では，再充電過程で析出した金属リチウムが樹枝（デンドライト）状に成長し，正負極間の短絡，ならびにそれにともなう発火等の危険がある。再充電を可能にするために，リチウムとアルミニウムなどの合金が用いられたが，サイクル寿命などに問題があり，そのため充電可能な二次電池は，充放電時に流れる電気量の小さなコイン型など小型のものに限られていた。リチウムイオン二次電池は負極に炭素材料を用い，リチウムイオンを炭素の層間に出し入れすることによりこれらの問題を解決し，現在にいたっている。しかしながら，可燃性の有機溶媒電解質に起因する安全性に関する問題は，完全に解決されることはない。リチウムイオン電池には，数々の安全装置が組み込まれ，さらに50項目以上の安全性試験を行うとのことである[60]。また，電池の組み立て直後，充放電寿命末期では電池の安全性に違いが生じ，各々に対して安全性試験を行う必要もあり，このような安全性の確認が電池開発の上で大きな障害となっている。さらに，安全装置，充電装置等に異常が発生した場合の安全性[61]を考えると，リチウムイオン電池の開発者自身が引用した[60]“It is impossible to make anything foolproof because fools are so ingenious.”の言葉は，重い意味を持つものと言わざるを得ない。

セラミック電池は，リチウム電池のもっとも大きな課題である安全性を抜本的に解決する電池である上に，薄膜電池の項で述べたようにきわめて安定に作動するものである。これらを考えると，基本となる電池系が確立されれば，その実用化は速やかに行われるものと思われる。近い将来のリチウムセラミック電池の顕在化を期待し，本稿の結びとする。

文　献

1) 吉田忠雄，田村昌三監訳，危険物ハンドブック，丸善，p.804 (1987).
2) C.R.Schlaikjer, C.C.Liang, "Fast Ion Transport in Solids" (ed.W.van Gool), 685 (1973).
3) C.C.Liang, *J.Electrochem.Soc.*, 120 1289 (1973).
4) U.von Alpen *et al.*, *Appl.Phys.Letters*, 30, 621 (1977).
5) A.Rebenau, *Solid State Ionics*, 6, 277 (1982).
6) S.Hatake *et al.*, *J.Power Sources*, 68, 416 (1997).
7) M.F.Bell *et al.*, *Mat.Res.Bull.*, 16, 267 (1981).
8) G.Nazri, *Mat.Res.Symp.Proc.*, 135, 117 (1989).
9) J.B.Goodenough *et al.*, *Mat.Res.Bull.*, 11, 203 (1976).
10) S-C.Li, Z-X.Lin, *Solid State Ionics*, 9&10, 835 (1983).
11) M.A.Subramanian *et al.*, *Solid State Ionics*, 18&19, 562 (1986).
12) H.Yamamoto *et al.*, *J.Power Sources*, 68, 397 (1997).
13) H.Aono *et al.*, *J.Electrochem.Soc.*, 136, 590 (1989).
14) H.Aono *et al.*, *Solid State Ionics*, 47, 257 (1991).
15) M.Itoh *et al.*, *Solid State Ionics*, 70/71, 203 (1994).
16) Y.Inaguma *et al.*, *Solid State Ionics*, 70/71, 196 (1994).
17) C.Delmas *et al.*, *Solid State Ionics*, 28-30, 419 (1988).
18) T.Brousse *et al.*, *J.Power Sources*, 68, 412 (1997).
19) P.Birke *et al.*, *Solid State Ionics*, 118, 149 (1999).
20) M.Tachez *et al.*, *Solid State Ionics*, 14, 181 (1984).
21) B.T.Ahn, R.A.Huggins, *Mat.Res.Bull.*, 24, 889 (1989).
22) R.Kanno *et al.*, *Solid State Ionics*, 130, 97 (2000).
23) R.Kanno, M.Murayama, *J.Electrochem.Soc.*, 148, A742 (2001).
24) H.Y-P.Hong, *Mat.Res.Bull.*, 13, 117 (1978).
25) S.Sahami *et al.*, *J.Electrochem.Soc.*, 132, 985 (1985).
26) H.Wada *et al.*, *Mat.Res.Bull.*, 18, 189 (1983).
27) R.Mercier *et al.*, *Solid State Ionics*, 5, 663 (1981).
28) A.Pradel, M.Ribes, *Solid State Ionics*, 18&19, 351 (1986).
29) S.Kondo *et al.*, *Solid State Ionics*, 28-30, 726 (1992).
30) K.Hirai *et al.*, *Solid State Ionics*, 78, 269 (1995).
31) M.Tatsumisago *et al.*, *Solid State Ionics*, 86-88, 487 (1996).
32) A.Hayashi *et al.*, *J.Am.Ceram.Soc.*, 81, 1305 (1998).
33) M.Tatsumisago *et al.*, *J.Non-Cryst. Solids*, 274, 30 (2000).
34) M.Tatsumisago *et al.*, *Solid State Ionics*, 136-137, 483 (2000).
35) A.Hayashi *et al.*, *J.Am.Ceram.Soc.*, 84, 477 (2001).
36) K.Kanehori *et al.*, *Solid State Ionics*, 9&10, 1445 (1983).

37) S.D. Jones, J.R.Akridge, *J.Power Sources*, 43-44, 505 (1993).
38) S.D. Jones, J.R.Akridge, *Solid State Ionics*, 86-88, 1291 (1996).
39) J.B. Bates *et al.*, *Solid State Ionics*, 70/71, 619 (1994).
40) Y-S. Park *et al.*, *Electrochem. Solid-State Lett.*, 2, 58 (1999).
41) H.Ohtsuka *et al.*, *Solid State Ionics*, 40/41, 964 (1990).
42) B.J.Neudecker *et al.*, *J.Electrochem.Soc.*, 145, 4160 (1998).
43) K.Iwamoto *et al.*, *Solid State Ionics*, 79, 288 (1995).
44) 岩本和也，藤野信，高田和典，近藤繁雄，電気化学，65, 753 (1997).
45) N.Aotani *et al.*, *Solid State Ionics*, 68, 35 (1994).
46) H.D. Lutz *et al.*, *J.Phys.Chem.Solids*, 42, 287 (1981).
47) K.Takada *et al.*, *J.Power Sources*, 97-98, 762 (2001).
48) R.A.Guidotti, F.W.Reinhardt, *Proc.9th Int.Symp.Molten Salts*, 1994, 820 (1994).
49) K.Takada *et al.*, *Solid State Ionics*, 117, 273 (1999).
50) K.Takada *et al.*, *J.Electrochem.Soc.*, 148, A1085 (2001).
51) 稲田太郎，高田和典，梶山亮尚，高口勝，近藤繁雄，渡辺遵，第26回固体イオニクス討論会講演要旨集，114 (2000).
52) A.Hayashi *et al.*, *Chem.Lett.*, 8, 814 (2001).
53) H.Aono *et al.*, *J.Electrochem.Soc.*, 137, 1023 (1990).
54) K.Takada *et al.*, *Solid State Ionics*, 139, 241-247 (2001).
55) G.Nuspl *et al.*, *J.Appl.Phys.*, 86, 5484 (1999).
56) M.Tokita, *J.Soc.Powder Technol.Jpn.*, 30, 790 (1993).
57) Y.Kobayashi *et al.*, *J.Power Sources*, 81-82, 853 (1999).
58) T.Minami *et al.*, *J.Electrochem.Soc.*, 124, 1659 (1977).
59) 高田和典，近藤繁雄，電気化学，65, 914 (1997).
60) 西美緒，リチウムイオン二次電池の話，裳華房，p.87 (1997).
61) 山木準一，小久見善八監修，最新二次電池材料の技術，シーエムシー，p.246 (1997).

第４章　リチウム二次電池における
これからの用途開発

第4章　リチウム二次電池におけるこれからの用途開発

境　哲男*

1　はじめに

今世紀には，前世紀の負の遺産である地球的規模での環境汚染，化石エネルギー資源の枯渇，高齢化などの人類共通の問題を解決して，「環境と人間に優しい社会」を構築することが求められている。このような社会を実現するために重要となるコアテクノロジーとしては，社会・経済活動を在宅で，または，移動しながらできる高度な情報・通信の「ネットワーク技術」，高齢者やハンディキャップをもつ人でも不自由なく生活できる「人間支援技術」，地球をこれ以上汚さないという観点から自動車や電気製品などの徹底的な省エネルギー化とリサイクル化，クリーンエネルギーの導入を図る「ゼロ・エミッション技術」などを挙げることができる（図1）。これらのコアテクノロジーは，相互に依存しながら新しい社会システム構築に向けて進展していくであろう。たとえば，ネットワーク技術の高度化によって空間的なバリアーを超えた社会・経済活動が可能となるので，身体的なハンディキャップを障害と感じなくてすむ社会が実現できるとともに，物理的な移動の必要性が低下してゼロ・エミッション化にも寄与するであろう。また，電子機器のモバイル化・ウェアラブル化が進展すると，消費電力の低減やネットワーク技術の高度化に寄与するとともに，高齢化や身体的なハンディキャップを有効に補完できるようになる。

このようなコアテクノロジーに不可欠なキーデバイスとしては，半導体や表示素子，各種のセンサーなどとともに「電池」があり，その飛躍的な高性能化が求められている。特に，電池技術は半導体技術に比べてその進展が遅い，理論的な解明が遅れているなどの批判をよく聞く。たとえば，代表的な二次電池である鉛電池やニッケル・カドミウム電池が発明されたのは19世紀後半であるが，この間にこれら電池のエネルギー密度の向上は2～3倍程度でしかない。やっと10年程前に，水素やリチウムを高密度かつ安全に貯蔵できる材料技術のブレイクスルーによってニッケル・水素電池が，更にリチウムイオン電池が実用化され，従来電池の3～4倍の高エネルギー密度化が実現した。半導体集積回路の高密度化は20年間で約千倍であるのに対して，電池のそれ

＊　Tetsuo Sakai　(独)産業技術総合研究所　関西センター　産学官連携部門
電池システム連携研究体　研究体長・神戸大学併任教授

図1　21世紀に期待される新しい社会システム

は100年間で10倍程度でしかない。これは電池反応が，多様な機能材料において電子とイオンが織りなす複雑系の反応であることから，そのブレイクスルーを図るには幅広い学問分野における知識と経験，ノウハウの蓄積が不可欠となっているためと思われる。まだ未知なる可能性を秘めた，開拓のしがいのある分野であるといえよう。

本稿では，今世紀において構築されるであろう人間と自然が調和した新しい社会システムにおいて，電池に期待される役割と性能について概説しながら，次世代リチウム電池の用途について展望したい。

2　ネットワーク技術

2.1　ライフスタイルの変革

情報通信ネットワーク技術の進展により，個人は組織や地域，国境の壁，身分や社会的・経済的な格差を越えて，世界中の人々とリアルタイムに大量の情報を共有し，コミュニケーションし，価値観を共有することができ，社会との関わりもフラット化，ボーダーレス化した（図2）。す

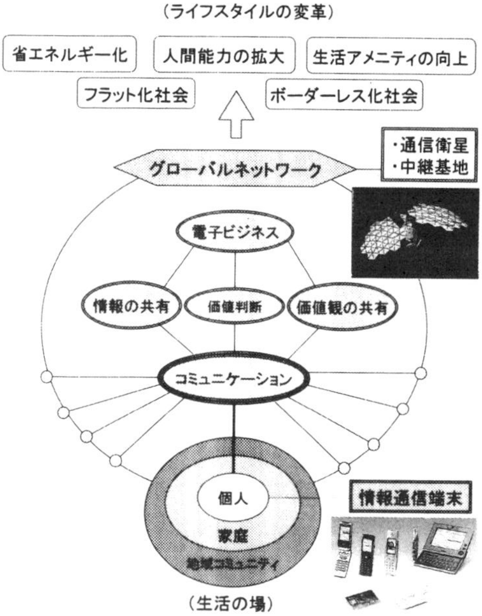

図2　情報通信ネットワークによる社会変革

べての人に平等に知識の獲得，人間能力の拡大，生活アメニティの向上などを図る機会が与えられるようになり，生活の利便性は大きく向上した。あらゆる商品が在宅で，または移動しながら，ネット商店街で商品を選んでe-バンクで決済でき，また，音楽やゲーム，映画などのソフト商品もオンラインで入手でき，各種チケットの予約・購入などもネット上で瞬時に済ませられるようになった。今後，個人の病歴や診療記録，検査データなどが「電子カルテ化」され，これをネットワークを通じて利用できるようになれば，病院での長い待ち時間の解消や診断の信頼性が飛躍的に向上するであろう。さらに，テレビカメラや生理センサー（心拍数，体温，血液組成など）などを組み合わせることで，いつでも，どこでも良質な医療サービスがうけられる「ネット診断」も可能となる。このように情報通信技術の進展により直接現場に足を運ばなくても社会・経済活動することが可能となり，そういった意味では高齢化による運動機能の低下や障害をバリアと感じなくてすむ「仮想的なバリアフリー社会」が実現できる。これによって，高齢化社会における「生活の快適性」の向上を図りながら，「省エネルギー化」に対応した新しい社会システムの構築が可能となるであろう。

情報通信端末も携帯用（モバイル）から装着用（ウェアラブル）に進展すると，人と人とのコミュニケーションのあり方も未来小説の「テレパシー」のようなものに進化するかもしれない。情報機器を生活の中で使用する場合に重要となる個人の認証技術として，他人に盗まれる心配のない声や指紋，瞳の虹彩などを使う生体認証（バイオメトリックス）の普及も進むであろう。ネットワーク化によって「個人」が重視される社会が実現でき，これによって電子機器のモバイル化やウェアラブル化が進み，その駆動源としての高性能電池の役割がますます拡大することになる。

グローバルネットワークを24時間休みなく支えるのは地上中継基地の「バックアップ用電池」であり，通信衛星に搭載された高性能二次電池であることも忘れてはならない。バックアップ用電池の分野では，高温でのトリクル充電に強い鉛電池やニッケル・カドミウム電池が主流であるが，中継基地のスペースの観点からよりコンパクトな電池が求められている。また，人工衛星の分野では，軽量化と長寿命化（周回軌道衛星で年間5800サイクル）が重要であり，これまでニッケル・カドミウム電池やニッケル・水素（高圧タンク）電池が主流であったが，飛躍的な軽量化を図るためにリチウムイオン電池の利用も検討されている。最近の商業衛星では，低コスト化のために民生分野で進んだ技術を活用する方向にあり，リチウム電池の大きな市場になる可能性も大きい。

2.2　モバイル型情報通信機器の普及

我が国の携帯電話・PHSの加入台数は，2000年で5800万台（普及率50％）に達し，2人に1台と本格的な普及からわずか数年で固定電話を追い抜き通信手段の主役となった（図3）。

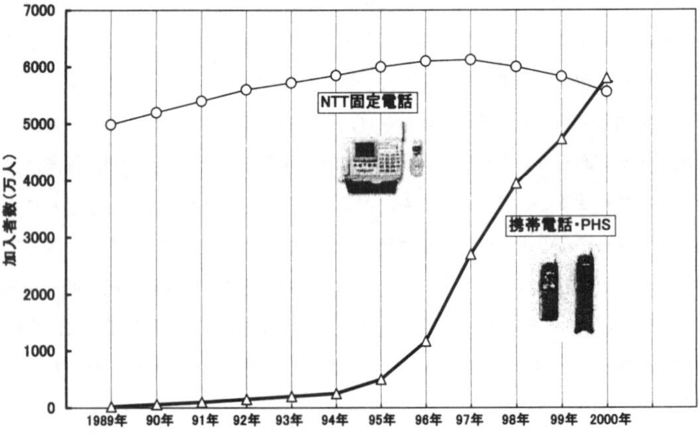

図3　携帯電話・PHSの加入者数とNTT固定電話加入者数の推移（朝日新聞調べ）

その利用形態も従来の音声通話主体から，インターネット接続やe-メール受送信などの「情報通信端末」としての利用が増大し，社会生活における必需品となっている。また，カメラを付加しての画像送信，財布代わりにお金を支払えるクレジット機能の付与，屋内において携帯電話やパソコン，デジタル家電機器などを無線で接続する短距離ネットワーク技術「ブルートゥース」の導入など利用形態も多様化して，ますますビジネスや生活に密着したものとなりつつある。また，携帯電話はインフラ整備が容易であることから，人口の割りには国土が広大な国や発展途上国でも急速に普及が進んでおり，中国でも2000年には7000万台を突破して，米国に次ぐ世界第二位の市場となっている。数年後には世界で10億人の市場に拡大するものと予測されている。今後，現行のデジタル携帯電話の200倍の高速データ通信が可能で，動画や大容量の統計データなどの受送信ができる次世代携帯電話（W-CDMAなど）が本格的に導入されると，本格的にビジネス用として利用できるようになる。

インターネットの普及にともないパソコンの国内出荷台数は2000年には前年比30％増の1200万台（2兆1442億円）となり，その内，ノート型が52％を占めデスクトップ型を初めて超えた（図4）。これまで，ノート型パソコンの充電なしで利用できる時間は2時間が限界であったが，最近は「クルーソー」など低消費電力の超小型演算処理装置（MPU）の採用により5時間まで駆動できるようになり，携帯端末としての利便性が飛躍的に向上しつつある。携帯電話より画面が大きく，ノート型パソコンより安価でコンパクトな携帯情報端末（PDA）も2001年には130万台の出荷が見込まれている。これら携帯電話や携帯情報端末（PDA），ノート型パソコンなどのモバイル型端末を用いた電子商取引（モバイル・コマース）市場も2000年の590億円から2005年

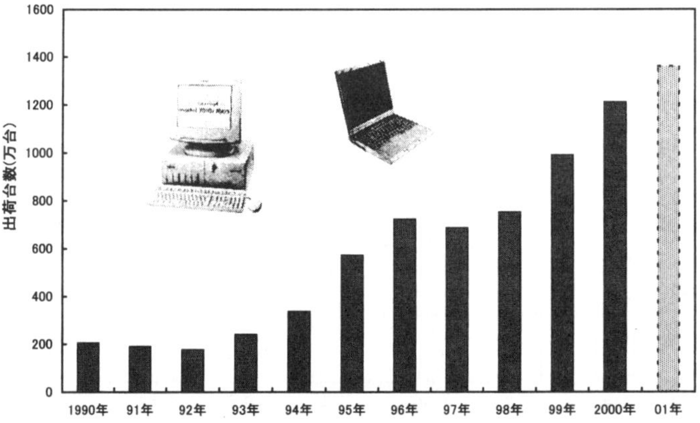

図4　パソコンの国内出荷台数（電子情報技術産業協会調べ）

には2兆4500億円に急成長すると予想されている。

2.3　娯楽機器のモバイル化

我が国で開発されたテレビゲーム機は世界的に人気があり，年間出荷台数は4千万台を超え，ゲーム機とソフトを合わせた国内販売金額は2000年で6400億円と家庭用娯楽機器の大きな市場を作り出してきた（図5）。1983年に最初に発売された家庭用ゲーム機「ファミリーコンピュータ」（任天堂）は世界及び国内で合計8000万台が販売され，2000年発売の「プレイステーション2」（ソニー）ではハイテク化されて美しい画像を再生できることから1年間で1500万台が販売された。ゲーム機器のハイテク競争が激しいこの業界において，1989年に発売された携帯用ゲーム機「ゲームボーイ」の人気が衰えないことは注目に値する。このことは，好みのゲームを「いつでも，どこでも」楽しみたいという要望がいかに強いかを改めて教えられる。最近は，次世代携帯電話と一体化して，高品位のゲームソフトをいつでも，どこでも楽しめる「次世代携帯用ゲーム機」の商品化が進められている。

また，ネットから好みのソフトをダウンロードして，時と場所を選ばず高品質な音楽や映像を楽しむことができる「次世代携帯用AV機器」も大きな市場を形成するであろう。デジタルカメラやビデオカメラは小型化が進み，大量の画像が送信できる次世代携帯電話と一体化され，新しい楽しみ方が生まれるであろう。このように，ネットワーク技術の進展によって，娯楽機器

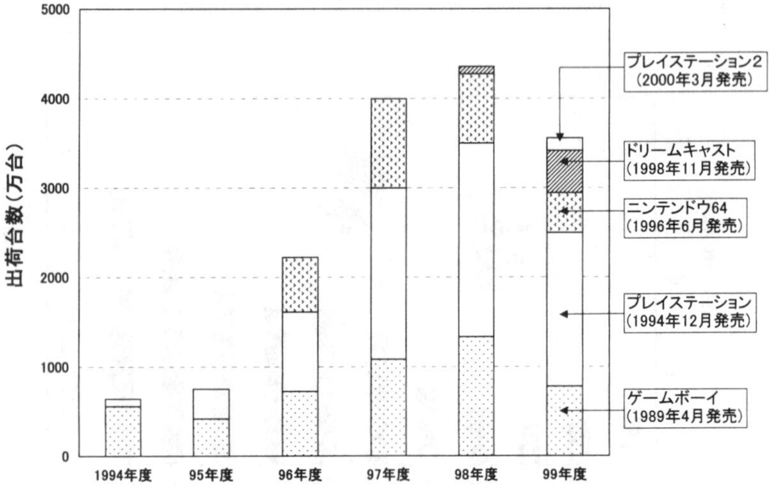

図5　主なゲーム機の年間出荷台数の推移（朝日新聞より）

の分野でも質的な変革とモバイル化が急速に進み，小型二次電池の大きな市場が生まれるものと予想される。

2.4　モバイル機器用電池の市場拡大

このようなモバイル型機器の普及に伴い，これに用いるニッケル・水素電池やリチウムイオン電池などのクリーンで高性能な小型二次電池の生産量も，2000年までは前年度比30％以上で急増してきた。これら新型二次電池の商品化に世界に先駆け成功した我が国は，世界における小型二次電池の80％以上を生産し，電池の供給基地として情報通信技術の心臓部を支えている。2000年の我が国の小型二次電池の生産量は約21億個と10年前の3倍以上，出荷金額は約4900億円（その内，リチウムイオン電池が3000億円）と10年前の4倍以上となっている。現在，我が国の携帯電話のほぼ100％が軽量なリチウムイオン電池を採用しているが，リチウムイオン電池の低コスト化に伴い欧米においてもニッケル・水素電池からの転換が進んでおり，市場の更なる拡大が期待されている。

携帯電話の本体質量は6年前には240g程度であったものが，最近では半導体や省エネルギー技術の進展によって60g程度と4分の1まで軽量化が進んでいる。電池はまだ携帯電話質量の3分の1程度を占めているが，最近では軽量化に加えて，形状の「薄型化」（3㎜以下）が重視されるようになり，アルミラミネート外装を用いたリチウムポリマー電池（有機電解液のゲル化固定）の開発も進められている。次世代携帯電話においては，大容量のデータ通信を行うため，より高出力・高容量な電池が必要とされるが，人間の体に密着して用いるため「安全性や信頼性の確保」も重要な課題となっている。

2.5　ウェアラブル化による人間能力の拡大

半導体の高密度化の進展は著しく，1980年頃にはDRAMの容量は64K（キロ）であったものが，最近では64M（メガ）と1000倍にもなり，更に256Mから1G（ギガ）へと開発が進められている。これによって電子機器の一層の小型化と知能化が進み，コンピューターも持ち運びできるモバイルから身体に付けることができるウェアラブルへ進化して，人間能力の飛躍的な拡大やハンディキャップの補完なども可能となる。

たとえば，ウェアラブルコンピューターに各種のセンシング技術，ネットワーク技術を付加することによって，情報収集（視聴覚機能）しながら，大型コンピューターの膨大なデータベース（記憶機能）を活用して，思考判断ができる「人工知能」も実現できる。これに音声識別と音声合成技術が組み合わされると「同時通訳」も可能となり，異なる国家や民族間での言語の壁がなくなり，人と人との交流と理解が飛躍的に進展し，国家や地域での紛争がなくなることが期待される。また，個人用の音声ナビゲーションシステムが開発されれば，視覚障害のある人でも自由に歩き回ることができるようになるであろう。

これら電子機器のウェアラブル化を実現するためには機器の小型化，省エネルギー化に加えて，電池もウェアラブル化が求められる。衣服や時計，メガネなどのように身につけることができるウェアラブル電池としては，軽量で，形状の自由度が大きいばかりでなく，「安全性や信頼性」が一段と優れたものでなくてはならない。実際に衣服のように着ることができる薄くて柔軟な「ポリマー電池」の開発も期待される。いずれにしても，人間が安心して身につけることができるウェアラブル電池の分野はまだこれからであり，今後の進展が期待される。

3　人間支援技術

3.1　高齢化社会におけるユニバーサルデザイン

高齢化社会を迎え，機能や能力が低下したり，ハンディキャップのある人でも普通に生活できる社会インフラの整備が必要とされる。情報通信ネットワークが進展して，社会・経済活動のかなりの部分が在宅で可能な「仮想的なバリアフリー社会」が実現しつつある。しかし，豊かな人間生活とは，自由に移動でき，人との直接的な交流を楽しみ，多様な食事を楽しみ，四季折々の自然と触れ合い，直接商品に触れながらショッピングを楽しめることではないだろうか。パラリンピックの競技の様子を見ていると，身体的な障害を乗り越えて健常者以上の力を発揮する選手の姿に感動する。しかし，これまで高齢者や障害者が社会生活に参加することを前提としたインフラ整備が遅れていたため，何らかの身体的障害が生じると途端に生活に支障をきたしてしまう。車椅子で外出すると，家からバス停までの階段や段差，バスの高い床と狭い乗降口，駅での階段，狭い改札口，電車とホームとの広い隙間や段差など，普段は気が付かなかった様々な物理的な障害に遭遇する。やっと最近，高齢化社会に対する認識が深まり，住宅や道路，鉄道，公共施設，自動車などにおける「バリアフリーデザイン」が広く社会に受け入れられるようになってきた。このように高齢者や障害者に優しい設計は，すべての人に普遍的に利用しやすい「ユニバーサルデザイン」として，人間に優しい社会システム構築の基本となるものであろう。

福祉先進国のスウェーデンでは，公共バスは停車時には歩道の高さまで下降できるフラット床を採用して，ベビーカーや車椅子の利用者は間口の広い中央乗車口から，乗客や運転手の助けを得て乗り降りできる。そのため，ストックホルム市内を走るハイブリッドバスは，重い電池を屋根に搭載して走行している。従来，重い電池はバスの床下に配置するのが電気自動車の「常識」であったが，21世紀では電池の使い方を含めてあらゆるデザインに効率よりも「人間優先」の発想が求められる。

3.2 高齢者を支援する福祉介助機器

このように物理的なバリアフリー社会が実現すると，従来は家や施設に閉じこもることを余儀なくされていた数百万人もの高齢者や障害者が自由に社会生活に参加できるようになる。これによって，情報通信技術でインテリジェント化された「次世代電動車椅子」の大きな市場が生まれるものと予想される。次世代車椅子では，モバイルPCや情報通信端末，カメラ，各種のセンサーを搭載して，音声入力ナビゲーションや目的地までのバリアフリールートの選定，障害物を検知しながらの自動走行，家族や医者による健康状況のモニタリング，電池残量から移動可能範囲の算出など，利便性が大幅に向上するであろう。更に，車椅子のままでも利用できる「バリアフリータクシー」や，車椅子を昇降できる電動リフトを設置して車椅子のままでも運転できる「ハンディキャップ自動車」などの普及が進めば，その行動範囲は飛躍的に広がる。

最近，ロボット工学の進展は著しく，1人暮らしの生活を精神的に支え，安らぎや癒しを与えてくれる「ペット型ロボット」，自分で障害物を避けながら走り回って掃除をしてくれる掃除ロボットなどの「家事補助ロボット」，手足の機能を補助してくれる「機能補助ロボット」，自律歩行できる「ヒューマノイド型ロボット」などの開発・商品化も進んでいる（図6）。1999年6月にソニーから発売されたペット型ロボット「アイボ」は，25万円と高額であったにもかかわらず，インターネット販売で日米欧で4万5000台が販売され，大変な人気であった。このことは，機能面だけでなく精神的なサポートも重要であることを教えてくれる。2000年発売の新型アイボ（価格

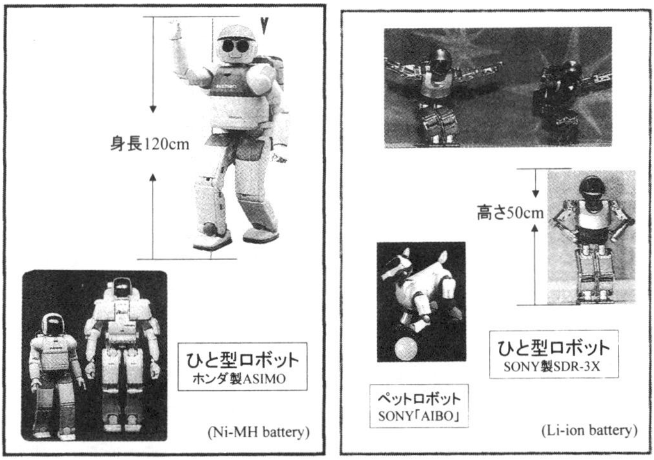

図6　ひと型ロボットとペット型ロボット

15万円）では，簡単な言葉を理解したり，アイボの見ている光景をデジタル撮影する機能も付与され，大きな市場に育つことが期待されている。また，ホンダは自律歩行ができるひと型ロボット「アシモ」を開発し，この技術を活用して，歩行者の意志を関節などの動きからセンサーで検知して動かすことのできる高齢者向けの「歩行補助装置」の商品化を進めている。しかしながら，ヒューマノイド型ロボットは電池単独では半時間程度しか駆動できないと言われており，電池技術の革新がないかぎり完全なコードレス化は困難となっている。

人間は高齢化に伴い脳機能や視聴覚機能，運動機能が低下して，やがて社会生活に参加できなくなる。また，事故によって突然に運動機能を失うことも多い。これらの機能を人工脳や人工視聴覚，人工臓器，人工筋肉などで補完できるようになれば高齢化社会もこわくない。さらに，生命活動センシング技術やロボット技術が進展すれば，未来小説の「サイボーグ」人間も夢ではない。その駆動電源として，現在の数倍のエネルギー密度を持った電池の開発が求められる。

4　ゼロ・エミッション技術

4.1　人間と環境が調和した社会

前世紀の電気文明や自動車社会は，大量の化石燃料を消費することで支えられ，無造作に大量の廃棄物や排気ガス，廃熱などを環境に排出してきた。その結果，オゾンホールやダイオキシン，環境ホルモン，地球温暖化など地球環境の破壊とエネルギー資源の枯渇という人類存続の危機に直面している。人工衛星から送られてくる地球の鮮明な画像は，環境汚染に蝕まれていく地球の姿をリアルに映し出しており，いまや環境危機に対する取り組みは人類の共通の課題となっている。そこで，我が国は，1997年に京都で開催された地球温暖化防止京都会議（COP3）で，二酸化炭素などの温暖化ガスの排出量を2010年までに1990年比で6％削減することを公約した。これを踏まえて政府は，エネルギー供給に対する新エネルギー割合を，1998年の1.1％から2010年には3.3％に高める目標を設定し（図7），風力発電で30万kW，太陽光発電で500万kWまで増やす計画を発表している。

これら「自然エネルギー」の利用とともに，家庭やオフィス，工場，輸送機関などにおける「省エネルギー化」の推進，天然ガスや水素などの排ガス量が少ない「クリーンエネルギー」の導入，ビルや家庭などのオンサイトに設置して発電と排熱回収を併用して総合効率を80％まで高めることのできる「高効率コージェネレーション発電システム」（マイクロガスタービンや燃料電池など）の導入なども進められている。また，従来は焼却や投棄処分していた家庭生ゴミや産業廃棄物，バイオマス，し尿などの有機物資源についてもメタン発酵させて，生成ガスを燃料電池の燃料として再生利用する「バイオエネルギー利用技術」の開発や，未利用の中低温廃熱を熱

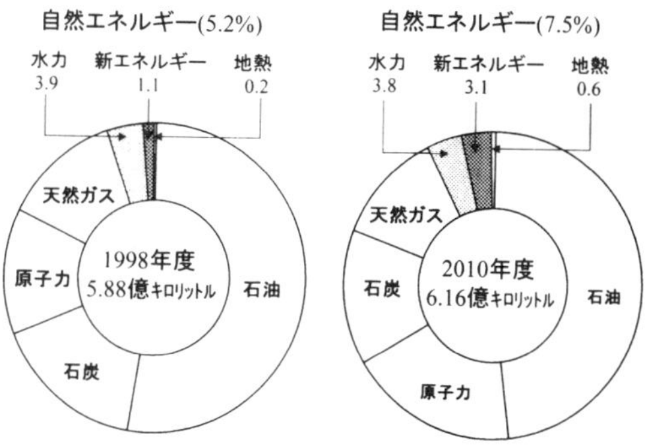

図7 我が国の長期エネルギー需給見通し（石油換算，数字は%）

電発電等によって回収する「高効率廃熱回収システム」などの開発も進められている。工業製品においては，「ライフサイクルアセスメント」によって原料の採掘から運搬，製造プロセス，利用，廃棄までの全プロセスにわたる消費エネルギーと排出ガス量を定量化して，トータルでの低コスト化と省エネルギー化を図る試みが進められている。

4.2 自然エネルギーの利用技術

太陽光発電については，一般家庭で必要な3kW程度の電力を得るためには300万円程度の設備費が必要となるが，1994年頃から住宅への設置を促進するための政府補助が始まり，普及が急速に進んでいる。1999年，我が国の太陽電池の年間生産量は8万kWと米国を抜いて世界一となった（図8）。一方，風力発電についても風の豊富な北海道や東北地域で導入が活発に進められ，最近やっと累計で15万kWになった。しかし，ドイツではわずか10年で600万kWが，世界では1800万kWが風力発電によって生み出されており，着実に化石エネルギーを代替しつつある。ただ，太陽光や風力などの自然エネルギーは，地球上のどこででも得られ，古くから生活に密着したクリーンエネルギーであるが，密度が薄く，時間や季節によって負荷変動しやすい。現在は発電量が少ないため，従来の送電ネットワークに繋がれ系統連係で利用されているが，発電量が増大するとオンサイトで一旦蓄電して，需給ピークの負荷変動を緩和することが必要となる。自然エネルギーを社会の基幹エネルギーとするための鍵は，蓄電技術といっても過言ではない。

これまで，これらの用途の蓄電池としては，鉛電池やナトリウム硫黄電池，レドックスフロー電池，ニッケル・水素電池などが開発されているが，家庭やビルなどの屋内用としては，軽量でコンパクトな電池が求められ，リチウム電池に大きな期待が寄せられている。

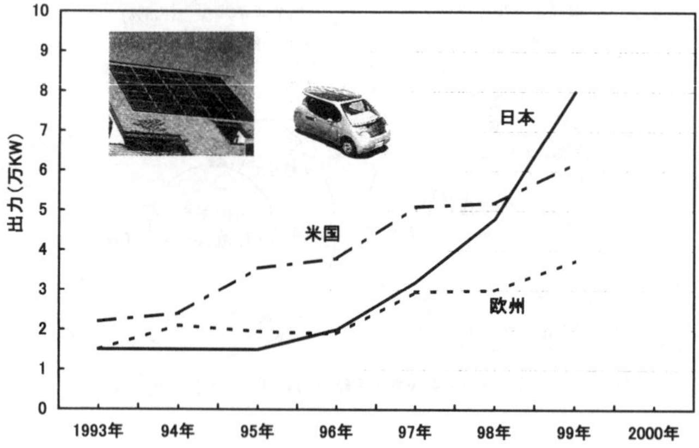

図 8　世界の太陽電池生産量の推移（PVニュースより）

4.3　安心で快適な次世代省エネルギー住宅

住宅分野においては，近い将来，都市ガスを燃料としてマイクロガスタービンや燃料電池で発電するとともに，お湯も同時に利用して現在の 2 倍以上のエネルギー利用効率を実現するコージェネレーションシステムの導入が進むであろう。ただ，お湯と電気の需給ピークのずれをシフトするためには蓄電池とのハイブリッド化が必要となる。また，住宅用太陽光発電の負荷平準化や蓄電に対応するためにも蓄電池の設置が求められる。

高齢化社会において集合住宅での安全性を確保するためには，北欧諸国のように調理器具のガスから電気への転換が必要とされるが，電圧が100Vと低い我が国では加熱出力が弱いため人気がない。しかし，蓄電池から出力アシストできれば超急速加熱や短時間調理が容易となり，便利で快適，クリーンで安全な生活環境が提供できる。また，冷暖房機器においても，最高負荷時に電池から出力アシストできれば機器の定格容量が抑えられ，省エネルギー化を図ることができる。さらに，エレクトロニクス技術や情報通信技術でインテリジェント化することで，高齢者でも安心して快適に暮らせる住環境を提供しながら，トータルでの省エネルギー化を図ることが可能となるが，停電時のバックアップ用電源としても蓄電池が不可欠となる。

このように次世代住宅では，クリーンエネルギー利用や省エネルギー化，高度なセキュリティの確保などにおいて，蓄電池の設置が是非とも必要とされ，軽量・コンパクトで信頼性の高い電池が求められる。

4.4　クリーンエネルギー自動車の導入

20世紀の自動車文明は，大量の石油を消費して発展し，人間の行動範囲を飛躍的に拡大したが，一方では，排ガスによる深刻な環境汚染を引き起こした。世界においては約7億台が，我が国では約7千万台の自動車が保有されており，先進国の二酸化炭素排出量の約25%を占めている。今世紀の自動車産業において，環境対策（低排気ガス化），省エネルギー対策，石油代替燃料対策（新エネルギー）は避けることのできない課題となっている。そこで，電気自動車（EV）やハイブリッド自動車（HEV），天然ガス車，燃料電池自動車（FCEV）などの開発や商品化が活発に行われており（図9），2010年には我が国で1千万台のクリーンエネルギー自動車を導入する目標となっている。石油代替次世代燃料としては，資源量が多くてクリーン度が高い天然ガス，究極のクリーンエネルギーである水素，バイオマスから容易に合成できるメタノールなど，各国の事情によって多様な候補が検討されている。

高性能電気自動車の開発は，1990年，米国カリフォルニア州で決定された低公害車の段階的な導入施策である「ゼロ・エミッション・ビークル（ZEV）規制」によって一挙に活発化した。これは，1998年から販売台数の2%を，2003年からその10%をZEVにすることを自動車メーカーに義務付けるものであり，エネルギー密度60Wh/kg以上の電池搭載ではZEV2台分，90Wh/kg以上の電池搭載ではZEV3台分のクレジットが与えられた。そのため，1996年頃から

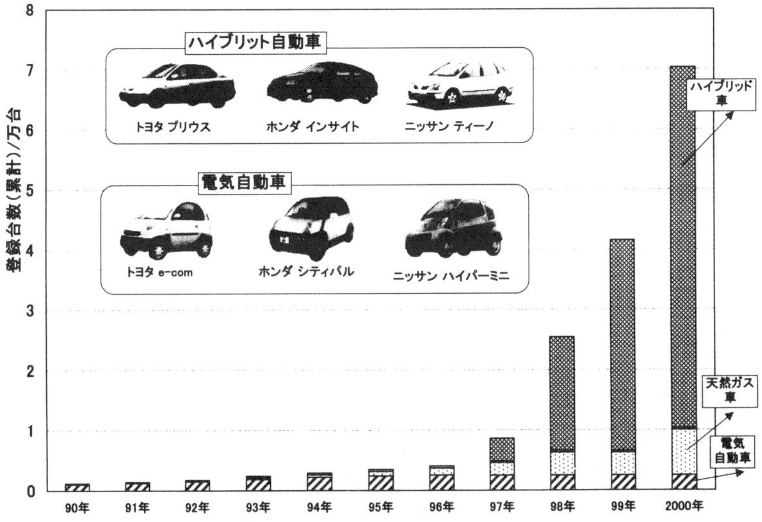

図9　クリーンエネルギー自動車の登録台数の推移

ニッケル・水素電池やリチウムイオン電池などの新型二次電池を搭載して従来の2倍（200km以上）の走行距離を実現した高性能電気自動車が次々に商品化され，2000年までに約4千台のEVがカリフォルニア州に導入された。しかしながら，①ガソリン車に比べて2倍以上高価である　②1充電走行距離がガソリン車の半分以下である　③充電や電池の管理が煩雑である。などの理由から一般ユーザーでの普及はほとんど進んでいない。そのため，過去5年間の電気自動車の保有台数はほとんど横ばいとなっている。

これら電気自動車は，静かで，ゼロ・エミッションで，電子制御が容易であるなどの利点があり，それらを効率的に運用するための高度交通利用システム（ITS）と組み合わせて，人口が密集した商業地区や観光地などの地域コミュニティでの共同利用が検討されている。このような用途に，電池を小型化（航続距離100km以下）してコストを低減した小型コミューター用EVの開発や商品化が進められている。また，太陽電池を搭載して発電して航続距離を伸ばすソーラー付EV，燃料電池で補助的に発電して航続距離をのばすEVなども開発されている。次世代自動車では，情報通信端末や各種のセンサー，カメラ等を装備して知能化され，「移動するビジネス空間」として利用できるとともに，障害物の検知や音声認識，運転操作の自動化などの人間支援システムにより高齢者でも安心して運転でき，さらに，渋滞の少ない最適ルートの選択や省エネルギー運転，高速道路の料金所での自動精算などの省エネルギー化にも対応できる「安全，快適なモバイル空間」であることを求められている。今後のEVの本格的な導入のためには，EVまたは電池をリースとして，専門家がその維持管理にあたるシステムの確立や，電池の低コスト化，ガソリン車と同等な航続距離が得られる高エネルギー密度電池の開発などが必要とされる。この場合，電池を搭載できるスペースに限りがあるため，軽量化よりも「コンパクト化」が重要となる。

ハイブリッド自動車（HEV）は，小型エンジンに小型の高出力二次電池を組み合わせることでエンジン効率の向上と減速時の回生エネルギーを回収して，ガソリン車の2倍の燃費を実現しつつ，一般に購入しやすい価格となっている。トヨタは，1997年12月に燃費28km/ℓの「プリウス」を，ガソリン車より50万円高い価格で販売したが，広く一般ユーザーに受け入れられ，商品化のわずか3年で登録台数が5万台を超えた。2000年春には，4輪駆動の「エスティマハイブリッド」も発売され，今後，HEV生産量を月産3千台から10倍の3万台体制にすることが計画されている。ホンダは，1999年11月に燃費35km/ℓの「インサイト」を発売し，2000年までに1万台程度が販売された。今後，「シビック」などの量販車にもHEVタイプを導入して，2001年には5万台の販売が計画されている。将来，自動車エンジンがより高効率の「燃料電池」に代替することになっても，利便性や高効率，低コスト化を実現するためには電池の併用（ハイブリッド化）が合理的であり，HEV高出力電池が必要とされる。圧縮水素を燃料とする場合は起

表1　開発されたメタノール燃料電池自動車とその性能

		燃料電池システム仕様			車両性能		
開発年	開発企業	燃料系	PEFC 出力	補助電源	車種	走行距離	最高速度
1997	Daimler Chrysler	メタノール改質 (38 l)	50kW	無	乗用車(2人) Necar Ⅲ	400km	120km/h
1997	トヨタ	メタノール改質	25kW	Ni-MH 電池	RV, RAV-4L	500km	125km/h
1998	Opel/GM	メタノール改質	60kW	Ni-MH 電池	ミニバン Zafira		120km/h
1999	ダイハツ	メタノール改質	16kW	Ni-MH 電池	軽乗用車 MOVE	300km	100km/h
1999	ホンダ	メタノール改質	60kW	Ni-MH 電池	乗用車 FCX-V2		
1999	ホンダ	メタノール改質	75kW	Ni-MH 電池	FCX	500km	150km/h
1999	日産	メタノール改質		リチウムイオン	ワゴン,ルネッサ	300km	100km/h
1999	三菱	メタノール改質	40kW	リチウムイオン	軽乗用車		
2000	Daimler Chrysler	メタノール改質	75kW	Ni-MH 電池	Necar V		150km/h
2000	Daimler Chrysler	メタノール改質	50kW	Ni-MH 電池	Jeep Commander		
2000	Daimler Chrysler	直接メタノール	6kW	無	ゴーカート		
2000	Ford	メタノール改質	75kW	有	乗用車(5人) FC5	400km	140km/h
2001	マツダ	メタノール改質	65kW	鉛電池	Premacy		

動性は問題とはならないが，メタノール改質型では起動に時間がかかるため電池駆動が不可欠となっている（表1）。現在はHEV用電池としては，ニッケル・水素電池が主流であるが，より軽量で高出力化が可能なリチウムイオン電池も一部商品化されており，更なるコスト低減や信頼性向上など今後の進展に大きな期待が寄せられている。

5　おわりに

高齢化が進む中で「安全で快適な生活」を維持しながら，環境・エネルギー問題の同時解決を図り，「人間と自然が調和した社会」を構築するためには，通信ネットワークの高度化や高齢者対策，省エネルギーの推進，自然エネルギーの導入，クリーンエネルギー自動車や次世代省エネルギー住宅の導入，社会セキュリティの高度化などライフスタイルの変革とそれを支える科学技術の進展が求められる（図10)。電池技術はこれらを実現するためのキーテクノロジーとして位置づけられ，その飛躍的な進展が期待されている。

電池の果たす役割としては，①モバイル&ウェアラブル機器用の「携帯用」　②電気自動車や電動車椅子，ロボットなどの「移動体用」　③自動車エンジンや燃料電池，家電機器の「パ

図10　21世紀の暮らしで活躍する電池技術

ワーアシスト用」　④太陽光発電や風力発電，熱電発電，ピークカットなどの「エネルギー貯蔵用」　⑤ネットワーク中継基地やコンピューター，高度医療機器などの「バックアップ用」。などがあり，それぞれの用途に応じた電池開発が必要とされる。電池が人間生活の中に密着するにつれて，その軽量化・コンパクト化・長寿命化はもちろんのこと，安全性・信頼性の飛躍的な向上が求められる。この要望に応えるためには，電池の完全固体化やナノテクノロジーによる原子・分子レベルでの材料設計など，電池「サイエンス」の深化も期待される。今後，暮らしの中において電池の活躍する場がますます広がるものと確信している。

文　　献

1）　池田宏之助著，電池の進化とエレクトロニクス，工業調査会（1992）.
2）　芳尾真幸，小沢昭弥編，リチウムイオン二次電池，日刊工業新聞社（1996）.
3）　小久見善八監修，新規二次電池材料の最新技術，シーエムシー（1997）.
4）　田村英雄監修，水素吸蔵合金-基礎から先端技術まで，エヌ・ティ・エス（1998）.
5）　小山昇監修，ポリマーバッテリーの最新技術，シーエムシー（1998）.
6）　赤池学，藤井勳共著，「温もり」の選択，TBSブリタニカ（1998）.
7）　近畿化学協会編，化学の未来へ，化学同人（1999）.
8）　東芝広報室，えれきてる，第68号（1998）～第79号（2001）.
9）　日本電動車両協会，第16回及び17回国際電気自動車シンポジウム報告書（1999，2000）.
10）　田中忠良監修，21世紀のエネルギー技術と新材料開発，シーエムシー（2001）.
11）　桑島三郎，「宇宙用電池の現状と材料開発に期待するもの」，第41回新電池構想部会要旨集，電気化学会電池技術委員会（2001）.

《CMCテクニカルライブラリー》発行にあたって

弊社は、1961年創立以来、多くの技術レポートを発行してまいりました。これらの多くは、その時代の最先端情報を企業や研究機関などの法人に提供することを目的としたもので、価格も一般の理工書に比べて遙かに高価なものでした。

一方、ある時代に最先端であった技術も、実用化され、応用展開されるにあたって普及期、成熟期を迎えていきます。ところが、最先端の時代に一流の研究者によって書かれたレポートの内容は、時代を経ても当該技術を学ぶ技術書、理工書としていささかも遜色のないことを、多くの方々が指摘されています。

弊社では過去に発行した技術レポートを個人向けの廉価な普及版**《CMCテクニカルライブラリー》**として発行することとしました。このシリーズが、21世紀の科学技術の発展にいささかでも貢献できれば幸いです。

2000年12月

株式会社　シーエムシー出版

リチウム二次電池の技術展開　(B0803)

2002年 1 月21日　初　版　第 1 刷発行
2007年 2 月22日　普及版　第 1 刷発行

編　集　金村　聖志　　Printed in Japan
発行者　島　健太郎
発行所　株式会社　シーエムシー出版
東京都千代田区内神田1-13-1　豊島屋ビル
電話03（3293）2061
http://www.cmcbooks.co.jp

〔印刷　倉敷印刷株式会社〕

ISBN978-4-88231-910-8 C3054 ¥3000E

CMCテクニカルライブラリー のご案内

マグネシウム合金の製造と応用 監修／小島　陽／井藤忠男 ISBN4-88231-887-3　B780 A5判・254頁　本体3,600円＋税（〒380円） 初版2001年2月　普及版2006年6月	**構成および内容**：【総論】産業の動向／種類と用途　他【加工技術】マグネダイカスト成形技術／塑性加工技術／表面処理技術／塗装技術　他【安全対策とリサイクル】マグネシウムと安全／リサイクル　他【応用】自動車部品への応用／電子・電気部品への応用　他【市場】台湾・中国市場の動向／欧米の自動車部品その他への利用の動向　他 **執筆者：白井正勝／斉藤　研／金子純一　他16名**
ＵＶ・ＥＢ硬貨技術Ⅲ 監修／田畑米穂　編集／ラドテック研究会 ISBN4-88231-886-5　B779 A5判・363頁　本体4,600円＋税（〒380円） 初版1997年3月　普及版2006年6月	**構成および内容**：【材料開発の動向】アクリル系／光開始剤　他【装置と加工技術】新型スポットUV装置／EB／レーザー／表面加工技術／環境保全技術への新展開　他【応用技術の動向】ホログラム／プリント配線板用レジスト／光造形／紙・フィルムの表面加工／リリースコーティング／接着材料／鋼管・鋼板／生物系（生体触媒の固定）　他 **執筆者：西久保忠臣／磯部孝治／角岡正弘　他30名**
自動車と高分子材料 監修／草川紀久 ISBN4-88231-878-4　B771 A5判・292頁　本体4,800円＋税（〒380円） 初版1998年10月　普及版2006年6月	**構成および内容**：樹脂・エラストマー材料（自動車とプラスチック　他）／材料別開発動向（汎用樹脂／エンプラ　他）／部材別開発動向（外装・外板材料／防音材料　他）次世代自動車と機能性材料（電気自動車用電池　他）／自動車用塗料（補修用塗料　塗装工程の省エネルギー　他）／環境問題とリサイクル（日本の廃車リサイクル事情　他） **執筆者：草川紀久／相村義昭／河西純一　他19名**
ペットフードの開発 監修／本好茂一 ISBN4-88231-885-7　B778 A5判・256頁　本体3,600円＋税（〒380円） 初版2001年3月　普及版2006年5月	**構成および内容**：【総論編】栄養基準（品質保証／AAFCOの養分基準　他）【応用開発編】健康と必須脂肪酸／微量ミネラル原料／オリゴ糖と腸内細菌／茶抽出エキスの歯周病予防効果／肥満と疾病／高齢化と疾病／療法食としての開発の動向／添加物／畜産複製物の利用／製造機器の動向【市場編】ペット関係費／普及の変遷と現状　他 **執筆者：大木富雄／金子武生／阿部又信　他13名**
歯科材料と技術・機器の開発 監修／長谷川二郎 ISBN4-88231-884-9　B777 A5判・348頁　本体4,800円＋税（〒380円） 初版2000年12月　普及版2006年5月	**構成および内容**：【治療用材料】歯冠／歯根インプラント／顎顔面／歯周病療法用／矯正用　他【技工用材料】模型／鋳造／ろう付／教育用歯科模型　他【技術・機器】臨床技術・機器／技工技術・機器　他【歯科材料の生体安全性】重金属と生体反応／アマルガム中の水銀と生体反応／外因性内分泌攪乱化学物質（環境ホルモン）と生体反応　他 **執筆者：長谷川二郎／判　清治／鶴田昌三　他69名**
機能性脂質の進展 監修／鈴木　修／佐藤清隆／和田　俊 ISBN4-88231-883-0　B776 A5判・289頁　本体3,800円＋税（〒380円） 初版2001年1月　普及版2006年5月	**構成および内容**：【総論編】高度不飽和脂肪酸生産技術／脂肪酸・ｱｼﾙｸﾞﾘｾﾛｰﾙ／脂質の酸化抑制機構／リン脂質／遺伝子組換え植物による開発　他【応用編】分析と機能性（DHA・*n*-3系脂肪酸のNMR分析　他）／機能性と物性（乳化と脂質の機能性／坐剤基剤への応用　他）／医療への応用（生産技術の開発と応用／ｱﾚﾙｷﾞｰ疾患治療への応用　他） **執筆者：菅野道廣／戸谷洋一郎／伊藤俊洋　他25名**
無機・有機ハイブリッド材料 監修／梶原鳴雪 ISBN4-88231-882-2　B775 A5判・226頁　本体3,800円＋税（〒380円） 初版2000年6月　普及版2006年4月	**構成および内容**：【材料開発編】ｺﾛｲﾀﾞﾙｼﾘｶとｲｿｼｱﾈｰﾄの反応と応用／珪酸カルシウム水和物／ポリマー複合体の合成と評価／MPCおよびアパタイトとのシルクハイブリッド材料　他【応用編】無機・有機ハイブリッド前駆体のセラミックス化とその応用／UV硬化型無機・有機ﾊｲﾌﾞﾘｯﾄﾞﾊｰﾄﾞｺｰﾄ材ゾルーゲル法によるガラスへの撥水コーティング　他 **執筆者：梶原鳴雪／原口和敏／出村　智　他29名**
高分子の長寿命化と物性維持 監修／西原　一 ISBN4-88231-881-4　B774 A5判・302頁　本体5,400円＋税（〒380円） 初版2001年1月　普及版2006年4月	**構成および内容**：化学的安定化の理論と実際（化学的劣化と安定化機構／安定剤の相乗作用と拮抗作用　他）／高分子材料の長寿命化事例（スチレン系樹脂／PVC／ポリカーボネート　他）／高分子材料の長寿命化評価技術（耐熱性評価法／安定剤分析法　他）／安定剤の環境への影響（添加剤の種類と機能／添加剤の環境への影響　他） **執筆者：西原　一／大澤善次郎／白井正充　他31名**

※ 書籍をご購入の際は、最寄りの書店にご注文いただくか、
㈱シーエムシー出版のホームページ（http://www.cmcbooks.co.jp/）にてお申し込み下さい。